U0309670

核环境工程学

陆春海 方祥洪 陈 敏 等编著

科学出版社
北京

内 容 简 介

随着核科学与技术的发展，核技术已经在能源、工业、卫生、农业等众多领域广泛开展。核活动在很多场景下会产生放射性废物。放射性废物由于具有放射性、毒性等而严重危害人类身体健康和环境卫生。本书系统、全面地介绍了与核活动相关的大气污染控制工程、水污染防治工程、固体废物处理与利用、噪声控制、核燃料后处理等。

本书可以作为高等院校核工程与核技术、辐射防护与核安全、工程物理、核化工与核燃料工程等专业，以及地球化学、环境科学、环境工程、环境科学与工程等专业的主干课程教材，也可以作为相关专业的选修课程教材。

图书在版编目(CIP)数据

核环境工程学 / 陆春海，方祥洪，陈敏等编著. — 北京：科学出版社，2021.3

ISBN 978-7-03-063618-8

Ⅰ.①核… Ⅱ.①陆… ②方… ③陈… Ⅲ.①核设施-辐射影响-环境管理 Ⅳ.①X591

中国版本图书馆 CIP 数据核字 (2019) 第 272655 号

责任编辑：叶苏苏 / 责任校对：彭 映
责任印制：罗 科 / 封面设计：墨创文化

科 学 出 版 社 出版

北京东黄城根北街16号
邮政编码：100717
http://www.sciencep.com

成都锦瑞印刷有限责任公司 印刷

科学出版社发行 各地新华书店经销

*

2021 年 3 月第 一 版 开本：787×1092 1/16
2021 年 3 月第一次印刷 印张：15 1/2
字数：368 000

定价：89.00 元
(如有印装质量问题，我社负责调换)

前　言

随着核科学与技术的发展，除核武器和核能之外，工业、卫生、农业等领域也或多或少地运用了核技术。但是核活动在很多场景下会产生放射性废物。放射性废物的放射性不能用一般的物理、化学和生物方法消除，只能依靠放射性核素自身的衰变而减少。放射性核素释放出的射线通过物质时发生电离和激发作用，对生物体会引起辐射损伤。放射性核素通过衰变释放出能量，当废液中放射性核素含量较高时，这种能量的释放会导致废液的温度不断上升甚至自行沸腾。另外，放射性废物的危害包括物理毒性、化学毒性和生物毒性，通常主要是物理毒性。有些核素（如铀）还具有化学毒性，此外，对于混合废物含有有毒、有害化学污染物，这就涉及核环保的问题了。

核燃料后处理、去污、核设施退役、放射性废物处理与处置不仅关系到人类的健康和环境的安全，也直接关系到核工业自身的可持续发展。因而，核工程类专业的核工程与核技术、辐射防护与核安全、工程物理、核化工与核燃料工程等专业或多或少会在大学中修习与其相关的课程，至少会修习放射性废物处理与处置方面的内容。目前，核燃料后处理有一本2009年出版的国防特色教材《核燃料后处理工程》；关于放射性废物处理与处置的专著较多，如1998年出版的《放射性废物处置原理》等。这些专著和教材对于具体技术阐述较翔实，具有很好的参考价值。但是没有从大环境、环境工程的视角来阐述。为了拓宽学生的视野，有利于宽口径就业，我们尝试探索纳入新的内容体系，从环境工程学原理学习有关核燃料后处理和放射性废物处理与处置的知识；尝试与环境工程接轨，在普通的环境工程问题与乏燃料后处理、核废物处理与处置、核环境问题之间搭建一座沟通的桥梁。为培养综合型、创新型人才，全面介绍环境工程学核放射性废物处理与处置、核燃料后处理的重要基础知识，为进一步学习和研究奠定基础。

本书由团队编写，第1章由陆春海（成都理工大学）编写，第2章由唐清枫（兰州大学）编写，第3章由吕开亮（四川红华实业总公司）编写，第4章和第5章由方祥洪（重庆建安仪器有限责任公司）编写，第6章由方祥洪、陆春海编写，第7章由李静（中核四0四有限公司）编写，第8章由田嘉伟（中核龙安有限公司）编写，第9章由李生涛（中核四0四有限公司）编写，第10章由司明强（中核四0四有限公司）及王启光[卡迪诺科技（北京）有限公司编写]，第11章由陆春海、陈敏（中国工程物理研究院）编写。全书由陆春海和陈敏负责审订和润色，唐清枫做版式调整，张晶晶在修订阶段补充了习题。编写本书对于作者们来说是一种尝试，也是成都理工大学核技术与自动化工程学院的一次教学改革探索，由于涉及的专业知识较多，有些知识点有待进一步推敲。书中一些问题难以避免，恳请读者批评指正。

目　　录

第 1 章　绪　　论

人们生活的环境包括自然环境和社会环境，它包含了影响人的过去、现在和未来的所有社会、人类和物质存在。环境通常根据环境的属性分为自然环境和人文环境。

所谓自然环境，在俗语中，是指没有经过人类加工改造的自然环境，是客观存在的各种自然因素的总和。人类生活的自然环境根据环境因素可分为大气环境、水环境、土壤环境、地质环境和生物环境，主要指地球的五大圈——大气圈、水圈、地球内圈、岩石圈和生物圈。

人文环境是人类创造的物质和非物质成果的总和。物质成果是指文物、园林、建筑部落、器具设施等；非物质成果是指社会风俗、语言、文化艺术、教育法律和各种制度。这些成就都是人类的创造，具有文化烙印和人文精神。人文环境既反映一个民族的历史积淀，又反映社会的历史文化，对人的素质培养起着重要作用。

自然环境和人文环境是人类生存、繁衍和发展的摇篮。根据科学发展的要求，保护和改善环境，以及建设环境友好型社会是人类维持自身生存和发展的需要。

心理环境是对人的心理产生实际影响的生活环境，是一切外部条件的总和。心理环境有内点和外点。以学校教育活动为主体，心理内部环境主要是指学校内部客观存在的学校精神、同学关系、师生关系、教育设施、教师水平等条件的总和。心理外部环境是指学校外的社会环境和家庭环境。内外心理环境相互作用，影响着学生的心理变化和发展。

1.1　环境工程学

环境工程学是在人类保护和改善生存环境并同环境污染做斗争的过程中逐步形成的。环境工程学已经是高等院校环境工程专业的必修基础课程之一，它是专业基础课与专业应用课的衔接环节，主要研究利用工程技术及相关学科保护和合理利用自然资源、防止环境污染、提高环境质量的学科。环境工程主要包括水污染防治工程、大气污染防治工程、环境微生物、固体废物处理利用和噪声控制等方面的研究。通过环境工程的研究及相应的实践环节，学生能够系统、深入地了解各种水、气、废、声控制方法的基本理论，并基本掌握各种控制方法的应用范围和条件；了解环境污染综合防治的原则、方法和措施，运用系统工程方法，从全局出发寻求解决环境问题的最佳方案。核废物处理与处置、放射性去污等均属于环保范畴，且对于核污染的控制要远高于一般的重金属污染控制，也更受到主管部门和大众的重视。本书试图将"环境工程学"的思想引入"核工程类"专业的人才培养，培养学生具有环境大局观。

1.2   环境和谐新伦理

20 世纪 50 年代以来，西方工业化进程加快，经济快速发展，全球生态环境恶化，人口急剧膨胀，自然资源、能源短缺和生态失衡逐渐显现。在全球环境危机的压力下，人们开始反思自己，积极寻求新的思路和发展模式，以缓解这一系列问题。环境伦理以深厚的文化底蕴关注人的存在，规范人的思想和行为[1,2]。

人类赖以生存的自然环境是长期地质演化的结果。这种进化不会以任何国家或阶级的意志为转移。直到今天，由地质演化、自然灾害、环境污染等引起的各种不利条件继续影响着各种物种的生存和延续。在这些自然力量面前，人类是非常脆弱的。自然环境系统中存在的非人为因素具有存在和发展的规律性，甚至包括物种的生存和发展。其数量或生活环境有其独特的规则，自然环境生态系统是稳定的。在生态环境中，不同物种之间存在着非常复杂的互补平衡。也就是说，自然界中没有多余的存在。如果一个物种膨胀过多，它将导致自然平衡的破坏，但自然环境生态系统也可以通过内部调节建立新的平衡。生态系统是多样性的统一体，也是一个动态的、不断发展的系统。随着大系统和子系统的运动，一些物种将消失，并产生新的物种。自然界中没有单一的元素，或者一个物种可以取代一切而完全独立地存在，这反映了自然环境的演变和发展。因此，人类不能为了满足自身的需要，运用自己的主观意志对自然界进行无节制的索求，破坏某些人类认为无用和毫无价值的东西；否则，必然造成人类生态失衡，最后反噬人类自身[1,2]。

在人类社会发展的过程中，任何社会活动的有序、协调发展都离不开一定伦理规范的整合和调整。环境伦理是一种特殊的自我约束和约束力，是一种"软约束"的力量。解决生态问题、建设生态文明、发展绿色经济都离不开环境伦理精神和环境伦理，以指导人与自然矛盾的解决。它不仅需要具有生态道德意识，更需要生态道德责任，需要运用生态伦理评价和约束人与自然的一切活动。环境伦理是实现人与自然和谐的基础，是发展绿色经济的理论源泉。以人为本与生态保护相结合，需要培养忧患意识与责任感，发挥群众的作用，树立绿色发展消费观[2]。

1.3   环   境

1.3.1   环境的定义

人类赖以生存的空间和直接或间接影响人类生活和发展的各种自然因素称为环境。环境包含资源。地球环境需要人类珍惜的资源主要有 4 种：①空气、水和土壤三大生命要素；②矿产、森林、淡水、土地、生物物种、化石燃料(石油、煤炭和天然气)6 种自然资源；③陆地生态系统(如森林、草原、荒野、灌木等)和水生生态系统(如湿地、湖泊、河流、海洋等)；④山脉、水流、当地动植物物种、自然和文化古迹等多种多样的景观资源。

《中华人民共和国环境保护法》从法学的角度对环境的概念进行阐述："本法所称环境是指影响人类生存和发展的各种天然的和经过人工改造的自然因素的总体，包括大气、水、海洋、土地、矿藏、森林、草原、野生生物、自然遗迹、人文遗迹、风景名胜区、自然保护区、城市和乡村等。"《中华人民共和国环境保护法》所称影响人类生存的环境，以及开发各种自然和人工改造的自然因素，这些因素包括大气、水、海洋、土地、矿床、森林、草原、野生动物、自然遗迹、文物、自然保护区、风景区、城市和农村。

1.3.2　全球环境问题的特点[3]

环境问题是指由于人类不恰当的生产活动引起全球环境或区域环境质量恶化，出现不利于人类生存和发展的问题。

1. 全球环境问题具有世界性

全球环境问题的规模、范围和解决方案都是世界性的。规模的世界性意味着在空间和影响方面有一个世界性。无论你在地球上的什么地方，都会受到全球环境问题的影响。例如，热带雨林的破坏主要发生在发展中国家，如巴西、印度尼西亚和刚果民主共和国，但其影响是全球性的。大规模热带雨林的破坏将加剧地球的温室效应和厄尔尼诺现象，破坏正常的气候和生物多样性，从而威胁整个人类。解决方案的世界性意味着，这些全球环境问题的解决不是任何一个国家单独能完成的。

2. 全球环境问题的影响具有长期性

全球环境问题的出现是一个相对漫长的渐进积累过程，现在面临的环境问题可能是人类活动多年、几十年甚至几个世纪的结果。许多最终导致生态系统崩溃的过程都是渐进的，它们很少引起人们足够的注意，直到产生麻烦和灾难。全球环境问题的影响也是长期的，它们不仅是对当代人的威胁，更重要的是对后代的威胁。全球环境问题不可能马上解决，解决的过程是长期的，而且是代价高昂的(如荒漠化和湿地的防治)，而一些全球性的环境问题(如物种灭绝等)是不可逆转和不可恢复的。

3. 全球环境问题具有超越意识形态性

全球环境问题不会因为国家制度、意识形态和发展程度而差别对待。全球环境问题的存在是世界各国共同面临的威胁。这不是所有国家的"零和"游戏，而是"双赢"游戏或"双输"游戏。解决全球环境问题应该是世界各国的共同责任。面对这个问题，很难用僵化的思想眼光和冷战思维去理解。它要求人们克服团体、民族和国家的偏见，超越意识形态的差异，加强合作，共同推动全球环境问题的解决。

4. 全球环境问题具有错综复杂性

"生态学的第一条法则就是万事万物都与其他事物相关。"在全球相互依存时代出现的全球环境问题有着内在的联系，它们相互关联，形成一个错综复杂的、不可分割的系统。每个问题都与其他问题相关，并且每个问题的清晰解决方案都会加剧或干扰其他问题。有必要用系统的观点来审视全球环境问题，并制定一个全面处理问题的策略。

1.4 环境工程学的主要内容

环境工程是环境科学的一个分支，是一个庞大而复杂的技术体系，主要研究利用工程技术及相关学科保护和合理利用自然资源、防止环境污染、提高环境质量的学科。它不仅研究防止和控制环境污染及污染的技术与措施，而且研究保护和合理利用自然资源，探索废物资源化技术、改革生产工艺、开发无污染闭路生产系统，以及对区域环境进行系统规划与科学管理，以获得最优的环境效益、社会效益和经济效益。环境工程的主要内容包括大气污染控制工程、水污染防治工程、固体废物处理与利用、噪声控制等。环境工程还研究综合防治环境污染的方法和措施，以及利用系统工程方法从区域角度寻求环境问题的最佳解决方案。

(1) 水质净化与水污染控制工程：其主要任务是研究防治水污染、保护和改善水环境质量、合理利用水资源和提供水源的工程技术与工程措施。其主要研究领域有水体自净及其利用；城市污水处理与利用、工业废水处理与利用、水净化处理；城市、区域水系和水污染综合治理；水环境质量标准和废水排放标准。

(2) 大气污染控制工程：主要研究防治大气污染、保护和改善空气质量的工程技术措施。其主要研究领域有空气质量管理、烟气控制技术、气体污染物处理技术；酸雨成因与防治；城市和区域空气污染综合治理；空气质量标准和排放标准。

(3) 固体废物处理、处置和管理工程：其主要任务是研究城市废物、工业炉渣、放射性废物和其他有毒有害固体废物的处理、处置和再利用的技术措施。其主要研究领域有固体废物管理；固体废物处置；固体废物的综合利用与再利用、放射性废物及其他有毒有害废物的处理。

(4) 噪声、振动等污染防治技术：主要研究声音、振动、电磁辐射对人体的影响及消除这些影响的技术途径和控制措施。

(5) 环境规划、管理和环境系统工程：其主要任务是研究应用系统工程的原理和方法，对区域环境问题和防治措施进行系统分析，以获得优化的解决方案；进行合理的环境规划、设计和管理，研究环境工程单元过程系统的最佳工艺条件，并利用计算机技术进行设计、运行和管理。

"核环境工程基础"以"环境工程学"为指针，加强了放射性废物处理与处置方面的内容，并按照气、液、固三态融入相应的章节中。另外，单独安排章节叙述核资源利用的核燃料后处理相关技术。

1.5 核工业与放射性废物

1.5.1 核工业及其涉及领域

核工业是核能开发、利用的综合性新兴工业部门，主要从事核燃料研究、生产、加工，核能开发、利用，以及核武器研制、生产的工业。它涉及军民两个领域，包括放射性地质勘探、铀矿开采、水法冶金、铀精制、铀同位素分离、核燃料元件制造、各种类型反应堆、核电站、乏燃料后处理、放射性废物的处理与处置、锂同位素分离、放射性同位素生产、核武器生产等生产企业和科研、设计单位。核工业在国民经济中具有重要作用：利用核能使其转变为电能、热能和机械动力，可获得安全、清洁、热值高的能源；提供多种放射性同位素产品、同位素仪器仪表及辐射技术，在辐射加工、食品保鲜、医疗诊断等方面发挥特殊效能；极大地促进了冶金、化工、机械制造、电子、辐射化学、核医学、核电子学等领域发展。其主要产品有核原料、核燃料、核动力装置、核武器(包括原子弹、氢弹和中子弹)、核电力、应用核技术等。核工业在国防中具有重要的地位和作用。核武器比常规武器有更大的杀伤力和破坏力，已成为某些国家现代军事战略的基础，能在战争中起到一般武器所不能起到的作用，且造成放射性污染，对生态环境有长期、严重的危害。同时，核工业在国民经济发展中也具有极为重要的地位和作用。

1.5.2　核废物及处理处置

1. 核废物

核废物(也称为放射性废物)是指含有 α、β 和 γ 辐射并伴有发热的不稳定核素，且含有放射性核素或被放射性核素污染及放射性核素或活性高于监管机构的清洁水平，预计不会被使用。核废物可在生产、使用和操作放射性材料的部门和场所中产生，有 7 个基本来源：①铀、钍矿、湿法冶金厂、炼油厂、浓缩厂、铌冶金厂和燃料元件加工工厂等；②各种反应堆(包括核电站、核动力船、核动力卫星等)的运行；③乏燃料后处理工业活动；④核废料；⑤生产、应用和废气核技术的应用，包括医院、大学和研究机构的相关活动；⑥核武器的研究、生产和试验活动；⑦核设施及设备的退役活动。

放射性废物的种类和类型繁多，物理和化学性质变化很大。放射性废物按物理形态可分为放射性气体废物、放射性液体废物和放射性固体废物。放射性气体废物是从操作放射性材料的设施排出的通风废气；有许多类型的液体废物，从研究设施中的闪烁液体到核燃料再处理的高放废水；放射性固体废物包括医学研究机构和放射性药物试验室废物，以及丢弃的放射性废物玻璃固化体或核电站的乏燃料(当乏燃料被当作废物处理时)。放射性废物的放射性可以是弱的或强的，如来自医疗诊断过程的废物、后处理废物固化，以及用于放射照相、放射治疗和其他核技术应用的废放射源。放射性废物的体积可能很小，如废辐射源；放射性废物的体积也可能很大，而且很分散，如铀矿开采和冶炼尾矿或从环境恢复中产生的废物。

当核废物进入环境时，会造成水、大气和土壤的污染，并通过各种途径进入人体。当放射线超过一定水平时，会杀死生物体的细胞，阻碍正常的细胞分裂和再生，导致细胞内的遗传信息突变。

2. 后处理

核废料再处理的主要任务是将铀和钚从乏燃料中分离出来，所获得的高纯度铀和钚被再循环到燃料中。后处理是一种特殊的化学分离过程，主要是在废燃料被酸溶解后分离铀、钚和裂变产物的过程。后处理是一种在工业规模上被证明是安全和有效的技术，20 世纪

70 年代以来，该技术已在多个国家成功运用，技术水平仍在不断提高。目前最成功的流程为普雷克斯流程(Purex process)，简称 Purex 流程。

3. 固化

固化过程包括用适当的材料封装放射性废料以防止放射性核素的泄漏。固化的主要目的是提高后续处置的安全性。目前，广泛使用的固化介质是水泥或混凝土，但也使用沥青和有机聚合物。在一些设施中也有使用如水泥/沥青、沥青/聚合物、玻璃和陶瓷材料等材料及其组合，陶瓷和人造岩石尚处于研究阶段。

4. 地质处置

核废料的地质处置利用天然屏障和人工屏障将放射性废物与人类的生活环境隔离。不同的放射性废物可以采用不同的地质处置方法。低放废物应埋在地表或浅层，高放废物应固化后埋在距地表至少 500m 处。浅埋处理是指浅埋式处理，具有保护盖或工程屏障，或者在地表或地下没有工程屏障，埋藏深度一般在地面以下 50m 以内。浅埋是指在处置场地范围内限制中、低级固体废物，并在其危险时间内防止对人体造成伤害，是处理低、中水平辐射的主要方法。

1.6 环境问题可持续发展战略

可持续发展是 20 世纪 80 年代提出的一个新的发展观。它的提出是应时代的变迁、社会经济发展的需要而产生的。在 1987 年由布伦特兰夫人担任主席的世界环境与发展委员会提出"可持续发展"概念。但其理念可追溯至 20 世纪 60 年代的《寂静的春天》、"太空飞船理论"和罗马俱乐部等。1989 年 5 月举行的第十五届联合国环境署理事会期间，经过反复磋商，通过了《关于可持续发展的声明》。

所谓可持续发展战略，是指实现可持续发展的行动计划和纲领，是国家在多个领域实现可持续发展的总称，它要使各方面的发展目标，尤其是社会、经济与生态、环境的目标相协调。可持续发展的核心思想是经济发展、保护资源和保护生态环境协调一致，让子孙后代能够享受充分的资源和良好的资源环境；同时包括健康的经济发展应建立在生态可持续能力、社会公正和人民积极参与自身发展决策的基础上。它所追求的目标是既要使人类的各种需要得到满足，个人得到充分发展，又要保护资源和生态环境，不对后代人的生存和发展构成威胁。它特别关注的是各种经济活动的生态合理性，强调对资源、环境有利的经济活动应给予鼓励；反之，则应予以摈弃。

近几年，由国务院颁布的 3 个"十条"，涉及大气、土壤和水的污染防治行动，充分显示了我国对于环境可持续发展的重视。

1.6.1 大气污染防治行动计划——"大气十条"

国务院总理李克强 2013 年 6 月 14 日主持召开国务院常务会议，部署大气污染防治十条措施。

一是减少污染物排放。全面整治燃煤小锅炉，加快重点行业脱硫脱硝除尘改造。整治城市扬尘。提升燃油品质，限期淘汰黄标车。

二是严控高耗能、高污染行业新增产能，提前一年完成钢铁、水泥、电解铝、平板玻璃等重点行业"十二五"落后产能淘汰任务。

三是大力推行清洁生产，重点行业主要大气污染物排放强度到 2017 年年底下降 30% 以上。大力发展公共交通。

四是加快调整能源结构，加大天然气、煤制甲烷等清洁能源供应。

五是强化节能环保指标约束，对未通过能评、环评的项目，不得批准开工建设，不得提供土地，不得提供贷款支持，不得供电供水。

六是推行激励与约束并举的节能减排新机制，加大排污费征收力度。加大对大气污染防治的信贷支持。加强国际合作，大力培育环保、新能源产业。

七是用法律、标准"倒逼"产业转型升级。制定、修订重点行业排放标准，建议修订大气污染防治法等法律。强制公开重污染行业企业环境信息。公布重点城市空气质量排名。加大违法行为处罚力度。

八是建立环渤海包括京津冀、长三角、珠三角等区域联防联控机制，加强人口密集地区和重点大城市 PM2.5 治理，构建对各省(区、市)的大气环境整治目标责任考核体系。

九是将重污染天气纳入地方政府突发事件应急管理，根据污染等级及时采取重污染企业限产限排、机动车限行等措施。

十是树立全社会"同呼吸、共奋斗"的行为准则，地方政府对当地空气质量负总责，落实企业治污主体责任，国务院有关部门协调联动，倡导节约、绿色消费方式和生活习惯，动员全民参与环境保护和监督[①]。

我国于 2018 年 7 月 3 日发布了新版空气污染整治目标和计划，《打赢蓝天保卫战三年行动计划》被普遍认为是"大气十条"二期。在主要污染物 PM2.5 的控制目标上，它与 2016 年颁布的《"十三五"生态环境保护规划》保持一致，即到 2020 年，PM2.5 未达标的地级及以上城市浓度比 2015 年下降 18% 以上[4]。

1.6.2　土壤污染防治行动计划——"土十条"

2016 年 5 月 28 日，国务院印发了《土壤污染防治行动计划》，简称"土十条"。这一计划的发布可以说是整个土壤修复事业的里程碑事件。

一是开展土壤污染调查，掌握土壤环境质量状况。深入开展土壤环境质量调查，并建立每 10 年开展一次的土壤环境质量状况定期调查制度；建设土壤环境质量监测网络，到 2020 年年底前实现土壤环境质量监测点位所有县、市、区全覆盖；提升土壤环境信息化管理水平。

二是推进土壤污染防治立法，建立健全法规标准体系。到 2020 年，土壤污染防治法律法规体系基本建立；系统构建标准体系；全面强化监管执法，重点监测土壤中镉、汞、砷、铅、铬等重金属和多环芳烃、石油烃等有机污染物，重点监管有色金属矿采选、有色

---

① 国务院.《大气污染防治行动计划》(2013-06-14).

金属冶炼、石油开采等行业。

三是实施农用地分类管理，保障农业生产环境安全。按污染程度将农用地土壤环境划为三个类别［优先保护类(未污染、轻微污染)、安全利用类(轻度和中度污染)和严格管控类(重度污染)］。切实加大保护力度，着力推进安全利用；全面落实严格管控，加强林地、草地、园地土壤环境管理。

四是实施建设用地准入管理，防范人居环境风险。明确管理要求，在 2016 年年底前发布建设用地土壤环境调查评估技术规定，分用途明确管理措施，逐步建立污染地块名录及其开发利用的负面清单；落实监管责任；严格用地准入。

五是强化未污染土壤保护，严控新增土壤污染。结合推进新型城镇化、产业结构调整和化解过剩产能等，有序搬迁或依法关闭对土壤造成严重污染的现有企业。

六是加强污染源监管，做好土壤污染预防工作。严控工矿污染，控制农业污染，减少生活污染。

七是开展污染治理与修复，改善区域土壤环境质量。明确治理与修复主体，制定治理与修复规划，有序开展治理与修复，监督目标任务落实，2017 年年底前，出台土壤污染治理与修复成效评估办法。

八是加大科技研发力度，推动环境保护产业发展。加强土壤污染防治研究，加大适用技术推广力度，推动治理与修复产业发展。

九是发挥政府主导作用，构建土壤环境治理体系。按照"国家统筹、省负总责、市县落实"原则，完善土壤环境管理体制，全面落实土壤污染防治属地责任。

十是加强目标考核，严格责任追究。2016 年年底前，国务院与各省(区、市)人民政府签订土壤污染防治目标责任书，分解落实目标任务[①]。

1.6.3　水污染防治行动计划——"水十条"

《水污染防治行动计划》因为要与已出台的"大气十条"相对应，所以改为"水十条"。生态环境部环境规划院(简称中国环境规划院，CAEP)是"水十条"编制组牵头单位和主要技术支持单位。2015 年 2 月，中央政治局常务委员会会议审议通过"水十条"，2015 年 4 月 2 日成文，2015 年 4 月 16 日发布。"水十条"具体是指：①全面控制污染物排放；②推动经济结构转型升级；③着力节约保护水资源；④强化科技支撑；⑤充分发挥市场机制作用；⑥严格环境执法监管；⑦切实加强水环境管理；⑧全力保障水生态环境安全；⑨明确和落实各方责任；⑩强化公众参与和社会监督[②]。

(编写：陆春海；审订：陈敏)

---

① 国务院.《土壤污染防治行动计划》(2016-05-28).

② 国务院.《水污染防治行动计划》(2015-04-16).

习　题

1. 什么是环境？如何分类？
2. 阐述可持续发展理念。
3. 简述核废物的概念及核废物来源。
4. 什么是环境保护？我国为什么要把环境保护作为一项基本国策？
5. 什么是环境科学？简述环境科学的任务和分类。
6. 可持续发展的基本思想是什么？
7. 为什么说循环经济是可持续发展的经济发展模式？
8. 什么是清洁生产？什么是清洁产品？试举例说明。
9. 当前人类的主要能源资源有哪些？哪些能源对环境污染最严重？哪些能源对环境污染小一些？举例说明。
10. 为什么说清洁生产是实现可持续发展的关键？实现清洁生产的途径包括哪几方面？
11. 我国的能源政策是"开源节流"。你是否发现人类生活和社会生产活动对能源的需求量随时间和地域的不同有很大的差异？能不能在用能低峰时段把能量"储存"起来用在高峰时段呢？以电力为例探讨"电力储能技术"（电力储能技术可分为物理储能、化学储能和电磁储能三大类，如各种电池、电容器、冰蓄冷技术等）。

参 考 文 献

[1] 原黎黎. 可持续发展视角下的环境伦理研究[J]. 学理论, 2018(1): 90-92.

[2] 张璐. 环境伦理视野下绿色经济的发展[J]. 当代经济, 2018(8):20-21.

[3] 曲聪. 全球环境问题与国际政治[J]. 中国城市经济, 2011(30):325.

第 2 章　生态环境保护

2.1　生态学基本原理

2.1.1　生态学的概念及发展趋势

德国动物学家赫克尔(Ernst Heinrich Haeckel)于 1866 年首次给生态学定义,即生态学是研究动物有机体与周围环境相互关系的科学。生态学中的生物包括植物、动物、微生物三大类,生物之间存在极其复杂的生态关系。环境主要是指光、温度、水、营养物等理化因素,它们是一个相互作用、相互依赖、相互制约的整体。

目前对于生态学有狭义与广义两种理解。狭义的生态学属于生物学科范畴,仅限于研究生物与环境的关系规律。它的分支学科有植物生态学、动物生态学、微生物生态学、种群生态学、生态系统生态学及化学生态学等。广义的生态学范围很广,只要是和环境发生关系的任何一个学科都可以派生出生态学的分支学科,如城市生态学、经济生态学、工程生态学、人类生态学等。所有的自然科学、社会科学、技术学科都可以派生出生态学的分支学科。生态学已经泛化为一种常识、一种政治概念。现代生态学也已经形成了明显的特点及发展趋势:①从描述性科学走向实验、机制和定量研究;②生态系统生态学的研究成为主流;③应用生态学发展迅速,实践应用性更强,强调理论与实践的结合;④研究对象继续向宏观和微观两个方向发展;⑤人类生态学兴起于社会科学的交叉融合。

目前,世界上最关注的生态问题是与人类关系最密切的问题,即全球气候变化、生物多样性和构建可持续生态系统。这 3 个问题将是今后生态学研究的重点和方向。

2.1.2　生态系统

生态系统就是在一定的时间和空间内由生物群体与其生存环境共同组成的动态平衡系统,也可以说是生物群落与其周围非生物环境的综合体。生态系统是客观存在的实体,有时间和空间的概念。在空间上生态系统的范围可大可小,生物圈是地球上最大的生态系统;小的如一块草地、一个水塘、一个养鱼缸,甚至小到一滴有生物的水。

生态系统由生物群落与无机环境两个子系统组成,以生物群落为主体。各子系统内的各种成分有机地组合在一起,彼此建立起相互依赖、相互联系、不可分割的有机整体。生态系统的基本组成有无机环境、生产者、消费者、分解者。一般生态系统的组成成分如图 2-1 所示。生态系统的组成成分决定了生态系统的许多特征,这些特征主要表现为:①在组成成分方面,它是由有生命的和无生命的两种物质组成的,这是与其他系统最本质的区别;②通常与特定的空间相联系,因而能反映一定地区的自然地理特点;③生物具有生长、发育、繁殖与衰亡的特征,相应地,生态系统也可以分为幼年期、成长期和成熟期等阶段，即自身发展的演化规律；④生态系统是一个开放系统，需要不断从外界输入物质和能量，通过变化与转化以维持物质和能量的流动；⑤具有复杂的动态平衡特征。系统内不仅存在生物种内、种间的协调，也存在生物与环境的功能协调，以维持其相对平衡，且这种平衡也处于不断变化之中，存在着正反馈与负反馈的不平衡。系统又具有自我调控的特点，使不平衡又趋于平衡状态，推动整个系统不断向前发展。

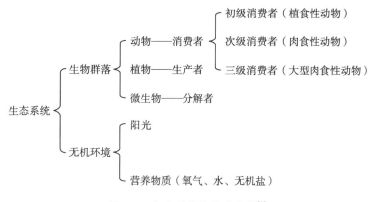

图 2-1 生态系统的组成成分[1]

生态系统的功能包括生态系统的能量流动、物质循环和信息传递。地球上的生态系统有很多类型，通过对不同生态系统的比较，可以得到一个一般的生态系统模型，如图 2-2所示。生产者通过光合作用合成复杂的有机物；消费者摄食有机物，通过消化、吸收再合成自身所需要的有机物；分解者将消费者的遗体、粪便等进行分解，产生提供给生产者的无机营养物质。

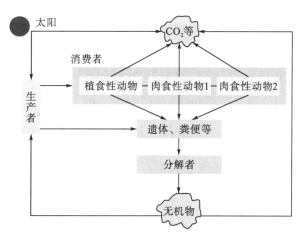

图 2-2 生态系统一般模型

2.1.3 生态平衡及生态学规律

生态平衡是指在生态系统中生物与环境之间及生物种类之间能够保持能量、物质和信息的平衡。生态系统之所以能够保持动态平衡，主要是由于内部具有自动调节功能[2,3]。

生态平衡应包括以下 3 个方面。

(1)功能上的平衡。构成系统各要素之间的关系协调，从而能保持其正常功能。

(2)结构上的平衡。系统结构不易发生不可逆变化。

(3)输入与输出物质数量上的平衡。能量和物质的输入和输出接近相等，其生产、消费和分解过程都处于相对平衡的状态，生物的种类和数量保持相对的稳定，生态系统这时的结构、功能及物质流、能量流都处于相对稳定的状态。

生态平衡的破坏有自然因素与人为因素，人为因素造成的破坏是主要的，如物种改变(外来物种的入侵等)、环境因素的改变(二噁英、放射性物质等)、信息系统的破坏(环境雌激素等)。生态平衡一旦出现危机，就很难在短时间内恢复平衡。为了正确处理人与自然的关系，我们必须要有一定的原则。人类的经济活动只能在生态允许的限度内进行，生态系统的平衡是有条件的，这个条件一旦被打破，恢复是很难实现的。生态系统的平衡、稳定和健康发展关系到整个生物界，同时也包括人类本身，是与每一个人息息相关的。尊重生态系统发展的规律，维护自然生态系统发展演化的规律是每一个人都应该做的，也是人类对于生态系统的最大贡献。要做到人与自然协调发展，应当注意的是合理开发和利用自然资源、保持生态平衡，新建大的工程项目时必须考虑生态效益，大力开展综合利用，实现自然生态平衡，并且还要遵循以下生态学的基本规律。

(1)"物物相关"律：即自然界中各种事物之间有着相互联系、相互制约、相互依存的关系，改变其中的一个事物，必然会对其他事物产生直接或间接的影响。

(2)"相生相克"律：即在生态系统中，每一个物种都占据一定的位置，具有特定的作用，它们相互依赖、彼此制约、协同进化。

(3)"能流物复"律：即在生态系统中，能量在不断地流动，物质在不停地循环。

(4)"负载定额"律：即任何生态系统都有一个大致的负载(承受)能力上限，包括一定的生物生产能力、吸收消化污染物的能力、忍受一定程度的外部冲击的能力。

(5)"协调稳定"律：即只有在结构和功能相对协调时生态系统才是稳定的。

(6)"时空有宜"律：即每一个地方都有其特定的自然和社会经济条件组合，构成独特的区域生态系统。

2.2　放射性对生态的影响

伴随着我国经济的飞速发展和人民生活水平的不断提高，种类繁多的各种污染物随之进入了人们的生存环境，对人类身心健康造成各种危害，环境问题越来越凸显。煤炭、石油等高排放能源的大量使用更加剧了对人类生存环境的危害。由此，党中央和各级政府部门都高度重视，对于环境不达标的地方政府生态环境部门要约谈问责，环评拥有考核不达标的一票否决权。污染物的预报和监控更成为新形势下调整管理手段的参考依据，如最常见的城市限行、限号、提高油品质量等手段。现在，越来越多的人逐步清晰地认识到生态环境保护问题不仅关系到中国经济的可持续发展，也关系到人类未来的生存和繁荣。除了人们熟悉的雾霾、尾气、PM2.5 等常见的污染形式，由放射性核素产生的、不可见的 α、β、γ 等射线引起的电离辐射污染，一旦超过一定限度后就会对人和生物造成极大损害。

　　放射性是自然界存在的一种现象。土壤、空气和水是人类赖以生存、生活和生产的物质基础，但同时也存在放射性，当然一般情况下放射性很弱，如成都理工大学校园内辐射水平仅约 0.2 μSv/h(1Sv 相当于每克物质吸收 0.001J 的能量)。《电离辐射防护与辐射源安全基本标准》(GB18871—2002)规定公众平均年有效剂量限值为 1 mSv(不包含天然本底剂量和医疗剂量)，这个限值低于天然本底辐射平均年剂量；辐射工作人员平均年有效剂量限值为 20 mSv。放射性污染不像其他污染那样广为人知，放射性的危害性取决于其辐射水平。例如，20 世纪的核爆炸试验已经对环境辐射水平产生了影响；苏联和日本的核电站事故，对事件发生区域的生态环境造成了深重和久远的危害，甚至影响了邻国和其他大洲的放射性水平。在核爆炸及其他重大核事故导致的核泄漏过程中可以产生几百种放射性核素，但其中多数不是产量很少就是在很短的时间内已全部衰变，对人类的有效剂量当量贡献大于 1% 的只有 7 种。按对人体照射水平的递减顺序，它们是 ^{14}C、^{137}Cs、^{95}Zr、^{90}Sr、^{105}Ru、^{144}Ce 和 ^{3}H。因此，放射性对生态环境的影响对人类现在和未来的生存环境，以及基础设施布局具有重要意义。

2.2.1　放射性污染

1. 放射性特征

与其他污染相比，放射性有以下特征[4]。

　　(1)一旦释放到环境中，就会对周围发出放射线，并用半衰期即活度来表示活性减少所需的时间。

　　(2)自然条件下，一般无法改变放射性核同位素的放射性活度。

　　(3)绝大多数放射性核素毒性按致毒物本身重量计算，均高于一般的化学毒物。放射性污染对人类危害有累积性。

　　(4)放射性污染无色无味，无法感知其存在，放射性剂量的大小只有辐射探测仪才可以测得。

2. 放射性原理

　　放射性辐射的危害是由它所释放的射线种类和性质决定的。目前，人类发现的由原子核变化的放射线有 4 种：α 射线、β 射线、γ 射线、中子射线。射线种类不同，性质差异很大，对机体损伤程度也不同[5]。α 射线粒子质量大，速度慢，穿透能力较差，在物质中的射程短，但是电离能力大。β 射线质量较小，速度较快，穿透能力较强，在物质中射程较长，空气中射程一般能达几米。γ 射线质量小，静止质量为零，不带电荷，速度快，穿透能力很强，在物质中的射程长，空气中射程一般能达几十米，甚至数百米。这就是 γ 放射源一般都用厚厚的铅金属作为包装的原因。

3. 放射性污染来源

(1)原子能工业排放的废物。

原子能工业中核燃料的提炼、精制和核燃料元件的制造,都会有放射性废物产生和废水、废气的排放。这些放射性"三废"都有可能造成污染,由于原子能工业生产过程的操作运行都采取了相应的安全防护措施,"三废"排放也受到了严格控制,因此对环境的污染并不十分严重。但是,当核设施发生意外事故时,其污染是相当严重的。国外就有因核设施发生故障而被迫全厂封闭的实例。

(2)核武器试验的沉降物。

在进行大气层、地面或地下核试验时,排入大气中的放射性物质与大气中的飘尘相结合,由于重力作用或雨雪的冲刷而沉降于地球表面,这些物质称为放射性沉降物或放射性粉尘。放射性沉降物播散的范围很大,往往可以沉降到整个地球表面,而且沉降很慢,一般需要几个月甚至几年才能落到大气对流层或地面,衰变则需上百年甚至上万年。1945年美国在日本的广岛和长崎投放了两颗原子弹,致使几十万人死亡,大批幸存者也饱受放射性病的折磨。

(3)医疗放射性。

医疗检查和诊断过程中,患者身体都要受到一定剂量的放射性照射,如进行一次肺部X光透视,一般接受 0.04~0.2mSv 的剂量;进行一次胃部透视,一般接受 15~30mSv 的剂量。

(4)科研放射性。

科研工作中广泛地应用放射性物质,除了原子能利用的研究单位,金属冶炼、自动控制、生物工程、计量等研究部门几乎都有涉及放射性方面的课题和试验。在这些研究工作中都有可能造成放射性污染。

(5)工业废渣生产建筑材料放射性污染。

随着经济的快速发展,我国每年都有大量的工业废渣排放。目前,我国建材工业每年利用的各类工业废渣数量在 4 亿吨左右,约占全国工业废渣利用总量的 80%,是造成某些新型墙材放射性超标的原因之一。建筑材料中只考虑镭-226(^{226}Ra)、钍-232(^{232}Th)和钾-40(^{40}K)3 种放射性物质。统计数据显示,目前我国石材属 A 类的占 93%,属 B 类的占 4%,属 C 类的占 2.3%,超 C 类的占 0.7%。研究证明,建筑材料放射性超标,直接影响人体健康,使人体免疫系统受损害,并诱发类似白血病的慢性辐射病[6]。因而,室内装修时应尽可能少用大理石等石材。平时注意开窗通风,有利于减少氡、甲醛和其他挥发性有机物浓度。

2.2.2 放射性对生态环境的危害

鉴于放射性的潜在生态环境危害,必须了解放射性核素进入土壤、水等环境的量,以及由此进入动植物体内的量及其动态行为。下面就几种重要放射性核素的基本性质及其生态特性进行论述。

1. 铯-137（^{137}Cs）

铯-137 属于中毒性核素，是所有放射性核素中研究最多的一种核素。它是一个含量非常丰富的裂变产物，对 ^{235}U 的裂变产额为 5.9%，半衰期约为 30 年。在核爆炸过程中产生的 ^{137}Cs 已经广泛分布在整个生物圈，而且它的迁移性和生理性，使得它的含量在几乎所有生物中都可检测到。^{137}Cs 发射高能光子，是在人体和其他物种中造成遗传剂量的一个潜在的重要核素，它在人体内的有效半衰期为 50～150 天，分布在全身肌肉和肝中，不易排出体外[7]。

铯和许多其他放射性核素的长期有效性主要取决于生态系统的选择性，特别是土壤的性质。^{137}Cs 经沉降到达地表后就迅速被黏土矿物和有机质紧密吸附，且不易向下淋溶、迁移。^{137}Cs 的地表空间运移主要是由土壤侵蚀、土壤颗粒的迁移和土壤沉积颗粒的淀积等过程造成的。^{137}Cs 在土壤中的这一特性已被国内外学者广泛用作土壤侵蚀示踪剂估算土壤的侵蚀速率和沉积状况等[8-12]。^{137}Cs 被土壤中的黏土矿物和有机质吸附或固定后，则很难被各种提取剂所解吸[8,10,11,13]，因此，在黏土矿物和有机质含量丰富的土壤系统里，土壤就像是 Cs 的一个储蓄库，由土壤进入生物体的 ^{137}Cs 的量是极少的。但其他具有低阳离子交换容量的砂性土壤系统，则有比较多的 Cs 通过生物在这个系统中长期进行循环。^{137}Cs 在非耕作土壤中主要集中在 0～5 cm 的土壤层中，而在耕作土壤中主要分布于 4～12cm 深度的土壤层中，受翻耕和土壤颗粒组成等多种因素影响[8]。

同大多数放射性核素一样，铯可以通过大气沉积或表面吸附及根部吸收进入植物内部，也可通过呼吸、消化，以及表面吸收或吸附而进入动物体内。由于土壤对 ^{137}Cs 有较强的吸附作用，陆生植物对土壤中 ^{137}Cs 的富集作用并不明显，富集因子均小于 1[14]。叶面受污染的植株，^{137}Cs 会经由韧皮部的筛管液流[15]向植株其他部位转移，其比活度在上部茎叶中高于下部茎叶及根。水生动植物对水体中 ^{137}Cs 的吸收和富集能力比陆生生物高，一般均超过了 1，金鱼藻等对它的富集因子在 102 以上[14,16]。利用植物对于核素的富集能力，可以用于土壤修复。

在水生生态系统中，水域底部的沉积物是大部分放射性核素积累或"储存"的地方。^{137}Cs 等长寿命放射性核素在这种沉积物中长期聚集[17,18]，而鱼和其他生物则可能因在摄食过程中摄入了底部的沉积物从而导致对该放射性核素的高度浓集，最终可能导致人体因食用鱼类而产生剂量负担。内脏是积累 ^{137}Cs 的关键部位，鳃、鳍、性腺的积累量占第二位，积累最少者是肌肉和骨骼[19]。

在 ^{137}Cs 从环境中向动植物体内转移的过程中，钾盐的存在是影响其转移速率和积累量的一个重要因素。Cs 和 K 是化学类似物，它们具有相似的行为。当 Cs 和 K 几乎以同样的程度被生物吸收时，Cs 在生物体内保留得更长久些。但它们的行为并不完全一致，而是存在拮抗作用，即如果环境中相似的营养元素丰富，则放射性核素积累在生物中的倾向减小；反之，相似营养元素的缺乏通常会导致放射性核素在生物中的积累增加。这一规律也同样存在于其他放射性核素与营养类似物（如 Sr 和 Ca）之间。施用钾盐可以降低 ^{137}Cs 由土壤向作物体内的转移和积累。钾盐种类不同，影响效果不同，以 K_2SO_4 的效果最好，K_2CO_3 次之，KCl 较差。钾盐的最佳施用量也因作物种类、作物生长期及污染程度的不同而不同[20,22]。

2. 锶-90 (^{90}Sr)

锶的放射性同位素 ^{90}Sr 和 ^{89}Sr 都属于高毒性核素。早在 20 世纪五六十年代大气核试验时期就已经开始对它们进行了研究。和 ^{137}Cs 一样，^{90}Sr 也是核燃料裂变过程中产生的固体裂变产物，其裂变产额也为 5.9%，它的物理半衰期为 28 年，也可长久地存在于生物圈中。锶可以形成比较可溶的化合物，它的化学性质类似于钙，因而锶的同位素在生态系统中比较容易流动，并沉积在含钙的骨组织(如骨和甲壳)中并能保留多年，^{90}Sr 在骨骼中的有效半衰期为 $6.4×10^3$ 天。人们认为 ^{90}Sr 具有潜在的内辐照危害性[23]。

对于水生动物而言，如鲤鱼，进入鱼体内的 ^{90}Sr 主要分布在硬组织(鳞和骨)中，各部位的富集能力依次为：鳞片>骨骼>肌肉>内脏。大瓶螺和石螺对 ^{90}Sr 均有较强的富集能力，^{90}Sr 被母螺吸收后会迅速转移至子体；刚孵化的幼螺在 15 分钟就对 ^{90}Sr 有浓集作用；大瓶螺小个体富集因子大于大个体，其壳的富集因子是石螺的 14 倍[24]。蛋鸡各组织对 ^{90}Sr 的吸收能力依次为：骨骼>羽毛>肌肉>血液>内脏，因此在衡量蛋鸡受 ^{90}Sr 的污染程度时，羽毛可以作为一个重要的监测指标。但是大部分 ^{90}Sr 随粪尿和产蛋排出体外，粪尿的排出可能会对环境造成二次污染，虽然有大量 ^{90}Sr 转移到鸡蛋中，但有 99.5%的 ^{90}Sr 存在于蛋壳中[25]。对陆生植物 ^{90}Sr 含量水平的调查结果显示，叶菜类植物(空心菜、白菜和菜心)的 ^{90}Sr 含量最高，根块类植物(萝卜和红薯)次之，果实类植物(大米和荔枝)最低。相比于水生生物，陆生生物对 ^{90}Sr 的吸收能力明显要低且至少低了一个数量级[26]。

3. 碘-131 (^{131}I)

碘有二十几种放射性同位素，其中 ^{131}I 最受关注。对 ^{235}U 而言，^{131}I 的裂变产额为 2.9%，半衰期为 8 天。^{131}I 是一个 β、γ 发射体，发射的 β 射线的能量最大值为 0.608MeV，γ 射线的能量为 0.364MeV(分支比为 80.9%)。^{131}I 也属于高毒性核素。

^{131}I 很容易进入生物系统，被高级动物吸收时，它选择性地浓集于甲状腺中。甲状腺对碘的显著浓集能力可以作为环境中 ^{131}I 含量波动的一个很好的生物指示剂。由于 ^{131}I 的半衰期短，又固定于少量的生物组织内，摄食的吸收途径通常比呼吸来得更重要，因此，食肉动物的甲状腺对 ^{131}I 的浓集通常比食草动物的甲状腺浓集得少。

^{131}I 对人体造成辐射危害主要是在核爆落下灰蔓延覆盖的地区。对大气层核试验和严重核事故，会对近区尤其垂直方向造成严重的放射性落下灰污染。放射性碘除污染生长中的蔬菜、牧草，经食入后造成人或动物体内污染外，由于近地面空气中气态放射性碘的存在，因此经呼吸道吸入也是进入体内的重要途径。牛羊食入被污染的牧草后，放射性碘除浓集到动物甲状腺中外，主要分泌到奶中，对食用奶量多的婴儿和西方膳食习惯的人群，喝牛奶是摄入放射性碘的主要途径。个别事故损伤，不慎会造成 ^{131}I 的皮肤污染，这时可经皮肤吸收而进入体内。

放射性碘的生物结合主要取决于稳定碘的含量和生理性。它在人体内和稳定性碘一样参与体内碘的代谢过程，当放射性碘被吸收进入血液后很快蓄积到甲状腺中，约有 30%的 ^{131}I 摄入后沉积在甲状腺组织中，其生物半排期为 138 天。^{131}I 发射的 β 粒子在组织中的射程达 2000 μm，足以穿透最大的甲状腺滤泡细胞(400 μm)，致使细胞核可能受到辐射损伤，儿童受辐照后甲状腺损伤重于成人[27,28]。

4. 氚(T 或 ^3H)和碳-14(^{14}C)

氚的半衰期为 12.3 年，它发射 18keV 或更低能量的 β 粒子而衰变为 ^3He。环境中绝大多数的氚以氚水(HTO)的形式存在，少量以 HT 的形式或氚化碳化合物的形式存在。向环境释放后，氚总是跟随水文循环，若氚以气体或蒸气形式向大气释放，则会大幅度地分散，最后以降水的形式进入全球水环境，降水是氚的主要沉积形式。雨水氚的浓度明显高于地表水氚和自来水氚的浓度。如果以液体形式释放，氚水被表层水稀释并且进行物理分散、渗透和蒸发。氚发射的 β 射线在水中的最大射程为 6 μm，平均射程为 0.69 μm，在空气中的最大射程为 0.5 cm，因此它对生物体的外照射作用可以忽略不计。

氚所表现的生态行为不同于大多数其他放射性核素。在水域中，它没有依附于沉积物或生物表面的倾向，而这种吸附现象对大多数放射性核素来说是十分普遍的。氚水很容易与普通水一起通过植物的根部、叶子和茎高效率地进入植物体内，以及通过消化、呼吸和表皮的直接吸收而进入动物体内。同时，氚通过蒸腾作用从植物中损失，通过呼吸、分泌、排泄和表面蒸发从动物中损失。氚在动植物体内有两种存在形式，即自由氚水(Tissue Free Water Tritium，TFWT)和有机态氚(Organically Bound Tritium，OBT)。氚与其他的许多放射性核素不同，很少能被生物组织浓集，因而生物组织内氚的稳态浓度只是接近于周围水或水蒸气的浓度而没有超过该浓度。但因为有机态氚在生物体内的滞留时间远长于自由氚水[29]，从而会使生物中的 T 与 H 之比略超过周围水中 T 与 H 的比例。

国内外学者对氚在不同模拟生态系统和动植物体内的行为特性研究表明，氚在系统各分室间存在转移和分配且向系统外迅速散逸；水体(或土壤)中的氚浓度逐渐下降，生物体中的氚浓度上升至最大浓度后逐渐降低；氚在土壤和生物体内以自由氚水和有机态氚两种形式存在，自由氚水为其主要存在形式，在生物体内氚浓度在试验初期迅速上升至最大值后逐渐降低，而有机态氚的浓度在试验期间持续呈缓慢上升趋势。植物体内的有机态氚主要来源于植物的光合作用；各生物体对氚没有明显的浓集作用[30-36]。

^{14}C 由宇宙射线、反应堆和核爆炸产生，广泛分布于生物圈。半衰期约为 5730 年，经发射 158 keV(最大能量)的 β 粒子而衰变。重水堆的 ^{14}C 主要来源于燃料和重水中的 ^{17}O 及环隙气体中的 ^{13}C、^{14}N 等成分的活化，其中以慢化剂系统和热传输系统重水中的 $^{17}O(n,\alpha)^{14}C$ 反应为主[29]。

天然生成的和人为释放的 ^{14}C 主要是以 $^{14}CO_2$ 的形式存在于大气中，$^{12}CO_2$ 对大气中的 $^{14}CO_2$ 迅速进行稀释，^{14}C 主要通过 CO_2 的光合作用进入食物链，在植物和动物中复杂的转化作用可以使 ^{14}C 转变为其他的化学形式。当这些化合物被氧化时，它又以二氧化碳的形式向大气释放出 ^{14}C[29]。二氧化碳也可转变为碳酸盐和碳酸氢盐的离子，它们以无机碳沉积物形式存在于自然界。

从生物积累的角度来看，生物中的 ^{14}C 与 ^{12}C 之比与水中的 ^{14}C 与 ^{12}C 之比大致相同。因为，在生物体内的总碳量基本上是常数(生长期除外)，环境中能积累的 ^{14}C 的量基本固定。但是，如果地球上的 ^{14}C 与 ^{12}C 之比由于人类的核活动而增加，那么生物结合的 ^{14}C

也将按比例地增加。

在地下水受污染的湿地内的植物中,土壤→大气→叶片途径是植物 ^{14}C 的主要贡献者[31]。在模拟生态系统中,由光合器官引入食物网的 ^{14}C($^{14}CO_2$)虽然大部分(99.8%)散逸出系统,但仍有少量 ^{14}C 被初级生产者吸收并向较高营养级的生物体转移(如鱼、海豹和人)。海洋植物对 ^{14}C 的富集最强,其次是鱼和其他生物体。因此可推测,如果 ^{14}C 经由海洋初级生产者引入食物网,它在生态系(特别是海洋生物体)内的富集将会增加[37]。

2.3　生态环境问题与治理

2.3.1　生态环境问题

环境是地球上生物赖以生存、繁衍和发展的基本条件。在人类的生产活动对环境影响甚小的古代,生物圈处于一个相对平稳的状态,使地球环境的自然变化保持在一定的范围内。然而,近代工业革命的出现却打破了这种平衡。近几个世纪以来,随着世界人口激增、人类生活水平的提高、科学技术的巨大进步,人类在以前所未有的速度与效率改造地球环境的同时与生态环境之间的矛盾也日益突出。目前正在且即将严重影响人类生产生活的全球性生态环境问题主要包括环境污染(如越境污染、海洋污染)、生态破坏(如温室效应、臭氧层破坏、全球气候变化、酸雨、土地沙漠化、森林锐减、热带雨林减少、土壤侵蚀、物种灭绝、野生物种减少)等。

1. 环境污染

当污染物进入水体中,其含量超过了水体的自然进化能力,使水体的水质和底质的物理化学性质或生物群落组成发生变化,从而造成水体污染。水体污染会影响工业生产、增大设备腐蚀、影响产品质量,并且会破坏生态,甚至直接危害人的健康。例如,发生在日本的水俣病、骨痛病事件;美国墨西哥湾原油泄漏事件;瑞士莱茵河段"死亡"事件。随着工业及交通运输事业的发展,大量有害物质被排放到大气中,当其浓度超过环境所能允许的极限并持续一段时间后,就会引发大气污染。它引发的全球变暖、臭氧层空洞问题,对人类健康造成直接威胁,与其密切相关的酸雨更是造成工农业生产上的巨大损失。

土壤污染源复杂、污染物种类繁多。而土壤中的有害物质在土壤中逐渐积累,通过"土壤→植物→人体"或通过"土壤→水→人体"间接被人体吸收。污染物进入环境后,会发生空间位置的迁移和存在形态的转化,更造成恶性循环,加深了危害程度和治理难度。

2. 生态破坏

生物多样性包括遗传多样性、物种多样性、生态系统多样性和景观多样性 4 个水平。由于人类的过度开发(如乱砍滥伐、不合理放牧、毁林造田、过度垦荒、不合理地引进物种)及一定的自然因素,自然生态环境遭到破坏,因此导致人类、动物、植物的生存条件发生恶化,生态系统的结构和功能产生变化与障碍,生物多样性下降,系统稳定性和抗逆能力减弱，系统生产力下降。生态系统结构失衡，功能衰退，物质循环受阻。而当地球上众多物种永久消失后，人类也将走向万劫不复的境地。

2.3.2　生态环境问题的生态治理手段

发生于人类社会、作用于自然世界的生态环境问题最适合以生态手段治理恢复。生态手段应用生态系统中物种共生和物质循环再生原理、结构与功能协调原理，结合系统最优化方法，设计分层多级利用物质的生产工艺。生态方法与传统的物理化学方法相比，其优势相当明显。生物途径能够永久性地消除污染，并且常以原位方式进行，使得对污染位点的干扰和破坏达到最小，减少了人类直接接触污染物的机会和运输费用，降解过程迅速。生态技术已经取得长足的进步，但由于受生物特性的限制，它还是存在许多的局限性。例如，微生物等受温度和其他环境条件的影响，有些情况下，生物技术不能将某一地区的环境问题全部解决，将会造成污染物残留。而如何开展对寒冷地带、海洋等特殊地区的环境生物处理尚待研究。生态环境问题还需使用生态手段治理，包括对于污染的治理及生态环境的修复。

1. 污染源治理

污水生物处理技术以污水中含有的污染物作为污染源，利用微生物的代谢作用使污染物降解。活性污泥法是目前应用最为广泛的生物处理技术，利用人工培养和驯化的微生物群体去分解废水中可供生物降解的有机物，通过生物化学反应，改变这些有机物的性质，再把它们从废水中分离出来，从而使废水得到净化。同时，还有对水量、水质变动具有较强的适应性的生物膜法、污水处理塘——生物塘法等。

与废水的生物处理不同，在废气的生物净化过程中，气态污染物首先要从气相转移到液相或固相表面的液膜中，然后才能被液相或固相表面的微生物吸附并降解。大气污染的生物处理具有效果好、无二次污染、安全性好等优点，尤其在处理低浓度、生物可降解性好的气态污染物时显得更加经济可行，具体工艺包括生物滴滤塔、生物滤池、生物洗涤器等。同时绿色植物本身就是"地球之肺"，具有吸收有害气体、减尘杀菌、维持碳氧平衡的作用。

固体废物的生物处理主要包含厌氧消化处理和好氧堆肥处理。厌氧消化处理是有机物在无氧条件下被微生物分解、转化为甲烷和二氧化碳等，并合成自身细胞的生物学过程，其资源化效果好，设施简单、易操作，有利于防止病毒传播。好氧堆肥处理即堆肥法，将可被生物降解的有机物转化为稳定的腐殖质，可增加土壤的保肥作用，改善土壤的物理性能，调节植物根部。

2. 恢复生态学治理生态环境

恢复生态学是研究如何修复由于人类活动引起的原生生态系统动态损害的一门学科，其内涵包括帮助恢复和管理原生生态系统完整性的过程。这种完整性包括生物多样性临界变化范围、生态系统结构和过程、区域和历史内容、可持续发展的文化实践。生态恢复一般应在自然法则、社会经济技术原则、美学原则的协同调和下，使受损或退化的生态系统重构或再生，以达到实现基地稳定、恢复植被与土壤、提高生物多样性、增强生态系统功能、提高生态效益、构建合理景观的目的。

恢复生态学的主要影响因素包括自然中的气候因素与土壤因素及人为因素。任何生态系统都存在于具有一定区域特性的气候环境中，因而，恢复生态学研究首先是要对区域气候因子及其动态有基本的了解，对它作用于生态系统的响应进行生态研究。同时，如光照、热量、水分、风等气候因子是动态变化的，而且彼此之间又相互影响，其作用于生态系统的机制则更为复杂。土地因素包括土壤和地形两个方面。土壤性状的变化和生物群落的演化互为因果。地形主要通过高度、坡向与坡度影响生物区系、群落构成等。人类既是生态系统的利用者与破坏者，又是生态恢复工作中生态系统的设计者与缔造者，因而，恢复生态学研究更关注人与自然的相互作用机制。人类通过一系列社会、经济、文化活动干扰生态系统动态的各个方面，引起种群结构、大小的改变。而在生态恢复过程中，生态及工程技术又是人类对生态系统的贡献。

生态恢复是一个复杂的生态工程，但有其阶段性和程序性。生态恢复中的重要程序包括确定系统边界、生态系统状况调查、生态系统退化诊断、确定方案与实施、示范与推广和监测与评价。生态恢复的技术体系涉及很多领域，存在着水、土、气等非生物或环境要素的恢复技术，又包括物种、种群、群落等生物因素的恢复技术，以及生态系统与景观的结构和功能的总体规划与组合技术。

生态恢复的成功与否可以通过比较恢复系统和参照系统的生物多样性、群落结构、生态系统功能、干扰体系及非生物的生态服务功能来衡量。以动态的观点考察该生态系统的可持续性（自然更新）、不可侵入性（与自然群落一样能抵制入侵）、生产力、营养保持力、生物间的相互作用。辨识那些对生态系统恢复非常必要的因子，严格地检验实际的恢复行动，评价恢复的效果。

3. 生态工程学治理生态环境

生态工程学是指在自然生态系统中引进工程的力量，从而提高净化效率的环境修复方法，同时为野生生物创造生存空间。这种方法首先在河湖、池塘、浅滩等水域的净化技术中应用。换言之，生态工程学是以生态系统为基础，以食物链为纽带，从低等生物的藻类、细菌到其上位的原生动物及微小后生动物，以及鱼类、鸟类，为它们在水域、陆域、湿地等环境的生态场所提供有机性的连接功能，并用工程学的方法予以控制。也就是说，在提高生物的生产、分解、吸收、净化等机能的同时，还要提高其工作效率，从而实现对环境的保护及修复。运用生态工程学的方法强化自然化机能，是要让自然生态系统的功能健全，并通过生物量转换使其形成自我完善的物质循环系统，进而使包括人类在内的环境系统实现可持续发展。我国先后确立的六大林业生态工程对于加速实现山川秀美的宏伟目标、维护国家生态安全、实现生态与经济协调发展具有重大意义。

生态工程所遵循的基本原理有：①物质循环再生原理的理论基础是"物质循环"，实例——我国古代的"无废弃物农业"；②物种多样性原理的理论是生态系统稳定性，实例——我国的"三北防护林"和"珊瑚礁生态系统的多样性"；③协调与平衡原理的理论基础是"生物与环境的协调与平衡"，实例——"太湖的富营养化问题"和"西北一些地区的防护林问题"；④整体性原理的理论基础是"社会、经济、自然复合系统"，实例——"林业建设中遇到的自然系统与经济、社会系统的关系问题"；⑤系统学和工程学的原理中系统的结构决定功能原理是"分布式优于集中式和环式"，实例——"桑基鱼塘"；⑥系统整体性原理的理论基础是"整体大于部分"，实例——"珊瑚礁藻类和珊瑚虫的营养关系"。生态工程建设的目的就是遵循自然界物质循环的规律，充分发挥资源的生产潜力，防止环境污染，达到经济效益和生态效益的同步发展。与传统的工程相比，生态工程是一类少消耗、多效益、可持续的工程体系。生态经济主要是通过实行"循环经济"的原则，使一个系统产出的污染物，能够成为本系统或另一个系统的生产原料，从而实现废弃物的资源化，而实现循环经济最重要的手段之一就是生态环境。

总而言之，由人类不计较生态成本的经济发展造成的生态问题，应当由生态方法、生态技术解决。对于已经造成污染破坏的现有疑难问题，毫无疑义必须立即着手解决。然而，"先开发，后保护；先破坏，后治理"不仅成本高昂，浪费时间、人力、物力，更有可能造成无法挽回的损失。我们所需要的发展模式是一种开发利用与平衡维护同时进行的模式，是一种可持续的社会—经济—自然复合体系。

（编写：唐清枫；审订：陈敏）

习　题

1. 简述生态平衡的基本规律。
2. 如何引用生态工程的主要生物学原理改善和修复生态环境？
3. 放射性污染的来源有哪些？
4. 简述放射性核素对生态环境有哪些影响。
5. 生态系统主要有哪些物质循环？其特点如何？
6. 生态系统能保持动态平衡的原因是什么？破坏生态平衡的因素有哪些？试列举你熟知的破坏生态平衡的例子。
7. 目前全球十大环境问题是什么？叙述其具体意义和主要污染物。
8. 简述生物多样性的意义、生物多样性锐减的原因和危害，以及其防治对策。

参 考 文 献

[1] 蔡晓明. 生态系统生态学[M]. 北京：科学出版社, 2000.

[2] 卢升高. 环境生态学[M]. 杭州：浙江大学出版社, 2010.

[3] 万金泉, 王艳, 马邕文. 环境与生态[M]. 广州：华南理工大学出版社, 2013.

[4] 石晓亮, 钱公望. 放射性污染的危害及防护措施[J]. 工业安全与环保, 2004, 30(1): 6-9.

[5] 张瑞萍. 放射性辐射的危害及安全防护[J]. 北京警察学院学报, 2011(6): 51-53.

[6] Entry J A, Watrud L S, Reeves M. Accumulation of ^{137}Cs and ^{90}Sr from contaminated soil by three grass species inoculated with

mycorrhizal fungi [J]. Environmental Pollution, 1999, 104(3):449-457.

[7] 石碧清，赵育，闫振华. 环境污染与人体健康[M] 北京：中国环境出版社, 2006.

[8] 张华峰，张华强，康慧，等. ^{137}Cs 示踪技术在土壤侵蚀研究中的应用综述[J]. 中国水土保持, 2003(2):21-22.

[9] 董杰，杨达源，周彬，等. ^{137}Cs 示踪三峡库区土壤侵蚀速率研究[J]. 水土保持学报, 2006, 20(6):1-5.

[10] Zhang Y , Zhang H , Peng B Z , et al. Soil erosion and its impacts on environment in Yixing tea plantation of Jiangsu Province[J].
     Chinese Geographical Science, 2003, 13(2):142-148.

[11] Schuller P , Walling D E , A Sepúlveda, et al. Use of ^{137}Cs measurements to estimate changes in soil erosion rates associated with
     changes in soil management practices on cultivated land[J]. Applied Radiation and Isotopes, 2004, 60(5):759-766.

[12] 华珞，张志刚，冯琰，等. 用 ^{137}Cs 示踪法研究密云水库周边土壤侵蚀与氮磷流失[J]. 农业工程学报, 2006(1): 73-78.

[13] 李仁英，杨浩，唐翔宇. 土壤中 ^{137}Cs 的化学性质及其分布规律[J]. 核农学报, 2001, 15(6):371-379.

[14] 徐寅良，陈凯旋，陈传群，等. 生物对 ^{137}Cs 的吸收和富集[J]. 环境污染与防治, 2000, 22(3):14-16.

[15] 邝炎华，刘琼英. 放射性核素从环境向农作物转移的研究[J]. 核农学通报, 1989(5):235-241.

[16] Topcuoğlu S. Bioaccumulation of cesium-137 by biota in different aquatic environments[J]. Chemosphere, 2001, 44(4):691-695.

[17] Amano H . Cesium-137 and mercury contamination in lake sediments[J]. Chemosphere, 1999, 39(2):269-283.

[18] 刘广山，黄奕普，陈敏，等. 南沙海区表层沉积物放射性核素分布特征[J]. 海洋科学, 2001, 25(8):1-5.

[19] 蔡福龙，陈英，许丕安，等. 大弹涂鱼浓集 ^{137}Cs、^{134}Cs、^{65}Zn、^{60}Co 的研究[J]. 海洋环境科学, 1992(1):3-10.

[20] 杨俊诚，朱永懿，陈景坚，等. ^{137}Cs 在土壤中的污染行为与钾盐的防治效果[J]. 核农学报, 2002, 16(6):376-381.

[21] 朱永懿，徐寅良. 施肥和翻耕措施对减少水稻吸收 ^{137}Cs 的效应[J]. 核农学报, 1998(3): 38-43.

[22] 朱永懿，徐寅良. 施用钾盐对降低 ^{137}Cs 从土壤—农作物转移率的效应[J]. 核农学报, 1999, 13(4):242-247.

[23] 浦公甫. 核电站的困惑[J]. 沿海环境, 2000(12):18-20.

[24] 陈舜华，钟创光，赵小奎，等. 两种淡水腹足类动物对 ^{90}Sr 的浓集与分布的生物学特性[J]. 核农学报, 2001(1): 45-50.

[25] 商照荣，徐世明. ^{90}Sr 在蛋鸡体内的累积与分布[J]. 核农学报, 1995(3): 185-188.

[26] 林炳兴，周治发. 广东大亚湾沿海地区生态环境中 ^{90}Sr 含量水平调查[J]. 辐射防护, 1995(2): 129-137.

[27] 孙世荃. 碘-131 内污染所致甲状腺损害的剂量效应关系和剂量限值[J]. 辐射防护通讯, 1992(4): 24-29.

[28] 安艳. 放射性碘在大鼠甲状腺内的滞留模式及剂量估算[J]. 中华放射医学与防护杂志, 1997, 17(4):243-247.

[29] 方栋，李红. 环境中氚和碳-14[J]. 辐射防护, 2002, 22(1):51-56.

[30] Collins C D , Bell J N B . Experimental studies on the deposition to crops of radioactive gases released from gas-cooled reactors—III.
     Carbon-14 dioxide[J]. Journal of Environmental Radioactivity, 2001, 53(2):215-229.

[31] Choi Y H , Kim S B , Lim K M , et al. Incorporation into organically bound tritium and the underground distribution of HTO
     applied to a simulated rice field[J]. Journal of Environmental Radioactivity, 2000, 47(3):279-290.

[32] Choi Y H , Lim K M , Lee W Y , et al. Tissue free water tritium and organically bound tritium in the rice plant acutely exposed to
     atmospheric HTO vapor under semi-outdoor conditions[J]. Journal of Environmental Radioactivity, 2002, 58(1):67-85.

[33] 史建君，郭江峰. 氚水在模拟水稻—水—土壤生态系统中的行为[J]. 应用生态学报, 2003(2): 269-272.

[34] 王寿祥，张永熙，陈传群，等. 氚水在模拟水稻田中的消长动力学(续)[J]. 环境科学学报, 1996, 16(1):124-128.

[35] 史建君，郭江峰，陈晖，等. 海洋贝类对 HTO 的吸收和结合态氚的形成动态[J]. 环境科学, 2005(4): 177-180.

[36] 史建君，陈晖. 青菜—土壤生态系统中氚水的迁移与分布动态[J]. 生态学报, 2001, 22(8):1260-1265.

[37] Kumblad L , Gilek M , Næslund B , et al. An ecosystem model of the environmental transport and fate of carbon-14 in a bay of
     the Baltic Sea, Sweden[J]. Ecological Modelling, 2003, 166(3):193-210.

第 3 章　环境污染与人体健康

　　环境污染主要是指在生产和生活过程中排放的废水、废气、废渣，使环境中有害有毒物质的含量超过正常值，危害到人体健康和工农业生产的现象。环境污染的生产有一个从量变到质变的过程，当某种能造成污染的物质的浓度或总量超过环境的自我净化能力时，就会造成危害[1]。

　　产业革命以后工业得到迅速发展，人类排放的污染物大量增加，在一些地区发生环境污染的现象，在 20 世纪 30～60 年代，随着工业的进一步发展，在世界上一些地区发生了公害事件(表 3-1)，环境污染才引起人们的重视。这个时期的公害事件主要出现在工业发达的国家，这是局部的环境污染问题。20 世纪 80 年代以后，环境污染的问题越来越严重，范围扩大了很多，如全球变暖、臭氧层损耗、酸雨等大面积的环境性问题，全球性的环境污染和大面积的生态环境遭到破坏，这其中包括发达国家和发展中国家，甚至有些发展中国家面临的环境问题更加严重。

表 3-1　世界著名的八大公害事件[2]

事件名称	时间、地点	污染源	主要危害
马斯河谷烟雾	1930 年比利时马斯河谷	工厂排放的含烟尘及 SO_2 废气蓄积于长方形深谷中	呼吸道发病，大约 60 人死亡
多诺拉镇烟雾	1948 年美国宾夕法尼亚州多诺拉镇	炼锌、钢铁、硫酸等工厂排放的含烟尘及 SO_2 废气蓄积于马蹄形深谷中	呼吸道发病，死亡十多人，患病 5910 人
米糠油	1968 年日本北九州市爱知县	米糠油中残留多氯联苯	死亡十多人，中毒 1 万余人
水俣病	1953 年日本熊本市水俣湾	化工厂排放的含汞废水形成的甲基汞	中枢神经受伤，听觉、语言、运动失调，死亡 50 多人
骨痛病	1931 年日本富山县	锌冶炼厂排放的含镉废水	骨折，患者 200 多人，多人因不堪痛苦而自杀
气喘病	1970 年日本四日市	炼油厂排放的含 SO_2、煤尘、重金属粉尘的废气	500 多人患哮喘病，30 多人死亡
光化学烟雾	1943 年美国洛杉矶	汽车排放的 NO_x、CH_x 尾气在一定条件下形成光化学烟雾	刺激眼睛、喉，引起眼疾、喉头炎、头痛
伦敦烟雾	1952 年伦敦	含烟尘及 SO_2 的废气	呼吸道疾病，5 天内致 4000 多人死亡

　　环境污染物可分为化学性、物理性和生物性污染物三方面，化学性污染一般又可以分为以下四大类[3]。

　　(1)合成化学物质，这是大量的，如农药、化肥等农用化学物质；工业用化学物质；日用化工品和药物、食品添加剂等。目前对环境的污染主要由这类物质所造成。

　　(2)环境中的有机、无机化合物，如目前存在于空气、水、土壤中的许多已查明或未查明的污染物质。

（3）过量的天然存在的化学物质，如硝酸盐、亚硝酸盐等。例如，水中硝酸盐的含量过多，可引起婴儿高铁血红蛋白血症。硝酸盐的还原物亚硝酸盐在体内或体外如果与仲胺作用可以生成亚硝胺，而亚硝胺被证明是可以致畸、致突变和致癌的物质。

（4）生物毒素和某些谷物中的真菌毒素，如黄曲霉毒素等。

物理性污染一般主要分为以下几大类[4]。

（1）噪声污染：它已经成为现代社会的一大公害，是直接关系到公众健康和经济建设的一个社会问题，长期接触噪声，不论是在社区还是在工作岗位，都能够引起持续性的症状，如高血压和局部缺血性心脏病；影响人们的阅读能力、注意力、解决问题的能力及记忆力，这些在记忆和表达方面的缺陷有可能引发事故，造成更严重的后果；噪声还可能增加借端生事的行为，噪声与精神卫生问题方面的联系已经引起研究人员的重视；噪声还会降低人的工作效率。

（2）放射性污染：主要指人工辐射源造成的污染，如核武器试验时产生的放射性物质，生产和使用放射性物质的企业排出的核废料。另外，由于原子能工业的发展，放射性矿藏的开采，核试验和核电站的建立及同位素在医学、工业、研究等领域的应用，使放射性废水、废物显著增加，造成一定的放射性污染。

（3）电磁污染：超量的电磁辐射会造成人体神经衰弱、食欲下降、心悸、胸闷、头晕目眩等"电磁波过敏症"，甚至引发脑部肿瘤。电磁波的致病效应随着磁场振动频率的增大而增大，频率超过 10 万赫兹，可对人体造成潜在威胁。在这种环境下工作、生活过久，人体受到电磁波的干扰，使机体组织内分子原有的电场发生变化，导致机体生态平衡紊乱。一些受到较强或较久电磁波辐射的人已有了病态表现，主要反映在神经系统和心血管系统方面，如乏力、记忆衰退、失眠、容易激动、月经紊乱、胸闷、心悸、白细胞与血小板减少或偏低、免疫功能降低等。

（4）热污染：来自各种工业过程的冷却水，若不采取措施，直接排入水体，则可能引起水温升高、溶解氧含量降低、水中存在的某些有毒物质的毒性增加等现象，从而危及鱼类和水生生物的生长。

（5）光污染：过量的光辐射、紫外线辐射、红外线辐射对人体、城市交通、环境等都会造成不良影响。

福岛核电站事故中受辐照的无耳兔，如图 3-1 所示。

图 3-1　福岛核电站事故中受辐照的无耳兔

生物性污染一般分为以下几类[4]。

(1) 微生物污染。菌源主要包括细菌及细菌毒素、霉菌及霉菌毒素等。这些微生物污染食品后,在适宜的条件下可大量生长繁殖,使食物的感官性质恶化、营养价值降低,甚至引起严重的腐败、霉烂和变质,产生各种危害人体健康的毒素,从而引起各种疾病和食物中毒。

(2) 寄生虫和虫卵污染。污染方式多为患者、病畜的粪便污染水源或土壤,从而使家畜、鱼类及蔬菜受到感染或污染。危害人类健康的寄生虫主要有蛔虫、绦虫、蛲虫、肺吸虫、肝吸虫及旋毛虫。

(3) 昆虫污染。通过昆虫卵污染,在温度、湿度适宜时,各种害虫可迅速繁殖,如粮食中的甲虫类、蛾类、螨虫类;鱼、肉、酱、腌菜中的蝇蛆;腌鱼中的干酪蛆幼虫等。干果、枣、栗及含糖多的食品易受侵害。昆虫污染食物的特点有食物被大量破坏、感官性质恶化、营养质量降低,甚至完全失去食用的价值。

3.1　环境污染物对人体的作用

3.1.1　环境污染物进入人体的途径

环境污染物进入人体或其他动物的机体后,在机体内发生代谢的同时,显示其对组织和器官的损害作用。在组织和器官内产生物理作用或化学反应,破坏机体的正常生理功能,引起功能损害、组织损伤,甚至危及生命,导致死亡。

环境污染物进入人体的主要途径有饮食、呼吸道和皮肤 3 种[4]。人体对代谢废物的排泄通道是指在消化道末端和肾脏分别排便和排尿,在呼吸道进口端排出废气,以及皮肤在汗腺上排出某些代谢废物。

在切尔诺贝利核事故中受到严重辐照的小孩,如图 3-2 所示。

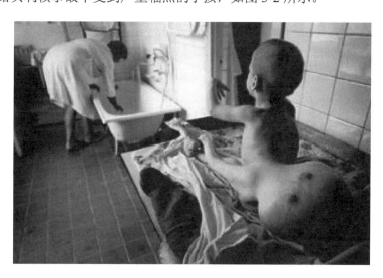

图 3-2　切尔诺贝利核事故中受到严重辐照的小孩

1. 消化道吸收

水和食物中的有害物质主要是通过消化道吸收进入人体的,化学污染物随饮食进入人体,先后经过口腔、咽喉、食管、胃、小肠、大肠等部位。消化道任何部位都有吸收作用,但主要是小肠,成人的小肠长约 5.5m,食物的最后全面消化也在这一"黄金地段"内进行,随饮食进入人体内的 95% 以上的污染物和 85% 的病毒也会滞留于小肠。小肠的管径小而均匀,由其黏膜分泌的多种酶可将初步消化过的食物转化为可被吸收的营养物。小肠对于毒物的吸收能力主要取决于毒物性质。一般来说,分子量小的毒物(如醇类、氰化物等)在食管和胃壁处可被吸收,分子量大的毒物则须有水输入后在小肠内被缓慢吸收,兼有水溶性和脂溶性的毒物(如酚类、苯胺等)更是容易被消化道吸收。胃肠道不同部位的pH 不同,胃液呈酸性,肠液呈碱性,所以许多有机酸和碱在胃肠道不同部位的吸收有很大的差别。有机酸主要在胃内吸收,有机碱主要在肠道内吸收。

在人体肠道内有大量的厌氧细菌,它们有很强的分解毒物的能力,分解后的产物一般具有比初始毒物更强的被吸收能力,也可形成新的物质而改变其毒性。此外,胃肠道内容物多少、排空时间及蠕动情况等其他因素也可影响吸收[5]。

环境污染物也能随不洁饮用水进入人体。已发现在饮用水中可能含有的有机污染物就有 1100 多种,世界卫生组织曾经调查后指出,人类疾病 80% 与饮用水有关,世界上每年有 2500 万名以上的儿童因饮用被污染的水而死亡。

2. 呼吸道吸收

各种污染物(呈气体、蒸气或颗粒物形态的非生物物质或微生物)随空气进入人体,先后经过鼻、咽、喉、气管、支气管及肺等部位。从鼻腔到肺泡整个呼吸道各部分结构不同,对污染物的吸收情况不同。吸入部位越深,面积越大,停留时间越长,吸收量越大。因此,经呼吸道吸收,以肺泡为主。由于人体肺泡多,表面积大,毛细血管丰富,毛细血管壁和肺泡上皮细胞膜薄,因此有利于化学污染物的吸收。

气体类污染物(如 CO、NH_3、HCl 等)可直接进入肺部,不但直接危害肺组织,还可能进一步溶于血液而运转全身。如果是水溶性很大的气体毒物(如氢化氰或某些杀虫剂蒸气),一般会被阻留在鼻腔或至多抵达支气管部位,由此显示出的毒性略微轻微。

颗粒状物质的吸收主要取决于颗粒的大小。直径大于 10μm 的颗粒物,因重力作用迅速沉降,吸收后因惯性碰撞而大部分黏附在上呼吸道;直径为 5~10μm 的颗粒物,大部分阻留在气管和支气管;直径为 1~5μm 的颗粒物,可随着气流到达下呼吸道,并有部分到达肺泡;直径小于 1μm 的颗粒物,可能在肺泡内扩散而沉积下来;直径小于 0.5μm 的颗粒物,则可进入肺部而不易呼出,其中可被体液溶出部分又进一步由肺泡中毛细血管载着,转入血液系统、淋巴系统或其他器官,因未经肝脏解毒而产生更大的危害作用。

3. 皮肤吸收

人体皮肤最外层是厚度约为 10μm 的角质层,由角质化的上皮细胞所形成,具有保护皮肤和防止体液流失的功能。角质层下依次是表皮和真皮,在真皮下密布着网状毛细血管。由于长时间接触外界环境，因此在皮肤上又生出毛发、指甲、汗腺、皮脂腺等衍生物。

人体皮肤摄入有毒物质的能力较弱。相比之下，液态的醇类、酚类或某些有机磷杀虫剂较容易渗入皮肤，而水溶性盐类等化合物较难渗入。皮肤还能吸收氧气、二氧化碳和水蒸气等，所以它具有一定的呼吸功能，至于固体物质，必须先溶解于皮肤上的汗水，转化成水溶液后方可渗入皮肤，入侵后的毒物可能滞留于皮肤表层，或者进入真皮下的毛细血管后，转运到其他相关的器官组织。

化学污染物经皮肤吸收还受其他因素影响。例如，皮肤擦伤可促进各种化学物迅速经皮肤吸收，温热灼伤和酸碱损伤能增加皮肤的通渗性，潮湿也可促进某些气态物质的吸收。

当人的皮肤不慎接触强酸或强碱后，不但会局部损伤表皮组织，还会引发炎症、湿疹、坏疽等，严重者还会浸透内层组织，与血液淋巴相混合，并引发各种中毒症状。

皮肤排泄废物的能力相比于其他外来毒物的能力要强得多，体内毒物可通过出汗转移到皮肤或转移到头发和指甲。

3.1.2　环境污染物在体内的分布和代谢

化学污染物被摄入人体后，通过吸收进入血液和体液，随血液和淋巴液分散到全身各组织的过程称为分布。不同的化学污染物在体内并不是均匀地分布到各组织，不同化学物质在体内的分布不一样，这是因为化学物质在体内各组织的分布与该组织的血液量、亲和力及屏障作用有关。所谓屏障作用，是指具有固有的形态结构基础，更应理解为机体阻止或减少化学物由血液进入某种组织器官的一种保护机制，使其不受或少受化学污染物的危害。

血—脑屏障虽不能绝对阻止有毒物质进入中枢神经系统，却比其他部位渗透性小。许多物质在相当大的剂量时仍不能进入大脑。

进入血液的化学污染物大部分与血浆蛋白或体内各种组织(如肝脏、肾脏、脂肪组织、骨骼组织)结合，在特定部位积累而浓度较高，但化学污染物对这些部位所产生的作用并不同，有的部位化学污染物可直接发挥作用，称为靶器官。例如，甲基汞积累在大脑、百草枯积聚在肺脏，均可引起这些组织的病变。肝脏、肾脏具有与许多化学物质结合的能力[6]，这些组织中的细胞含有特殊的结合蛋白，能将血浆中和蛋白质结合的有毒物质夺过来。动物实验证明，铅中毒后 30 分钟，肝脏中铅浓度比血浆中高 50 倍。对于重金属而言，其毒性机制是很复杂的。一般来说，下列任何一种机制都可引起金属毒性[7]：①改变了生物分子的活性构象；②阻断了生物分子必需的生物学功能基因；③置换了生物分子中必需的金属离子。化学污染物中许多具有脂溶性的化合物易于通过生物膜进入血液，并分布和蓄积在体脂内，如各种有机氯农药等。由于骨骼组织中某些成分与化学污染物具有特殊亲和力，因此有些物质在骨骼中的浓度较高，如氟化物、铅、锶等能与骨基质结合而储存其中，体内 90%的铅储存在骨组织内[8,9]。

化学污染物及其代谢产物排泄的主要器官是肾脏，肝胆系统也是化学污染物自体内排出的重要途径之一。小分子物质经过肾脏排泄，大分子物质经过胆管排泄。此外，呼吸道、消化道、唾液等也是污染物的排泄途径。

随着时间的推移而逐渐累积或在某些器官组织中获得富集,这样的过程称为生物蓄积。蓄积量是摄取、分布、代谢和排泄各量的总和。人体内的不同部位蓄积毒物的种类也是不同的。

3.2 辐照对生物和人体的作用

3.2.1 放射性物质进入人体的途径

原子核在衰变过程中放射出 α 射线、β 射线和 γ 射线,这些射线若与人体发生作用,将会对人体造成严重的辐照损伤。

环境放射性物质进入人体的途径主要有 3 条:消化道食入、呼吸道吸入、皮肤与黏膜或伤口侵入,其中消化道食入较为重要。放射性核素既能被人体直接摄入,又能通过生物体,经食物链途径进入人体内,不同的摄入途径具有不同的吸收、蓄积和排泄特点。当放射性污染物由消化道食入时,核素理化性质具有重要的影响,碱金属和碱土金属元素吸收率高,重金属则较难吸收。食品中的放射性物质通常由胃吸收,随血液循环至全身。由呼吸道吸入的污染物,其吸收程度与气态物质的性质和状态有关,难溶的气溶胶粒子吸收较慢,可溶性的气溶胶粒子吸收较快;气溶胶粒子大,在肺部的沉积就少;反之,沉积的就多。皮肤对放射性物质的吸收能力波动范围较大,一般在 1.2%左右,经过皮肤侵入的放射性污染物能随血液直接输送至全身,由伤口进入的污染物吸收率较高。

3.2.2 放射性物质在人体内的分布

放射性物质在人体内的分布与其理化性质、进入人体的途径及机体的生理状态有关。放射性污染物进入人体后,选择性地定位在某个或几个器官或组织内(表 3-2),这称为"选择性分布"。被定位的器官称为"紧要器官",它将受到放射性物质较多照射,损伤的可能性较大,如氡致肺癌等。有些放射性物质在人体内的分布无特异性,广泛分布于各组织、器官中,称为"全身均匀分布",如有营养类似物的核素进入人体后,将参与机体的代谢过程而遍布全身。

表 3-2 放射性核素在人体内的分布[2]

紧要器官或组织	放射性核素
肺	^{222}Rn、^{210}Po、^{238}U、^{239}Pu
肾	^{51}Cr、^{56}Mn、^{71}Ge、^{198}Au、^{238}U
肝	^{56}Mn、^{60}Co、^{105}Ag、^{110}Ag、^{109}Cd
骨及骨髓	^{7}Be、^{18}F、^{32}P、^{45}Ca、^{65}Zn、^{89}Sr、^{90}Sr、^{140}Ba、^{226}Ra、^{233}U、^{234}Th、^{239}Pu

3.3　环境污染对人体健康的危害

3.3.1　放射性环境污染对人体健康的危害

核辐射导致的全身外照射损伤主要出现在急性放射性病典型病程的初期，表现为恶心、呕吐、疲劳、发热和腹泻。"假愈期"患者持续时间长短不同，症状有所缓解，严重的发展到了极期则有感染、出血和肠胃不适症状。经治疗后上述症状逐渐缓解。局部照射损伤随受照剂量的不同，在受照部位可能出现红斑、水肿、干性脱皮和湿性脱皮、起水疱、疼痛、坏死、坏疽或脱发等。局部皮肤损伤通常持续几周到几个月，严重者常规方法难以治愈。不过，外照射多见于核电站工作人员。体内污染引起的内照射一般没有明显的早期症状，除非摄入量很高，但这种情况非常罕见。一般来讲，身体接受的辐射能量越多，其放射性病症状越严重，致癌、致畸风险也越大。

1. 急性辐射病

短时间内大剂量电离辐射引起的放射性损伤，称为急性辐射病。根据受照剂量和病情的基本表现，急性辐射病可分为骨髓型(以造血器官损伤为主)、肠型(以胃肠系统损伤所造成的症状最为突出)和脑型(出现昏迷等中枢神经系统症状，并迅速致死)3 种。不同照射剂量对人体损伤的估计如表 3-3 所示。

表 3-3　不同照射剂量对人体损伤的估计[10,11]

剂量/Gy	类型	初期症状或损伤程度	
<0.25		不明显和不易察觉的病变	
0.25~0.5		可恢复的机能变化，可能有血液学的变化	
0.5~1		机能变化、血液变化，但不伴有临床症状	
1~2		轻度	乏力、不适、食欲减退
2~3.5	骨髓型急性辐射病	中度	头晕、乏力、食欲减退、恶心、呕吐、白细胞短暂上升后下降
3.5~5.5		重度	多次呕吐，可有腹泻，白细胞明显下降
5.5~10		极重度	多次呕吐、腹泻、休克、白细胞急剧下降
10~50	肠型急性辐射病	频繁呕吐，腹泻严重，腹痛，血红蛋白升高	
>50	脑型急性辐射病	频繁呕吐、腹泻、休克、共济失调、肌张力增高、震颤、抽搐、昏睡、定向和判断力减退	

这里以骨髓型急性辐射病的临床表现为例进行介绍。

(1)轻度。轻度骨髓型急性辐射病的病情不重，症状轻，临床分期不明显，仅在伤后数天内出现疲乏、头晕、失眠、食欲减退和恶心等症状。稍后上述症状减轻或消失，可能出现明显的极期而逐渐恢复，一般不发生脱发、出血和感染。轻度辐射病预后良好，一般在两个月内可自行恢复。

(2)中度和重度。中度和重度骨髓型急性辐射病的临床表现基本相似，只是病情轻重不同，各期症状如下。

①初期。初期症状期，有人称为第一反应期，一般历时 1～4 天，但也可以短至几小时，长至两周。初期症状出现快慢、症状多少、程度轻重、持续时间长短等，都与病情轻重有关。中度多在照射后数小时出现，有的可数十分钟后出现，持续一两天。重度多在照射后数十分钟出现，也可出现在数小时后，持续 1～3 天。初期症状的表现大体上可以分为两类。一类是全身性的，如疲劳、虚弱、恶心、白内障、虹膜炎、齿龈炎。病情严重者还伴有发热和感染。呼吸道接受高剂量辐照后，可以产生放射性肺炎和肺纤维化，再加上并发症，病情可能严重恶化，甚至导致死亡。另一类是局部性的，如皮肤烧伤等。

②假愈期。开始于照射后 2～4 天，初期症状基本消失或明显减轻。患者除有疲乏感之外，可能无特殊主诉，精神良好，食欲基本正常。但是病情在继续发展，造血损伤进一步恶化，外周血白细胞和血小板呈进行性下降，机体免疫功能也开始降低。白细胞下降的速度与病情轻重有关。一般于照射后 10 天左右白细胞下降到第一个最低值，然后出现顿挫回升，这是由于残留的造血干细胞有限地恢复增殖分化所致。回升的峰值与病情有关，照射剂量大者回升峰值低。假愈期长短是病情轻重的重要标志之一。中度辐射病为 20～30 天，重度辐射病为 15～25 天。在假愈期末，患者出现皮肤黏膜出血和脱发，被看作是进入极期的先兆。出血多见于口腔黏膜、胸部和腋窝部皮肤处。

③极期。极期的标志是体温升高、食欲降低、呕吐、腹泻和全身衰竭。进入极期，病情急剧恶化，是各种症状的顶峰阶段，治疗不力者多于此期死亡。其原因有以下几方面。

a. 造血损伤极其严重：骨髓增生极其低下，各原造血细胞均减少，淋巴细胞和浆细胞比例增高。

b. 感染：照射后机体免疫功能被削弱，感染是急性放射病的严重并发症，而且往往成为死亡的主要原因。口咽部常是最早出现感染灶的部位，如牙龈炎、咽峡炎、扁桃体炎、口腔溃疡、口唇糜烂和溃疡等。口腔感染常有局部疼痛，以及张口和进食困难。其他如肺部、肠道、泌尿道和皮肤感染也较多见。急性辐射病感染的特点是炎症反应减弱、出血坏死严重。

c. 出血：出血在各内脏器官和皮肤黏膜都有可能发生，一般来说，内脏出血要早于体表。出血的程度随照射剂量和治疗情况而异，轻者仅为少数点状出血，严重者成斑块状出血，甚至弥漫成片。大量出血会加重造血障碍和物质代谢紊乱，并促进感染的发生。患者进入极期前首先出现皮肤和黏膜散在出血点，进入极期后逐渐加重。胃肠道症状：进入极期后，患者又出现食欲下降、恶心等症状，重度患者多有呕吐、拒食、腹泻、腹胀、腹痛等，腹泻常伴有鲜血便和柏油样便。重度患者或腹部照射剂量大者，可发生肠套叠、肠梗阻等并发症。

④恢复期。进入恢复期，病情逐渐好转，乃至基本恢复正常。在中度和重度辐射病情况下，恢复期通常从辐射后第五周或第六周开始。随着造血功能的恢复，其他症状也逐步好转，出血停止并逐渐吸收，精神和食欲逐渐好转。照射后两个月，患者的头发开始再生，经过一段时间可恢复至照射前的情况，或者比照射前生长更稠密。患者的状态稳定之后，意味着恢复基本完成。有时，某些残余症状没有消失，形成了后遗症症状，或者患者过渡到慢性辐射病状态，进入远期症状期，如在恢复期中，性腺恢复缓慢。照

射后精子数下降的顶峰在受照后 7～10 个月，甚至一两年才能恢复。受照剂量较大者，也可能造成永久性不育。

辐射病的后遗症最常见的有贫血、白细胞减少症、营养不良、胃肠道症状等。有些症状在照射后较长时间才反应出来，其性质不属于后遗症症状，而属于辐射病的远期症状。例如，大剂量照射后数月至数年内，个体可能发生毛细血管扩张、皮肤色素沉着、真皮乳头萎缩、汗腺消失以至广泛性瘢痕形成、淋巴组织变化、不育、衰老和白内障等，以及遗传效应，晚期还可能出现癌症、白细胞减少症和肉瘤等。此外，神经功能性症状发病率也不低，如疲劳等，以及寿命缩短和机体抵抗力低也是很重要的辐射远期效应。

(3) 极重度。极重度辐射病的病情经过、主要症状与重度大体相似，其病变发展较快、症状严重、极期持续较久、恢复慢。由于造血损伤严重，因此自行恢复的能力减弱。其特点为：初期症状出现早而重，假愈期短；造血损伤严重，部分患者能自行恢复造血功能；治疗难度大，预后严重。此类患者虽经积极治疗，但恢复缓慢，目前治疗水平只能治愈部分患者，并发间质性肺炎和霉菌、病毒感染者预后严重。

2. 慢性辐射病

较长时间超过允许剂量的辐照损伤，称为慢性辐射病。此病主要引发造血功能障碍、内脏出血、组织坏死、感染及恶性病变等。

慢性辐射病是指由于小剂量的辐射长期积累产生辐射病症状，患者各有差异，病症有头痛、虚弱、感觉异常、皮肤疼痛、眼震、手抖、肌肉萎缩、共济失调、睡眠障碍、恶心、呕吐、消化不良、食欲减退、代谢障碍、毛发脱落、皮肤褶皱、脸色苍白、白细胞显著减少、贫血、寿命缩短、遗传变异及肿瘤发生率升高等。

慢性辐射病可分为以下 3 种类型。

(1) 极轻型。极轻型慢性辐射病一般是指未达到临床辐射病程度的辐射病。其临床症状与正常人比较，看不出显著的生理功能变化，不过某些症状的出现率比正常人高 2～2.5 倍。

(2) 轻型。辐射病症状的形成从开始辐射算起，拖延至 2～5 年。出现症状的人数占受照者的 20%～30%。症状一般是轻的，通常出现一种器官或系统的病症。神经调节障碍往往比较明显。

(3) 重型。病情从开始辐射算起，大约经过两年。总体来说，主要有造血系统、神经系统、消化系统和内分泌系统等症状。

3. 远期效应

在中等或大剂量范围内，核辐射致癌已由动物实验和流行病学调查所证实。在受到急慢性照射的人群中，白细胞严重下降，肺癌、甲状腺癌、乳腺癌和骨癌等各种癌症的发生率随照射剂量的增加而增高。胚胎和胎儿对辐射比较敏感，在胚胎植入前接触辐射可使死胎率升高。在器官形成期接触，可使胎儿畸形率升高。据流行病学显示，在胎儿期受照射的儿童中，白血病和某些癌症的发生率较对照组高。

3.3.2 一般性环境污染对人体健康的危害

有的污染物在短期内通过空气、水、食物链等多种介质侵入人体，或者几种污染物联合大量侵入人体，造成急性危害。也有些污染物，小剂量持续不断地侵入人体，经过相当长的时间才显露出对人体的慢性危害，甚至影响到子孙后代[11-13]。环境污染对人体健康的危害，按毒理学分成急性危害、慢性危害和远期危害[9]。

1. 急性危害

污染物在短期内通过空气、水、食物链等多种介质侵入人体，或者几种污染物联合大量侵入人体，引起人体中毒、死亡，称为急性危害。例如，炼焦产生的烟尘、二氧化碳浓度超过人体的承受能力时，人会马上感到胸闷、嗓子痛，引起咳嗽、呼吸困难、发热等症状，程度严重时，可引起死亡。炼焦排放的污染物中有一氧化碳、二氧化氮、一氧化氮等光化学氧化剂，在强光照射下，产生光化学烟雾，会对人体造成急性危害，引起眼结膜炎、流泪、眼睛痛、嗓子痛、胸闷等。

2. 慢性危害

根据我国某地区对中小学生和成年人上呼吸道慢性炎症调查结果，重污染区中小学生患慢性鼻炎、慢性咽炎和同时患两种以上上呼吸道疾病的比率显著高于轻污染区，30 岁以上居民患慢性鼻炎、咽炎的比率，重污染区均高于轻污染区。

国内外大气污染调查资料表明，大气污染物对人体呼吸系统的影响，不仅使上呼吸道慢性疾病的发病率升高，而且由于呼吸系统不断受到飘尘、二氧化硫、二氧化氮等污染物的刺激腐蚀，使呼吸道和肺部的各种防御功能相继遭到破坏，抵抗力逐渐下降，从而提高了对感染的敏感性。呼吸系统在大气污染物和空气中微生物的联合侵袭下，危害就逐渐向深部的细支气管和肺泡发展，继而诱发慢性阻塞性肺部疾病及其续发感染症。这一发展过程又会不断增加心肺负担，使肺泡换气功能下降，肺动脉氧压力下降，血管阻力增加，最后因左心室肥大或左心室功能不全而导致肺心病。

3. 远期危害

环境污染对人体健康的危害，受到普遍关注的是远期危害，主要包括以下作用[14]。

(1)致癌作用。近几十年来，癌症的发病率在不断上升。有关资料表明，人类癌症由病毒等生物因素引起的不超过 5%；由放射性等物理因素引起的在 5%以下；由化学物质引起的约占 90%。医学实验也证明了氮氧化物的衍生物亚硝酸盐氮、苯系物中苯并(α)芘等物质都有致癌作用[16]，而这些物质在环境中是常检出物，许多地区还严重超过了环境标准规定的含量。

(2)致突变作用。环境污染物引起生物细胞的遗传信息和遗传物质发生突然改变的作用，称为致突变作用。这种致突变作用引起的遗传信息或遗传物质在细胞分裂繁殖过程中，传递给子细胞，使其具有新的遗传特征。突变是生物界的一种自然现象，是生物进化的基础。然而，对大多数生物个体来说，往往是有害的。如果哺乳动物的生殖细胞发生突变，则可影响妊娠过程，导致不孕或胚胎早死等；如果体细胞发生突变，则可能是形成癌肿的基础。环境污染物中的致突变物，有的可通过母体的胎盘作用于胚胎引起胎儿畸形或行为异常。

（3）致畸作用。致畸因素有物理、化学或生物因素。物理因素如放射性物质，可引起白内障、小头畸形症等。现已证实，生物因素如母体怀孕早期感染风疹等病毒，能引起胎儿畸形。1959—1961 年的"反应停"致畸事件，孕妇在妊娠反应时服用后，引起胎儿"海豹症"畸形。有些污染物对人体有致畸作用，如甲基汞能引起胎儿性水俣病、多氯联苯能引起皮肤色素沉着的"油症儿"。此外，有机农药由于种类多，使用量大，造成对环境的污染和在食物上的残留，都对胚胎有致畸作用。

（编写：吕开亮；审订：陈敏）

习　题

1. 简述环境污染对生态系统、人体健康有哪些方面的影响。
2. 在城市中，马路已经成为严重的污染源：①交通噪声污染。②空气污染。烟尘、汽车尾气在夏季晴日下极易产生光化学污染。③热污染。夏季烈日下路面温度可达 50℃以上。④建筑垃圾。混凝土路面每隔 3～5 年要大修或重铺。⑤水污染。初期路面雨水挟带大量灰尘和垃圾污染城市下水道和水体。请讨论如何防治上述污染。对于热污染能否有办法把马路变成一条巨大的太阳能面板？
3. "长寿乡"三年变为"癌症村"！这绝非危言耸听。2011 年 11 月我国多家媒体报道，山东省莱州市土山镇几年前被评为"国家级生态乡镇"，但出名后居然创办了不少生产农药和化工产品的小企业，这些企业片面追求经济利益，不采取环保措施，不注意节能减排，不到三年，土山镇就被彻底搞"脏"了。环境污染给当地老百姓带来了毁灭性的灾难，使该村村民每年因为癌症死亡的人数高达 20 人（以往几乎无人得癌症），超过其他村庄的 3 倍，成了典型的"癌症村"。搜集相关材料，讨论这件事给我们的教训。

参 考 文 献

[1] 田军. 环境污染与人体健康[J]. 环境科学导刊, 1999(4): 45-47.

[2] 李坚. 人体健康与环境[M]. 北京: 北京工业大学出版社, 2015.

[3] 蔡宏道. 环境污染对人体的远期危害作用[J]. 医学研究杂志, 1979(10): 3-11.

[4] 石碧清, 赵育, 闫振华. 环境污染与人体健康[M]. 北京: 中国环境出版社, 2007.

[5] 刘娟, 刘献新. 环境污染与人体健康[J]. 环境与发展, 2011(11):253-254.

[6] 庄树林. 环境污染物与生物大分子相互作用的分子机制研究[C].浙江省环境科学学会 2014 年学术年会论文集, 2014.

[7] 林云琴, 周少奇. 环境污染物与人类健康[J]. 环境卫生工程, 2003, 11(3):132-136.

[8] 吴庆轩, 罗济文, 梁宏. 铅、镉对人体的作用[J]. 广西师范学院学报: 自然科学版, 1998, 15(2): 83-85.

[9] 范振华, 曲蓉芳. 环境污染与人体健康[J]. 太原科技, 1998(1):14-15.

[10] 田志恒. 辐射剂量学[M]. 北京: 中国原子能出版社, 1992.

[11] 韩奎初, 丁声耀. 实用电离辐射计量学[M]. 北京: 中国原子能出版社, 1996.

[12] 徐贻萍. 环境污染对人体健康的影响[J]. 环境与职业医学, 2004(s1):530-531.

[13] 王启涛. 浅析环境污染对人体健康的危害[J]. 生物学教学, 2010, 35(8):37-38.

[14] 杨春艳. 环境污染对人体的危害[J]. 水利渔业, 2008(2):85.

[15] 常青. 环境污染对人体健康的影响[J]. 环境研究与监测, 2003(4):475-477.

第4章 大气污染与防治

4.1 大 气 圈

大气圈，又称为大气层或大气，是星球表面上的空气，因为受星球引力影响，在星球表面积蓄而成的一圈气体。地球就被这一层很厚的大气层包围着。大气层的成分主要有氮气（占78.1%）、氧气（占20.9%）、氩气（占0.93%），还有少量的二氧化碳、稀有气体（氦气、氖气、氩气、氪气、氙气、氡气）和水蒸气。大气层的空气密度随高度而减小，越高空气越稀薄。大气层的厚度在1000km以上，但没有明显界限。大气层99%的质量集中在30km以下[1,2]。

按照大气各组成成分的混合状况可分为均匀层和非均匀层[2-6]；按大气电离状况可分为电离层和非电离层；按大气的光化学反应可分出臭氧层；按大气温度随高度的分布，从下往上可分为对流层、平流层、中间层、暖（热）层和外（散逸）层。大气圈结构如图4-1所示。

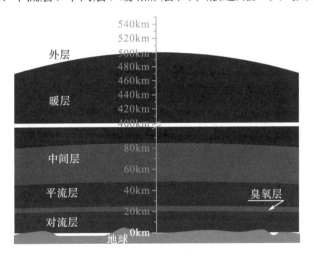

图4-1 大气圈结构示意图

对流层：大气最下层，厚度（8~18 km）随季节和纬度而变化，随高度的增加，平均气温递减率约6.5℃/km，有对流和湍流。天气现象和天气过程主要发生在这一层。由于阳光加热地面，而地面又加热它上面的空气。因此，温度随高度减小。对流层包含了地球上人们熟悉的所有天气现象。

平流层（温度分布抑制对流）：从对流层顶到约50 km高度的大气层。层内温度通常随高度的增加而递增。底部温度随高度变化不大。臭氧吸收紫外太阳能加热了平流层，吸收的太阳辐射在50 km处加热很少的分子，即可达到较高的温度。加热贡献的大部分太阳能在平流层上层就被吸收了。另外，由于密度低，因此能量从上层到下层的速度非常慢。平流层水汽含量极少，气流运动相当平稳，并以水平运动为主，现代民用航空飞机可在平流层内飞行。

中间层：平流层顶以上到离地面约 85 km 的大气层。气温随高度增加而下降，几乎没有臭氧吸收太阳辐射。中间层以氮气和氧气为主，几乎没有臭氧。

暖(热)层：即电离层，是地球大气的一个电离区域，从中间层顶以上到离地面约 500 km，从下向上迅速升温。离地面 60 km 以上的整个地球大气层都处于部分电离或完全电离的状态，电离层是部分电离的大气区域，完全电离的大气区域称为磁层。最突出的特征为：当太阳光照射时，太阳光中的紫外线被该层中的氧原子大量吸收，因此温度升高，故又称为暖层。散逸层在暖层之上，由带电粒子所组成。

外(散逸)层：热层顶以上是外大气层，延伸至距地面 57600 km 处。这里的温度很高，可达数千摄氏度；大气已极其稀薄，其密度为海平面处的一亿分之一。

大气圈各层高度及温度分布变化如表 4-1 所示[7]。

表 4-1　大气圈各层高度及温度分布变化

层序	离地面高度/km	温度分布变化
对流层	0～18	随着高度的增加而降低
平流层	18～50	随着高度的增加而升高
中间层	50～85	随着高度的增加而降低
暖层	85～500	随着高度的增加而升高
外层	500～57600	随着高度的增加而升高

4.2　大 气 污 染

4.2.1　大气污染的定义及分类

大气污染是指大气中一些物质的含量达到有害的程度以致破坏生态系统和人类正常生存和发展的条件，对人或物造成危害的现象[8]。

大气污染物主要可以分为两类，即天然污染物和人为污染物，引起公害的往往是人为污染物，它们主要来源于燃料燃烧和大规模的工矿企业。主要污染物[9,10]有以下几类。

(1)颗粒物：指大气中液体、固体状物质，又称为尘。

(2)硫氧化物：硫的氧化物的总称，包括二氧化硫、三氧化硫、三氧化二硫、一氧化硫等。

(3)碳的氧化物：主要是一氧化碳(二氧化碳不属于大气污染物)。

(4)氮氧化物：氮的氧化物的总称，包括氧化亚氮、一氧化氮、二氧化氮、三氧化二氮等。

(5)碳氢化合物：以碳元素和氢元素形成的化合物，如甲烷、乙烷等烃类气体。

(6)其他有害物质：如重金属类，含氟气体、含氯气体等。

4.2.2　大气污染物的分布

与其他环境要素中的污染物质相比较，大气中的污染物质具有随时间、空间变化大的特点，了解该特点，对于获得正确反映大气污染实况的监测结果有重要意义。大气污染物的时空分布及其浓度与污染物排放源的分布、排放量，以及地形、地貌、气象等条件密切

相关。气象条件如风向、风速、大气湍流，大气稳定度总在不停地改变，故污染物的稀释
与扩散情况也在不断变化。同一污染源对同一地点在不同时间所造成的地面空气污染浓度
往往相差数十倍；同一时间不同地点也相差甚大。一次污染物和二次污染物浓度在一天之
内也在不断地变化。一次污染物因受逆温层及气温、气压等的限制，清晨和黄昏浓度较高，
中午较低；二次污染物(如光化学烟雾)因在阳光照射下才能形成，故中午浓度较高，清晨
和夜晚浓度低。风速大，大气不稳定，则污染物稀释扩散速度快；反之，稀释扩散慢，浓
度变化也慢。污染源的类型、排放规律及污染物的性质不同，其空间分布特点也不同。一
个点污染源(如烟囱)或线污染源(如交通道路)排放的污染物可形成一个较小的污染气团
或污染线。局部地方污染浓度变化较大，涉及范围较小的污染，称为小尺度空间污染或局
地污染。大量地面小污染源，如工业区窑炉、分散供热锅炉及千家万户的炊炉，则会给一
个城市或一个地区形成面污染源，使地面空气中污染物浓度比较均匀，并随气象条件变化
有较强的规律性。这种面污染源所造成的污染称为中尺度空间污染或区域污染。就污染物
自身性质而言，质量轻的分子态或气溶胶态污染物高度分散在大气中，易被扩散或稀释，
随时空变化快；质量较重的尘、汞蒸气等，扩散能力差，影响范围较小[10]。

4.3 大气污染的稀释扩散

4.3.1 湍流与湍流扩散

低层大气中的风向是不断地变化、上下左右出现摆动的；同时，风速也是时强时弱。
风的这种强度与方向随时间不规则的变化形成的空气运动称为大气湍流。湍流运动是由无
数结构紧密的流体微团——湍涡组成的，其特征量的时间与空间分布都具有随机性，但它
们的统计平均值仍然遵循一定的规律。大气湍流的流动特征尺度一般取离地面的高度，比
流体在管道内流动时要大得多，湍涡的大小及其发展基本不受空间的限制，因此在较小的
平均风速下就能有很高的雷诺数，从而达到湍流状态。所以近地层的大气始终处于湍流状
态，尤其在大气边界层内，气流受下垫面的影响，湍流运动更为剧烈。大气湍流造成流场
各部分强烈混合，能使局部的污染气体或微粒迅速扩散。烟团在大气的湍流混合作用下，
由湍涡不断把烟气推向周围空气中，同时又将周围的空气卷入烟团，从而形成烟气的快速
扩散稀释过程。

烟气在大气中的扩散特征取决于是否存在湍流及湍涡的尺度(直径)，如图 4-2 所示。
图 4-2(a)所示为无湍流时，烟团仅仅依靠分子扩散使烟团膨胀，烟团的扩散速率非常缓慢，
其扩散速率比湍流扩散小 5~6 个数量级；图 4-2(b)所示为烟团在远小于其尺度的湍涡中
扩散，由于烟团边缘受到小湍涡的扰动，逐渐与周边空气混合而缓慢膨胀，浓度逐渐降低，
因此烟流几乎呈直线向下风运动；图 4-2(c)所示为烟团在与其尺度接近的湍涡中扩散，在
湍涡的切入卷出作用下烟团被迅速撕裂，大幅度变形，横截面快速膨胀，因而扩散较快，
烟流呈小摆幅曲线向下风运动；图 4-2(d)所示为烟团在远大于其尺度的湍涡中扩散，烟团
受大湍涡的卷吸扰动影响较弱，其本身膨胀有限，烟团在大湍涡的挟带下做较大摆幅的蛇
形曲线运动。实际上，烟云的扩散过程通常不是仅由上述单一情况所完成的，因为大气中

同时并存的湍涡具有各种不同的尺度。

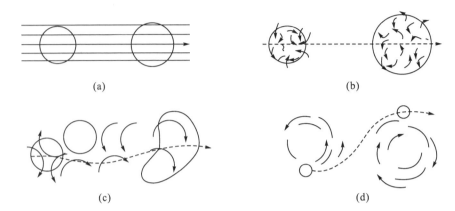

图 4-2　烟团在大气中的扩散

(a)无湍流；(b)小湍流中的烟团；(c)与湍涡尺寸接近的烟团；(d)大湍涡中的烟团

　　研究物质在大气湍流场中的扩散理论主要有 3 种：梯度输送理论、相似理论和统计理论。针对不同的原理和研究对象，形成了不同形式的大气扩散数学模型。由于建立数学模型时做了一些假设，以及考虑气象条件和地形地貌对污染物在大气中扩散的影响而引入的经验系数，因此，目前的各种数学模式都有较大的局限性，应用较多的是采用湍流统计理论体系的高斯扩散模式。

　　图 4-3 所示为采用统计学方法研究污染物在湍流大气中的扩散模型。假定从原点释放出一个粒子在稳定均匀的湍流大气中飘移扩散，平均风向与 x 轴同向。湍流统计理论认为，由于存在湍流脉动作用，粒子在各方向(如图 4-3 中 y 方向)的脉动速度随时间而变化，因此粒子的运动轨迹也随之变化。若平均时间间隔足够长，则速度脉动值的代数和为零。如果从原点释放出许多粒子，则经过一段时间 T 之后，这些粒子的浓度趋于一个稳定的统计分布。湍流扩散理论(K 理论)和统计理论的分析均表明，粒子浓度沿 y 轴符合正态分布。正态分布的密度函数 $f(y)$ 的一般形式为

$$f(y) = \frac{1}{\sqrt{2\pi}\sigma} \exp\left[\frac{-(y-\mu)^2}{2\sigma^2}\right] (-\infty < x < \infty, \sigma > 0) \tag{4-1}$$

式中，σ 为标准偏差，是曲线任一侧拐点位置的尺度；μ 为任何实数[11,12]。

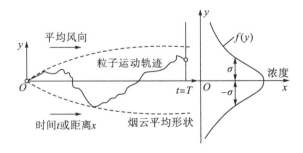

图 4-3　污染物湍流大气中的扩散模型

4.3.2　高斯扩散模型

1. 连续点源的扩散

连续点源一般是指排放大量污染物的烟囱、放散管、通风口等。排放口安置在地面的称为地面点源，处于高空位置的称为高架点源[13-17]。

(1) 大空间点源扩散。

高斯扩散公式的建立有如下假设：①风的平均流场稳定，风速均匀，风向平直；②污染物的浓度在 y、z 轴方向符合正态分布；③污染物在输送扩散中质量守恒；④污染源的源强均匀、连续。

图 4-4 所示为点源的高斯扩散模型示意图。有效源位于坐标原点 O 处，平均风向与 x 轴平行，并与 x 轴正向同向。假设点源在没有任何障碍物的自由空间扩散，不考虑下垫面的存在。大气中的扩散是具有 y 与 z 两个坐标方向的二维正态分布，当两坐标方向的随机变量独立时，分布密度为每个坐标方向的一维正态分布密度函数的乘积。由正态分布的假设条件②可知，参照正态分布函数的基本形式［式(4-1)］，取 $\mu=0$，则在点源下风向任一点的浓度分布函数为

$$C(x,y,z) = A(x)\exp\left[-\frac{1}{2}\left(\frac{y^2}{\sigma_y^2} + \frac{z^2}{\sigma_z^2}\right)\right] \tag{4-2}$$

式中，C 为空间点 (x, y, z) 污染物的浓度 (mg/m^3)；$A(x)$ 为待定函数；σ_y、σ_z 分别为水平、垂直方向的标准差，即 y、x 方向的扩散参数 (m)。

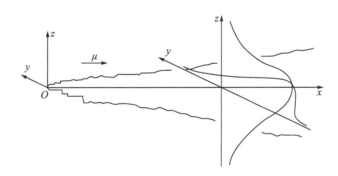

图 4-4　高斯扩散模型示意图

由守恒和连续假设条件③和④可知，在任一垂直于 x 轴的烟流截面上有

$$q = \int_{-\infty}^{+\infty}\int_{-\infty}^{+\infty} uC\mathrm{d}y\mathrm{d}z \tag{4-3}$$

式中，q 为源强，即单位时间内排放的污染物 $(\mu\text{g/s})$；u 为平均风速 (m/s)。

将式(4-2)代入式(4-3)，由风速稳定假设条件①可知，A 与 y、z 无关，考虑到假设条件③和④，积分可得待定函数 $A(x)$ 为

$$A(x) = \frac{q}{2\pi u\sigma_y\sigma_z} \tag{4-4}$$

将式(4-4)代入式(4-2)，得出大空间连续点源的高斯扩散公式为

$$C(x,y,z) = \frac{q}{2\pi u \sigma_y \sigma_z} \exp\left[-\frac{1}{2}\left(\frac{y^2}{\sigma_y^2} + \frac{z^2}{\sigma_z^2}\right)\right] \tag{4-5}$$

式中，扩散系数 σ_y、σ_z 与大气稳定度和水平距离 x 有关，并随 x 的增大而增加。当 $y=0$，$z=0$ 时，$A(x)=C(x,0,0)$，即 $A(x)$ 为 x 轴上的浓度，也是垂直于 x 轴截面上污染物的最大浓度点 $C_{\max}$。当 $x \to \infty$，σ_y 及 $\sigma_z \to \infty$ 时，则 $C \to 0$，表明污染物已在大气中得以完全扩散。

(2)高架点源扩散。

在点源的实际扩散中，污染物可能受到地面障碍物的阻挡，因此应当考虑地面对扩散的影响。处理的方法为：假定污染物在扩散过程中的质量不变，到达地面时不发生沉降或化学反应而全部反射；或者污染物没有反射而被全部吸收，实际情况应在这两者之间。

高架点源扩散模式：点源在地面上的投影点 O 作为坐标原点，有效源位于 z 轴上某点，$z=H$。高架有效源的高度由两部分组成，即 $H=h+\Delta h$，其中，h 为排放口的有效高度，Δh 为热烟流的浮升力，即烟气以一定速度竖直离开排放口的冲力使烟流抬升的一个附加高度，如图 4-5 所示。

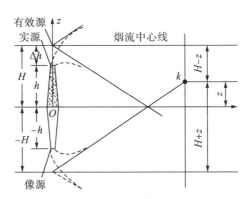

图 4-5　地面全反射的高架连续点源扩散

当污染物到达地面后被全部反射时，可以按照全反射原理，用"像源法"来求解空间某点 k 的浓度。图 4-5 中 k 点的浓度显然比大空间点源扩散公式［式(4-5)］计算值大，它是位于 $(0,0,H)$ 的实源在 k 点扩散的浓度和反射回来的浓度的叠加。反射浓度可视为由一个与实源对称的位于 $(0,0,-H)$ 的像源（假想源）扩散到 k 点的浓度。由图可见，k 点在以实源为原点的坐标系中的垂直坐标为 $(z-H)$，则实源在 k 点扩散的浓度为式(4-5)的坐标沿 z 轴向下平移距离 H：

$$C_s = \frac{q}{2\pi u \sigma_y \sigma_z} \exp\left\{-\frac{1}{2}\left[\frac{y^2}{\sigma_y^2} + \frac{(z-H)^2}{\sigma_z^2}\right]\right\} \tag{4-6}$$

k 点在以像源为原点的坐标系中的垂直坐标为 $(z+H)$，则像源在 k 点扩散的浓度为式(4-5)的坐标沿 z 轴向上平移距离 H：

$$C_x = \frac{q}{2\pi u \sigma_y \sigma_z} \exp\left\{-\frac{1}{2}\left[\frac{y^2}{\sigma_y^2} + \frac{(z+H)^2}{\sigma_z^2}\right]\right\} \tag{4-7}$$

由此，实源 C_s 与像源 C_x 之和即为 k 点的实际污染物浓度：

$$C(x,y,z,H) = \frac{q}{2\pi \bar{u}\sigma_y\sigma_z}\exp\left(\frac{-y^2}{2\sigma_y^2}\right)\left\{\exp\left[\frac{-(z-H)^2}{2\sigma_z^2}\right]+\exp\left[\frac{-(z+H)^2}{2\sigma_z^2}\right]\right\} \tag{4-8}$$

若污染物到达地面后被完全吸收，则 $C_x=0$，污染物浓度 $C(x,y,z,H)=C_s$，即式(4-6)。

实际中，高架点源扩散问题中最关心的是地面浓度的分布状况，尤其是地面最大浓度值和它离源头的距离。在式(4-8)中，令 $z=0$，可得高架点源的地面浓度公式为

$$C(x,y,0,H) = \frac{q}{\pi u\sigma_y\sigma_z}\exp\left\{-\frac{1}{2}\left[\frac{y^2}{\sigma_y^2}+\frac{H^2}{\sigma_z^2}\right]\right\} \tag{4-9}$$

在式(4-9)中，进一步令 $y=0$，则可得到沿 x 轴线上的浓度分布

$$C(x,0,0,H) = \frac{q}{\pi u\sigma_y\sigma_z}\exp\left(-\frac{H^2}{2\sigma_z^2}\right) \tag{4-10}$$

地面浓度分布如图 4-6 所示。y 方向的浓度以 x 轴为对称轴按正态分布；沿 x 轴线上，在污染物排放源附近地面浓度接近于零，然后顺风向不断增大，在离源一定距离的某处，地面轴线上的浓度达到最大值，以后又逐渐减小。

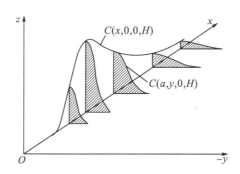

图 4-6　高架点源地面浓度分布

地面最大浓度值 $C_{\max}$ 及其离源的距离 $x_{\max}$ 可以由式(4-10)求导并取极值得到。令 $\partial C/\partial x=0$，由于 σ_y、σ_z 均为 x 的未知函数，最简单的情况可假定 $\sigma_y/\sigma_z=$常数，因此当 $\sigma_z\big|_{x=x_{\max}}=H/\sqrt{2}$ 时，得出地面浓度最大值为

$$C_{\max} = \frac{2q}{\pi euH^2}=\frac{\sigma_z}{\sigma_y} \tag{4-11}$$

根据 σ_z 与 H 的关系，有效源 H 越高，$x_{\max}$ 处的 σ_z 值越大，而 $\sigma_z \propto x_{\max}$，则 $C_{\max}$ 出现的位置离污染源的距离越远。式(4-11)表明，地面上最大浓度 $C_{\max}$ 与有效源高度的平方及平均风速成反比，增加 H 可以有效地防止污染物在地面某一局部区域的聚集。式(4-11)是在估算大气污染时经常选用的计算公式。由于它是在 σ_y/σ_z 等于常数的假定下得到的，应用于小尺度湍流扩散更合适。除了极稳定或极不稳定的大气条件，通常可设 $\sigma_y/\sigma_z=2$ 估算最大地面浓度，其估算值与孤立高架点源(如电厂烟囱)附近的环境监测数据比较一致。通过理论或经验的方法可得 $\sigma_z=f(x)$ 的具体表达式，代入式(4-11)可求出最大浓度点离源

的距离 x_{max}，具体可查阅《制定地方大气污染物排放标准的技术方法》(GB/T3840—1991)。

(3) 地面点源扩散。

对于地面点源，则有效源高度 $H=0$。当污染物到达地面后被全部反射时，可令式(4-8)中 $H=0$，即可得出地面连续点源的高斯扩散公式 [式(4-12)]

$$C(x,y,z,0)=\frac{q}{\pi u\sigma_y\sigma_z}\exp\left[-\frac{1}{2}\left(\frac{y^2}{\sigma_y^2}+\frac{z^2}{\sigma_z^2}\right)\right] \tag{4-12}$$

其浓度是大空间连续点源扩散 [式(4-5)] 或地面无反射高架点源扩散 [式(4-6)] 在 $H=0$ 时的两倍，说明烟流的下半部分完全对称反射到上部分，使得浓度加倍。若取 y 与 z 等于零，则可得到沿 x 轴线上的浓度分布为

$$C(x,0,0,0)=\frac{q}{\pi u\sigma_y\sigma_z} \tag{4-13}$$

如果污染物到达地面后被完全吸收，其浓度即为地面无反射高架点源扩散 [式(4-6)] 在 $H=0$ 时的浓度，也即大空间连续点源扩散 [式(4-5)]。

高斯扩散模式的一般适用条件为：①地面开阔平坦，性质均匀，下垫面以上大气湍流稳定；②扩散处于同一大气温度层结中，扩散范围小于 10 km；③扩散物质随空气一起运动，在扩散输送过程中不产生化学反应，地面也不吸收污染物而全部反射；④平均风向和风速平直稳定，且 $u>1$ m/s。

高斯扩散模式适应大气湍流的性质，物理概念明确，估算污染浓度的结果基本上能与实验资料相吻合，且只需利用常规气象资料即可进行简单的数学运算，因此使用最为普遍。

2. 连续线源的扩散

当污染物沿一水平方向连续排放时，可将其视为线源，如汽车行驶在平坦开阔的公路上。线源在横风向排放的污染物浓度相等，这样，可将点源扩散的高斯模式对变量 y 积分，即可获得线源的高斯扩散模式。但由于线源排放路径相对固定，具有方向性，若取平均风向为 x 轴，则线源与平均风向未必同向，因此线源的情况较复杂，应当考虑线源与风向夹角及线源的长度等问题。如果风向和线源的夹角 $\beta>45°$，那么无限长连续线源下风向地面浓度分布为

$$C(x,0,H)=\frac{\sqrt{2}q}{\sqrt{\pi}u\sigma_z\sin\beta}\exp\left(-\frac{H^2}{2\sigma_z^2}\right) \tag{4-14}$$

当 $\beta<45°$ 时，以上模式不能应用。如果风向和线源的夹角垂直，即 $\beta=90°$，那么可得

$$C(x,0,H)=\frac{\sqrt{2}q}{\sqrt{\pi}u\sigma_z}\exp\left(-\frac{H^2}{2\sigma_z^2}\right) \tag{4-15}$$

对于有限长的线源，线源末端引起的"边缘效应"将对污染物的浓度分布有很大影响。随着污染物接收点距线源的距离增加，"边缘效应"将在横风向距离的更远处起作用。因此在估算有限长污染源形成的浓度分布时，"边缘效应"不能忽视。对于横风向的有限长线源，应以污染物接收点的平均风向为 x 轴。若线源的范围是从 y_1 到 y_2，且 $y_1<y_2$，则有限长线源地面浓度分布为

$$C(x,0,H) = \frac{\sqrt{2}q}{\sqrt{\pi}u\sigma_z}\exp\left(-\frac{H^2}{2\sigma_z^2}\right)\int_{s_1}^{s_2}\frac{1}{\sqrt{2\pi}}\exp\left(-\frac{s^2}{2}\right)\mathrm{d}s \tag{4-16}$$

式中，$s_1 = y_1/\sigma_y$，$s_2 = y_2/\sigma_y$，积分值可从正态概率表中查出。

3. 连续面源的扩散

当众多的污染源在一个地区内排放时，如城市中家庭炉灶的排放，可将它们作为面源来处理。因为这些污染源排放量很小，但数量很大，若依点源来处理，则将是非常繁杂的计算工作。

常用的面源扩散模式为虚拟点源法，即将城市按污染源的分布和高低不同划分为若干个正方形，每一个正方形视为一个面源单元，边长一般选取 0.5～10 km。这种方法假设：①有一距离为 x_0 的虚拟点源位于面源单元形心的上风处，如图 4-7 所示，它在面源单元中心线处产生的烟流宽度为 $2y_0 = 4.3\sigma_{y0}$，等于面源单元宽度 B；②面源单元向下风向扩散的浓度可用虚拟点源在下风向造成的同样的浓度所代替。根据污染物在面源范围内的分布状况，可分为以下两种虚拟点源扩散模式。

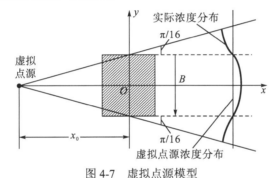

图 4-7　虚拟点源模型

第一种扩散模式假定污染物排放量集中在各面源单元的形心上。由假设①可得

$$\sigma_{y0} = B/4.3 \tag{4-17}$$

由确定的大气稳定度级别和式(4-17)求出 σ_{y0}，应用帕斯奎尔(Pasquill)根据大量实验资料于 1961 年总结出的 σ_x 和 σ_y 随距离变化的 P-G 扩散曲线(见图 4-8)，可查取 x_0。再由 (x_0+x) 分布查出 σ_y 和 σ_z，则面源下风向任一点的地面浓度由下式确定。

$$C = \frac{q}{\pi u \sigma_y \sigma_z}\exp\left(-\frac{H^2}{2\sigma_z^2}\right) \tag{4-18}$$

此时，式(4-18)与点源扩散的高斯模式(4-10)相同。式中，H 取面源的平均高度(m)。

如果排放源相对较高，而且高度相差较大，也可假定 z 方向上有一虚拟点源，由源的最初垂直分布的标准差确定 σ_{z0}，再由 σ_{z0} 求出 x_{z0}，由 $x_{z0}+x$ 求出 σ_z，由 (x_0+x) 求出 σ_y，最后代入式(4-18)求出地面浓度。

第二种扩散模式假定污染物浓度均匀分布在面源的 y 方向，且扩散后的污染物全都均匀分布在长为 $\pi(x_0+x)/8$ 的弧上(见图 4-7)。因此，利用式(4-18)求出 σ_y 后，由稳定度级别应用 P-G 扩散曲线(亦称帕斯奎尔-吉福德扩散曲线)查出 x_0，再由 (x_0+x) 查出 σ_z，则面源下风向任一处的地面浓度由下式确定。

$$C = \sqrt{\frac{2}{\pi}} \frac{q}{u\sigma_z \pi(x_o + x)/8} \exp\left(-\frac{H^2}{2\sigma_z^2}\right) \tag{4-19}$$

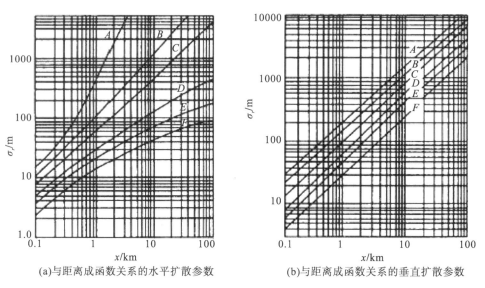

(a)与距离成函数关系的水平扩散参数   (b)与距离成函数关系的垂直扩散参数

图 4-8   P-G 扩散曲线

4.4   大气污染的防治

4.4.1   大气污染产生的原因

工业的迅速发展很大一部分导致了大气污染的产生。重工业的发展更是加剧了大气污染的严重程度。工业生产会排放有害气体，如二氧化硫、三氧化硫、二氧化氮等，这些气体会与空气混合在一起对人们的健康产生不可忽略的影响。工业生产中排放的粉尘若直径小于5 μm 便可长期在空中飘浮，人们会在不自觉中将其吸入体内，同时也会危害到很多生物。

很多居民的生产、生活过程中也会产生各种污染物，如烧暖炉、烧烤或是冬季使用暖气时会消耗大量的煤炭，煤炭在燃烧过程中会产生烟尘、二氧化硫等有害物质从而影响空气质量。

当然，人们在出行时使用的各种交通工具也会产生有害物质，尤其是汽车，数量多且存在范围广，燃烧的石油、柴油等都会对环境造成很大影响。

综合来看，大气污染的主要产生原因就是人类的各种燃烧活动。无论是烧煤炭、烧汽油，还是焚烧垃圾或塑料袋，都是燃烧。这些燃烧活动在人们的生活中随处可见，也正是因为这样，大量的燃烧导致了严重的大气污染[17]。

4.4.2   大气污染防治措施

防治大气污染重要的是减少污染物的排放量，多采用清洁能源，从源头缓解大气污染。

同时植树造林，植物有净化空气的作用，多植树可以使已存在于大气中的污染物被吸收并转换。但是，不同的国家、不同的地区需要不同的防治措施[18]。

1. 调整工业布局和工业结构

工业布局不合理是造成我国城市大气污染的主要原因之一，改善不合理的工业布局，合理利用大气环境容量是十分必要的。调整工业布局要以生态理论为指导，综合考虑经济效益、社会效益和环境效益。

调整工业结构就是在保证实现本地区经济目标的前提下，优选经济效益、社会效益和环境效益相统一的工业结构，淘汰严重污染环境的落后工艺和设备，加快以节能降耗、综合利用和污染治理为主要内容的技术改造，采用技术起点高的清洁工艺，控制工业污染。

2. 改善能源结构，积极采取节能措施

以国家西气东输、西电东送为契机，加快城市能源结构调整；通过划定高污染燃料禁燃区，推广电、天然气、液化气等清洁能源的使用，减少城市原煤的消费量，推广洁净煤技术，促进热电联产和集中供热的发展，有效控制煤烟型污染。

燃煤二氧化硫的排放应推行节约并合理使用能源、提高煤炭质量、高效低污染燃烧及末端治理相结合的综合防治措施，根据技术的经济可行性，严格执行二氧化硫排放污染控制要求，减少二氧化硫排放。首先要限制高硫煤的生产和使用，对于电厂锅炉、大型工业锅炉和炉窑鼓励使用高硫分燃煤，并安装烟气脱硫设施；对于中小型工业锅炉和炉窑，应优先使用优质低硫煤、洗选煤等低污染燃料或其他清洁能源；对于城市居民炉灶鼓励使用电、燃气等清洁能源或固硫型煤替代原煤散烧，逐步减少直接消费煤炭，尽快提高使用燃气、电力等清洁能源的消费比例。

3. 大力开展综合利用，提高资源利用率

资源利用率越高，向环境排放的污染物就越少，使经济发展对资源的开发强度不超过环境的承载能力，生产过程的排污量不超过环境的自净能力，从而促进生态系统的良性循环。因此，大力开展综合利用，提高资源利用率在发展工业生产、保护环境的生产过程中具有战略意义。

4. 完善城市绿化系统，发展植物净化

在城市和工业区有计划、有选择地增加绿地面积是大气污染综合防治具有长效功能的重要措施。提高城市绿化水平，最大限度地减少裸露地面，降低城市大气环境中悬浮颗粒物浓度。

5. 加强大气污染防治实用技术的推广

利用除尘装置除去废气中的烟尘和各种工业粉尘，采用气体吸收法处理有害气体，应用冷凝、催化转化、吸附和膜分离等技术处理废气中的主要污染物。另外，要从国情出发，尽量开发推广技术可靠、经济合理、配套设备过关的防治大气污染的实用技术，重点包括煤炭洗选脱除有机硫、工业型煤、循环流化床锅炉、煤的汽化和液化、烟气脱硫、转炉炼钢除尘、焦炉烟气治理、陶瓷砖瓦黑烟治理等，建设一批典型的大气污染治理示范工程，

并采取有效措施尽快推广应用。

6. 完善环境监督管理制度

建设城市烟尘控制区，加强城市烟尘控制区的监督管理，是大气污染综合防治的有效措施。实施排污许可证制度，使排污单位明确各自的污染物排放总量控制目标，对污染源排放总量实施有效的控制。加强对除尘器等环保设备的制造、安装和使用的监督管理，加快淘汰各种低效除尘器和原始排放浓度高的锅炉。提高大气环境污染源监督监测的技术水平，改善监测装备条件。改善机动车排气污染监督管理体系，建立环保部门统一监督管理、部门协调分工的管理体系和运行机制。

4.5　放射性气体处理

4.5.1　放射性废气的来源

1. 放射性废气的定义及分类

放射性废气是指那些呈气态或蒸气状态的放射性污染物和均匀分布在空气中的放射性悬浮物(如放射性气溶胶和粉尘等)[19]。放射性废气的浓度分级如表 4-2 所示。放射性废气包含的主要放射性核素，包括 ^{125}I、^{129}I、^{131}I 等碘的同位素，^{133}Xe、^{85}Kr、^{222}Rn、^{220}Rn、^{219}Rn 等惰性气体核素，^{3}H、^{14}C，以及 ^{137}Cs、^{106}Ru 半挥发核素。

表 4-2　放射性废气的浓度分级

类别	低放	中放	高放
限值	排放限值$<A_v\leq10^4$	$10^4<A_v\leq10^8$	$A_v>10^8$

注：排放限值是指审管部门规定的限值和要求。A_v 是指气载放射性废物浓度，单位为 Bq/m³。

2. 核电站(压水堆)放射性废气来源

通常核电站(压水堆)运行产生的放射性废气，按特性分为 3 类：含氢废气、含氧废气和厂房排气[19-21]。

放射性废气的来源和特性与核反应堆的堆型和运行情况有关。无论是反应堆燃料裂变后元件包壳破损，还是堆芯活化区某些物质吸收中子活化产生的放射性气体，都要溶解于一回路水中。据估计，当元件包壳破损率为 1%时，一回路水中气体的最大放射性可达 1.0×10^7 Bq/L，这些放射性气体随着一回路水或蒸气的泄漏而被排出。据美国核管理委员会推荐，在压水堆中一回路水向二回路的泄漏率为 50 kg/d。

压水堆一回路水泄出时，大部分放射性气体和氢会在废液处理系统的容积控制箱中释出，剩余的部分气体将在硼回收系统的蒸发器和脱气塔中释出，使用氮气吹洗各系统时也会产生放射性污染的废气。

由于工艺设备的泄漏和废液与空气接触时也会使空气污染而产生放射性废气或使建筑物通风受到污染，因此在压水堆排气系统中有两类废气：一类是以氮气为载体的含氢高放射性废气，主要来源于容积控制箱脱气塔等；另一类是以空气为载体的含氧低放射性废气，主要来源于系统的吹洗工艺设备的呼排气、各建筑物通风等。如果这些高放射性气体不经处理排入大气，被人吸入就会形成内照射，从而严重威胁附近居民的健康，因此高放废气在排入大气之前必须进行处理。

含氢废气：主要来自核电厂反应堆一回路冷却剂容器的排气和硼回收系统脱气塔的排气。它主要由 H_2、N_2 组成，含核燃料裂变产生的氪、氙、碘等核素。放射性活度浓度较高，有燃爆可能。含氢废气的处理方法主要有压缩储存衰变法和活性炭滞留衰变法。

含氧废气：主要来自核电厂核岛设备和系统排气，含空气和少量的氪、氙、碘等核素，放射性活度浓度较低。含氧废气通常通过高效空气过滤器(简称 HEPA 过滤器)和碘吸附器处理后就可以达到排放要求进行排放。

厂房排气：主要来自反应堆厂房、燃料厂房及核辅助厂房的空气调节和采暖通风系统的排气，通常只含有极少量氪、氙、碘等气态放射性核素和放射性气溶胶。厂房排气通常经 HEPA 过滤器和碘吸附器净化后通过烟囱排放。

4.5.2　放射性废气的处理方法

1. 含氢废气处理技术

(1)压缩储存衰变。

采用压缩衰变法处理含氢废气是利用气体的可压缩特性，通过压缩机将含氢废气加压到 0.7 MPa 左右，之后送至衰变箱内储存衰变约 60 天。废气中的 ^{133}Xe 可衰变到 0.1%以下，其他更短半衰期放射性核素剩余量更少。

含氢废气压缩衰变处理的主要设备是压缩机和衰变箱。含氢废气压缩衰变处理方法的优点是工艺成熟、流程简单，如图 4-9 所示。但压缩衰变处理设备庞大，压缩机运行维护复杂，高压系统容易出现泄漏。许多早期的(20 世纪七八十年代)压水堆核电机组(如美国、法国和日本等)都采用压缩衰变处理含氢废气[22,23]。

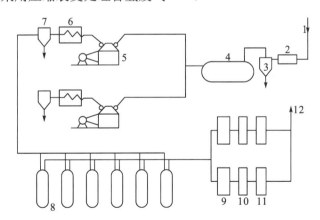

图 4-9　法国压水堆核电机组含氢废气处理子系统流程简图

1—含氢废气进口；2—氧分析仪；3—气水分离器；4—废气缓冲罐；5—压缩机；6—冷却器；

7—气水分离器；8—衰变器；9—预过滤器；10—HEPA 过滤器；11—活性炭过滤器；12—烟囱

（2）氢氧复合后活性炭滞留。

采用氢氧复合后活性炭滞留处理含氢废气是利用气态放射性核素可以被活性炭吸附滞留的性质对含氢废气进行处理。首先含氢废气通过氢氧复合器将氢气浓度明显降低，消除了系统氢气燃烧和爆炸的危险，同时可以减少后续处理的废气量。经过氢氧复合后的废气再通过活性炭延迟床，废气中的短寿命氪和氙等放射性核素与延迟床中的活性炭产生动态吸附平衡，即吸附—解吸—再吸附—再解吸。该过程使氪和氙等放射性核素在活性炭延迟床内有足够的滞留和延迟衰变时间，从而使活性炭延迟床出口处排气中的放射性活度浓度大幅度降低。如果活性炭延迟床对主要氪和氙等放射性核素的延迟滞留时间达到 10 个半衰期，则经过延迟衰变后这些核素的放射性活度浓度可降至约为进气的千分之一。氢氧复合后活性炭滞留工艺的主要设备有氢氧复合器和活性炭延迟床[24]。该工艺在法国和俄罗斯等国家已经应用。图 4-10 所示为法国 EPR 核电机组含氢废气处理子系统流程简图。

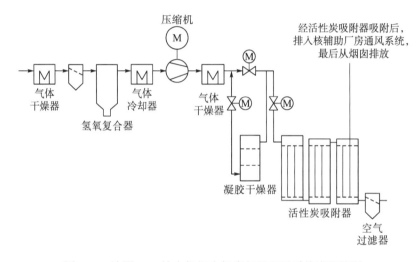

图 4-10 法国 EPR 核电机组含氢废气处理子系统流程简图

（3）直接活性炭滞留。

采用直接活性炭滞留处理含氢废气也是利用气态放射性核素可以被活性炭吸附滞留的特性，对含氢废气进行处理，只是直接活性炭滞留处理含氢废气不在含氢废气进入延迟床前进行氢氧复合。

含氢废气在活性炭滞留处理前先进行除湿。除湿后的含氢废气首先通过活性炭保护床，去除废气中残余的湿气和有害成分，再通过活性炭延迟床。废气中的短寿命 Kr 和 Xe 等放射性核素与延迟床中的活性炭发生动态吸附平衡，即吸附—解吸—再吸附—再解吸。该过程使含氢废气中的氪和氙等放射性核素在活性炭延迟床内有足够的滞留和延迟衰变时间，从而使在活性炭延迟床出口处排气中的放射性活度浓度大幅度降低。如果活性炭延迟床使 Kr 和 Xe 等放射性核素的延迟时间达到 10 个半衰期，则经过延迟衰变后这些核素的放射性水平可降至约为进气的千分之一。

直接活性炭滞留处理的主要设备包括除湿装置、活性炭保护床和活性炭吸附延迟床。美国一些压水堆核电机组（如西屋公司的 SYSTEM 80、AP1000 等机组）采用直接活性炭滞留处理。韩国压水堆核电机组也采用直接活性炭滞留处理。AP1000 的废气处理系统处理能力：最大进气量为 0.5 scfm(0.85 m³/h)；AP1000 核电机组放射性废气的处理工艺路线如图 4-11 所示。

处理原理：采用直流常温活性炭延迟系统，基于活性炭对氪、氙等气体有物理吸附功能。当气流通过活性炭时，氪、氙优先被活性炭吸附而与载气氮和氢分离，被吸附的氪和氙还会从活性炭解析，形成不断吸附、解吸的平衡过程。经处理废气排入通风系统吸附过滤器和高效过滤器，最后通过烟囱排入环境。

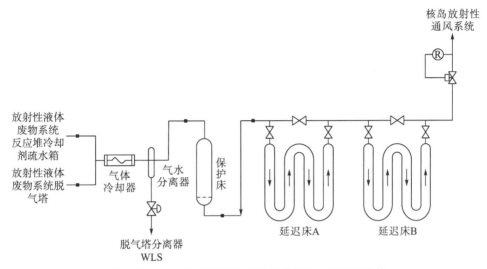

图 4-11　AP1000 核电机组放射性废气的处理工艺路线

处理对象：放射性气体，气体废物系统收集放射性气体和含氢气体进行处理。放射性气体废物系统能处理核岛厂房内产生的放射性废气(反应堆冷却剂疏水箱、脱气塔等设备排气)，经处理能满足排放要求。

处理流程简述：放射性气体废物首先进入气体冷却器，通过冷冻水系统使气体冷却到 4~7℃，接着进入气水分离器将所含水汽去除，随后通过活性炭保护床进一步去除水分，以防止废气因携带水汽而影响活性炭延迟床的吸附效率，最后废气通过两个活性炭延迟床，氪、氙气体经活性炭吸附和延迟衰变后，排入通风系统，进一步去除碘和气溶胶，然后通过烟囱排向环境。主要设备有气体冷却器、气水分离器、活性炭保护床、活性炭延迟床等。含氢废气不同处理方法的优缺点如表 4-3 所示。

表 4-3　含氢废气不同处理方法的优缺点

处理方法	主要优点	主要缺点
压缩衰变	处理流程简单	压缩设备要求高，设备总体积很大，气体有泄漏的风险
氢氧复合后活性炭滞留	预先消除了氢气，有利于系统安全	处理流程和控制系统复杂
直接活性炭滞留	处理流程简单，运行压力低，安全性强	受处理气量限制，不均匀排气需要的延迟床数量较多

2. 含氧废气处理技术

含氧废气含有少量放射性微粒，一般通过高效过滤器和碘吸附器进行处理[25]。含氧废气处理技术的工艺流程如图 4-12 所示。

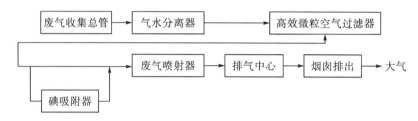

图 4-12 含氧废气处理技术的工艺流程

3. 厂房排气处理技术

核电厂厂房排气含有放射性碘，采用图 4-13 所示的方式处理。

图 4-13 厂房排气处理工艺

核电厂所用的过滤器的去污因子如表 4-4 所示。

表 4-4 核电厂所用的过滤器的去污因子

过滤器	作用	去污效率/%	去污因子/DF
进风预过滤器	除飘尘	85	7
排风预过滤器	除粗粒	85	7
高效过滤器	除粗粒	95	20
高效微粒空气过滤器	除气溶胶	99.95	2000
碘过滤器(浸渍 KI)	除碘	99.98	5000

（编写：方祥洪；审订：陆春海）

习   题

1. 大气圈的概念及垂直分层是什么？
2. 简述大气污染的稀释模型有哪些种类及各自适用范围。

3. 简述放射性废气有哪些来源及其处理方式，以及各自的优缺点。

4. 设某地大气垂直方向温度分布为：地面 21℃，500 m 处 20℃，600 m 处 19℃，1000 m 处 20℃。若在 500 m 处放出 20℃的气团，这气团会是下沉，还是上升或停止不动？如果烟囱的高度为 500 m，其烟流状态将是什么形式？

5. 生物吸收法和生物过滤法与普通的吸收法、过滤法有什么不同？在什么情况下可采用生物过滤法来处理气态污染物？

6. 利用有关的化学反应讨论在大气层上方臭氧的光化学反应，并说明氟氯烃对这些反应的影响。

7. 指出下列各室内空气污染物的来源：CH_2O、CO、NO、Rn（氡）、可吸入性颗粒物和 SO_x。

8. 我国大气区域环境污染控制模式是什么？

参 考 文 献

[1] 河村公隆. 大气·水圈的地球化学[M]. 东京: 培风馆. 2005.

[2] 吕伯西. 地球大气圈、水圈和硅铝质大陆地壳的成生[M]. 昆明: 云南科技出版社, 2012.

[3] 达娜·德索尼. 大气圈: 被污染的地球面纱[M]. 羌宁, 译. 上海: 上海科技教育出版社, 2011.

[4] 别里亚科夫. 大气圈[M]. 丁禾, 译. 北京: 中国科学普及出版社, 1958.

[5] 李双成, 金翠花. 神秘的大气圈[M]. 石家庄: 河北少年儿童出版社, 1995.

[6] 陶秀成. 环境化学[M]. 合肥: 安徽大学出版社, 2002.

[7] 蒋展鹏. 环境工程学(第二版)[M]. 北京: 高等教育出版社, 2005.

[8] 钟声. 环境工程中大气污染处理的研究[J]. 建筑工程技术与设计, 2017 (11): 288-290.

[9] 陈林, 徐慧, 张世能, 等. 环境保护概论[M]. 合肥: 合肥工业大学出版社, 2017.

[10] 黄丽坤, 王广智. 城市大气颗粒物组分及污染[M]. 北京: 化学工业出版社, 2015.

[11] 张宏升. 大气湍流基础[M]. 北京: 北京大学出版社, 2014.

[12] 中央气象局气象科学院. 大气湍流扩散及污染气象论文集 [M]. 北京: 气象出版社, 1982, 154

[13] 邓永怀, 张新瑞, 张军英. 高斯扩散模型几何意义的研究[J]. 城市建设理论研究: 电子版, 2011(29):2095-2104.

[14] 方旭, 蔡晓薇. 基于高斯扩散模型的京津冀空气污染研究[J]. 东莞理工学院学报, 2017, 24(1):5-11.

[15] 付政. 基于高斯模型的大气核扩散综合建模与验证[M]. 北京: 北京航空航天大学, 2015.

[16] 石东伟, 陈冬娜. 高斯扩散模型在确定污染源位置中的应用[J]. 河南科技学院学报 (自然科学版), 2012, 40(2):55-58.

[17] 李广超, 傅梅绮. 大气污染控制技术[M]. 北京: 化学工业出版社, 2011.

[18] 黄从国. 大气污染控制技术[M]. 北京: 化学工业出版社, 2013.

[19] 祝杰, 李文钰, 陈先林, 等. 浅谈核电放射性废气净化技术[J]. 广东化工, 2016, 43(20):124-126.

[20] 李永国, 张计荣, 梁飞, 等. 不同堆型核电站放射性废气处理系统工艺流程差异分析[J]. 环境工程, 2015(s1):424-426.

[21] 刘佩, 刘昱, 姚兵, 等. 核电厂离堆放射性废物处理方案浅析[J]. 核动力工程, 2013, 34(5):149-153.

[22] 陈良, 饶仲群. 加压贮存和活性炭吸附在核电站放射性废气处理中的应用[J]. 中国核电, 2009, 2(3):262-266.

[23] 王列辉. 核电站放射性废气处理系统关键工艺的设计与分析[D]. 广州: 中山大学, 2016.

[24] 于世昆, 刘昱, 陈少伟, 等. 核电厂放射性废气活性炭延滞处理工艺参数分析[J]. 核动力工程, 2015(1):116-119.

[25] 于世昆, 白婴, 刘昱, 等. 核电站放射性废气处理系统: CN104143368A[P]. 2014-08-12.

第5章　水污染与防治

5.1　水　圈　概　述

水圈是一个地质学专业术语，是指地球外圈中作用最为活跃的一个圈层，也是一个连续不规则的圈层。它是指地壳表层、表面和围绕地球的大气层中存在着的各种形态的水，包括液态、气态和固态的水[1]。

水圈的主体是世界大洋，其面积约占全球面积的71%。陆地上的湖泊、河流、沼泽、冰川、地下水，甚至矿物中的水都是水圈的组成部分。可见，水是地球表面分布最广泛的物质。同时，水也是地表最重要的物质和参与地理环境物质能量转化的重要因素。水分和能量的不同组合使地球表面形成了不同的自然带、地带和自然景观类型，水溶解岩石中的营养物质，为满足生物需要创造了前提。水分循环不仅调节气候、净化大气，而且几乎伴随一切自然地质过程共同促进地质环境的发展与演化[2]。

地球上的总水量约为 $1.36×10^9$ km³，其中海洋占97.2%，覆盖了地球表面积的71%。地表水约为 $2.3×10^5$ km³，其中淡水只有一半，约占地球总水量的万分之一。地下水总量为 $8.40×10^6$ km³。大气中水量为 $1.3×10^4$ km³。地球上的水以气态、液态和固态 3 种形式存在于空中、地表和地下，这些水不停地运动着和相互联系着，以水循环的方式共同构成水圈。它与大气圈、生物圈和地球内圈的相互作用，直接关系到影响人类活动的表层系统的演化。水圈也是外动力地质作用的主要介质，是塑造地球表面最重要的角色。例如，沟谷、河谷、瀑布都是流水侵蚀的作用形成；溶洞、石林、石峰等喀斯特地貌都是流水溶蚀作用形成[3]。

水在海洋、大气、地下水和生物体等地球上的水储存体间不断地循环。这种循环称为水文循环或水循环。

由于海洋的面积巨大，因此在水循环过程中起着重要的作用。太阳的照射使水从海洋表面蒸发，变成水蒸气在大气层中停留几天或数个星期。水蒸气是看不见的，但经常会凝结成细小的液态小水滴，然后形成云。小水滴聚集通过雨、雨夹雪、冰雹、雪、霜或露水的形式形成降水。如果以雪的形式降水，那么雪会冻结形成冰川或者冰盖，保留数百年甚至数千年。当冰融化，水就会汇入溪流、湖泊或池塘中。如果以雨水的形式降水，也会汇入溪流、湖泊和池塘中。一些水会渗透到土壤和岩石中形成地下水。地下水在地球表面下的岩层间缓慢流动，最终流入河流、湖泊或海洋中。液态的水时时刻刻都会蒸发到天空中或者变成生物体的一部分。蒸腾作用就是水从植物体内蒸发的过程。水循环示意图如图 5-1 所示[4,5]。

图 5-1 水循环示意图

人类大规模的活动对水圈中水的运动过程有一定的影响。大规模砍伐森林、大面积荒山植林、大流域调水、大面积排干沼泽、大量抽用地下水等，都会促使水的运动和交换过程发生相应变化，从而影响地球上水循环的过程和水量平衡的组成。人类的经济繁荣和生产发展也都依赖于水，如水力发电、灌溉、航运、渔业、工业和城市的发展，无不与水息息相关[6-8]。

5.2 水体污染与自净

5.2.1 概述

水体污染是指当进入水体的污染物质超过了水体的环境容量或水体的自净能力，使水质变坏，从而破坏了水体的原有价值和作用的现象。水体污染的原因有自然的和人为的两类。特殊的地质条件使某种化学元素大量富集、天然植物在腐烂时产生某些有害物质、雨水降到地面后挟带各种物质流入水体等造成的水体污染，都属于自然污染。

水体污染源是指造成水体污染的污染源的发生源。通常是指向水体排入污染物或对水体产生有害影响的场所、设备和装置。按污染物的来源可分为天然污染源和人为污染源两大类。输入的物质和能量称为污染物或污染因子。水体污染源根据不同的分类方法，可以有不同的分类形式：①按污染物的发生源地，可分为工业污染源、生活污染源、农业污染源和天然污染源；②按排放污染的种类，可分为有机污染源、无机污染源、热污染源、噪声污染源、放射性污染源和同时排放多种污染物的混合污染源等；③按排放污染物空间分布方式，可以分为点污染源（点源）和非点污染源（面源），这也是一种常见的水体污染源分类方式[9]。

污水排入水体后，一方面对水体产生污染；另一方面水体本身有一定的净化污水的能力，即经过水体的物理、化学与生物的作用，使污水中污染物的浓度得以降低，经过一段时间后,水体往往能恢复到受污染前的状态,并在微生物的作用下进行分解,从而使水体由不洁恢复为清洁,这一过程称为水体的自净过程。

地面水的自净过程主要包括混合、日光照射、稀释、沉降、挥发、逸散、中和、有机物的分解、耗氧与复氧及微生物死亡等。水体自净的结果是感官性状可基本恢复到污染前的状态,分解物稳定,水中溶解氧增加,生化需氧量降低,有害物质浓度降低,致病菌大部分被消灭,细菌总数减少等。但水体的自净作用有一定限度,超过此限度,仍可使水质进一步恶化[10-12]。

5.2.2 水体污染来源

水体污染有两类:一类是自然污染;另一类是人为污染,而后者是主要的。自然污染主要是由自然因素所造成的,如特殊的地质条件使某些地区的某些或某种化学元素大量富集,天然植物在腐烂过程中产生某种毒素,以及降雨淋洗大气和地面后挟带各种物质流入水体,都会影响该地区的水质。人为污染是指人类生活和生产活动中产生的废污水对水体的污染,包括生活污水、工业废水、农业废水等。此外,污染气体及气溶胶的沉降,废渣和垃圾倾倒在水中或岸边,或者堆积在土地上,经降雨淋洗流入水体,都能造成污染。

1. 生活污水

生活污水是指居民在日常生活中所产生的废水,主要有生活废料和人的排泄物,包括厨房洗涤、沐浴、洗衣服及冲厕所等产生的污水。污水的成分及其变化取决于居民的生活状况、生活水平及生活习惯。污染物的浓度则与用水量有关。

生活污水的水质特征是水质较稳定,浑浊、色深且具有恶臭,呈微碱性,一般不含有毒物质。由于生活污水适于各种微生物的生长繁殖,因此往往含有大量的细菌、病毒和寄生虫卵。

生活污水中所含固体物质占总质量的 0.1%～0.2%,其中溶解性固体占固体总量的3/5～2/3,主要是各种无机盐和可溶性的有机物质,悬浮固体占总量的 1/3～2/5,而其中有机成分几乎占 3/4 以上。此外,生活污水中还含有氮、磷等营养物质。表 5-1 所示为典型的城市生活污水的组成成分。

表 5-1 典型的城市生活污水的组成成分   单位:mg/L

项目	无机物	有机物	总量	BOD$_5$
可沉固体	40	100	140	55
不可沉固体	25	70	95	65
溶解固体	210	210	420	40
总固体	275	380	655	160
氮	15	20	35	—
磷	5	3	8	—

2. 工业废水

工业废水是指工业生产所排放的废水。由于工业类型、生产工艺及用水水质、管理水平的不同，因此各类工业废水的成分与性质千差万别。工业废水中除冷却水等较清洁的生产废水外，都含有各种各样的污染物。有的含有大量的有机污染物质，有的含有毒有害物质，有的物理性状十分恶劣，成分十分复杂。这类工业废水必须经过处理后方能排入水体或城市下水道系统。表 5-2 所示为工业废水的主要来源。

表 5-2　工业废水的主要来源

废水种类	废水主要来源
重金属废水	采矿、冶炼、金属处理、电镀、电池、特种玻璃及化工等工业
放射性废水	铀、钍、镭矿的开采加工，核动力站运转，医院同位素试验室等
含铬废水	采矿、冶炼、电镀、制革、颜料、催化剂等工业
含氰废水	电镀、提取金银、选矿、煤气洗涤、焦化、金属清洗、有机玻璃生产等工业
含油废水	炼油、机械厂、选矿厂及食品厂等
含酚废水	焦化、炼油、化工、煤电、染料、木材防腐、塑料、合成树脂等工业
硝基苯类废水	染料工业、炸药生产等
有机废水	化工、酿造、食品、造纸等工业
含砷废水	制药、农药、化工、化肥、采矿、冶炼、涂料等工业
酸性废水	化工、矿山、金属酸洗、电镀、钢铁等工业

3. 农业废水

随着农药与化肥的大量使用，农业径流排水已成为水体的主要污染源之一。施用于农田的农药与化肥除一小部分被植物吸收之外，大部分残留在土壤或飘浮于大气中，经降水洗淋、冲刷及农田灌溉排水，残留的农药与化肥最终会随降水及灌溉排水径流排入地面水体或渗入地下水中。此外，农业废弃物(包括农作物的秆、茎、叶及牲畜粪便等)也会经各种途径带入水体中，造成水体污染[11-16]。

5.2.3　水质指标

水质指标是指水样中除去水分子外所含杂质的种类和数量，它是描述水质状况的标准，是判断和综合评价水体质量并对水质进行界定分类的重要参数。水质指标大致分类如表 5-3 所示。

有些指标用某一物理参数或某一物质的浓度来表示，是单项指标，如温度、pH、溶解氧等；而有些指标则是根据某一类物质的共同特性来表明在多种因素的作用下所形成的水质状况，称为综合指标。例如，生化耗氧量表示水中能被生物降解的有机物的污染状况，总硬度表示水中含钙、镁等无机盐类的多少[17-23]。

随着核技术应用的不断发展，水质指标测定中放射性指标已成为必测指标，通常测定水中 α、总 β、活度浓度等[24]。

表 5-3   水质指标大致分类

物理性水质指标	感官物理指标	温度、色度、嗅和味、浑浊度、透明度等
	其他物理性水质指标	总固体、悬浮固体、溶解固体、可沉固体、电导率等
化学性水质指标	一般的化学性水质指标	酸碱度(pH)、硬度、各种阳离子、阴离子、总含盐量、一般有机物质等
	有毒的化学性水质指标	各种重金属、氰化物、多环芳烃、各种农药等
	氧平衡指标	溶解氧 DO、化学需氧量 COD、生化需氧量 BOD、总需氧量 TOC 等
生物学水质指标		细菌总数、总大肠杆菌数、各种病原细菌、病毒等
放射性指标		总 α、总 β、总 γ、活度浓度等

5.3   水污染控制

水污染控制的基本原则,首先是从清洁生产的角度出发,改革生产工艺和设备,减少污染物,防止污水外排,进行综合利用和回收。必须外排的污水,其处理方法随水质和要求而异。

水污染控制的方法按对污染物实施的作用不同,大体上可分为两类:一类是通过各种外力作用,把有害物质从废水中分离出来,称为分离法;另一类是通过化学或生化的作用,使其转化为无害的物质或可分离的物质,然后经过分离予以去除,称为转化法。

习惯上按处理原理不同,将水污染控制的方法分为物理处理法、化学处理法、物理化学法和生物处理法 4 类[25-30]。

5.3.1   物理处理法

物理处理法是通过物理作用,分离、回收污水中不溶解的呈悬浮态的污染物质(包括油膜和油珠)的污水处理法。根据物理作用的不同,又可分为重力分离法、离心分离法和筛滤法等。

1. 调节

由于废水流量有时间分布的差异及浓度分布的差异,在进入废水处理流程之前一般需要设置均量调节池。其目的是保证污水处理单元的进水流量与污染物浓度变化尽量平缓。均量调节池的工艺流程如图 5-2 和图 5-3 所示。进水一般采用重力流,出水用泵提升;池中最高水位不高于进水管的设计水位,有效水深一般为 2~3m,最低水位为死水位。

(1)均量调节池的目的是在进水流量不稳定的条件下,保证出水流量稳定,这就涉及均量池的大小设计问题。水量调节分为线内调节和线外调节,分别在图 5-4 和图 5-5 做举例讲解。

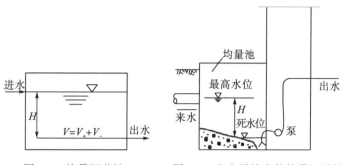

图 5-2　均量调节池　　　图 5-3　出水需抽水的均量调节池

方法一：流量曲线图解法

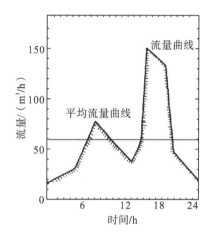

图 5-4　某厂 24 小时进水流量曲线

①以时间 t 为横坐标，流量 Q 为纵坐标作图。

②曲线围成的面积为废水总量 W_T

$$W_T = \sum_{i=0}^{\tau} q_i t_i$$

③计算平均流量

$$\bar{Q} = \frac{W_T}{T} = \frac{\sum\limits_{i=0}^{\tau} q_i t_i}{T}$$

④计算出均量调节池容积 V

$$V = \bar{Q} \cdot t$$

式中，τ 为生产周期；t 为均量调节池的水力停留时间。

方法二：废水流量累计曲线图解法

①以时间 t 为横坐标，累计流量 $\sum Q$ 为纵坐标作图；②曲线的终点 A 表示进水总量 W_T；③连接 OA，其斜率为平均流量 $\bar{Q}$；④对曲线作平行于 OA 的切线，切点为 B 和 C；⑤由 B 和 C 两点作出 y 轴平行线 CE 和 BD，量出其水量大小；⑥均量调节池容积 $V =$

$V_{BD}+V_{CE}$；⑦均量调节池水力停留时间为：$t=V/\bar{Q}$。

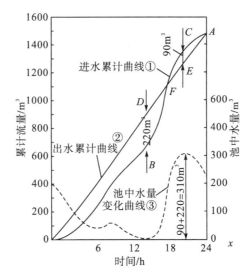

图 5-5　累计进水量与池中水量曲线

均量调节池的容积计算：①为保证出水稳定，在 0 时刻，池中至少应存有前 18 小时的累计最大负流量偏差体积；图 5-5 中该值为 220 m³。②在 24 时存水与 0 时存水为同一点情况下，推算之前 6 小时内的最大累计正流量偏差体积；图中该值为 90 m³。③该均量调节池的最小体积为：220 + 90=310 m³。

然而，在实际设计中选用的容积还应视实际情况适当留有余地。对于含有固体杂质较多的废水，可在池中加搅拌设施(机械或曝气)，也能起到一定的均质作用(储水量只占总水量的 10%~20%)。

(2)均质的目的是保证后续反应器进水(均量调节池出水)在一个较为恒定的操作条件下，以便后续反应能够正常进行(图 5-6)。

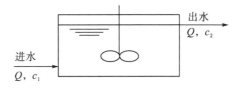

图 5-6　简单均质调节池的物料衡算简图

均质调节池的容积为

$$V\frac{dC_2}{dt}=QC_1(t)-QC_2$$

其中，V 为均质调节池的容积；Q 为进出水流量；C_1、C_2 分别为进出水浓度。

实际均质调节池出水的平均浓度为

$$C = \frac{\sum C_i q_i \Delta T_i}{q \Delta T} \quad 或 \quad C = \frac{\int C_i q_i \, \mathrm{d} T_i}{\int q \, \mathrm{d} T}$$

式中，C_i 为 ΔT_i 时段废水平均浓度；q_i 为 ΔT_i 时段废水平均流量，其中 $\Delta T = \sum \Delta T_i$

调节池容积为

$$V = \frac{q \Delta T}{\lambda} = \frac{\sum (q_i T_i)}{\lambda}$$

式中，λ 为容积利用系数。对于示例调节池形式，$\lambda = 2 \times 0.7$。

例题：已知某化工厂的酸性废水的日平均流量为 $1000 \mathrm{m}^3$，废水流量及盐酸浓度如表 5-4 所示，求 6 个小时的平均浓度及调节池容量。

表 5-4　废水流量与盐酸浓度的变化

时间	废水流量 /m³·h⁻¹	盐酸浓度 /mg·L⁻¹	时间	废水流量 /m³·h⁻¹	盐酸浓度 /mg·L⁻¹
1:00～2:00	29	2700	13:00～14:00	68	4700
2:00～3:00	40	3800	14:00～15:00	40	3000
3:00～4:00	53	4400	15:00～16:00	64	3500
4:00～5:00	58	2300	16:00～17:00	40	5300
5:00～6:00	36	1800	17:00～18:00	40	4200
6:00～7:00	38	2800	18:00～19:00	25	2600
7:00～8:00	31	3900	19:00～20:00	25	4400
8:00～9:00	48	2400	20:00～21:00	33	4000
9:00～10:00	38	3100	21:00～22:00	36	2900
10:00～11:00	40	4200	22:00～23:00	40	3700
11:00～12:00	45	3800	23:00～24:00	50	3100

解：由表 5-4 可知，废水流量及浓度的较高时间段为 12:00～18:00。6 个小时的废水平均浓度为

$$C = \frac{5700 \times 37 + 4700 \times 68 + (3000 + 5300 + 4200) \times 40 + 3500 \times 64}{37 + 68 + 40 + 64 + 40 + 40} \approx 4341 \mathrm{mg/L}$$

采用前述调节池形式，调节池的容积为

$$V = \frac{37 + 68 + 40 + 64 + 40 + 40}{2 \times 0.7} \approx 206 \mathrm{m}^3$$

取调节池有效水深为 1.5 m，则面积为 137 m²，取池宽 9 m，池长 15 m，纵向隔板间距 1.5 m，将池宽分为 6 格，沿长度方向设 3 个沉渣斗，宽度方向设两个沉渣斗，共设 6 个沉渣斗。沉渣斗底坡角度取 45°。

均质调节池的形式如图 5-7 和图 5-8 所示。

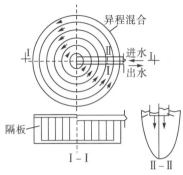

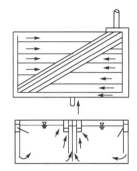

图 5-7 同心圆布置均质池   图 5-8 矩形平面布置均质池

2. 筛滤

筛滤是去除废水中粗大的悬浮物和杂物,以保护后续处理设施能正常运行的一种预处理方法。筛滤的构件包括平行的棒、条、金属丝织物、格网或穿孔板(图 5-9)。其中由平行的棒和条构成的称为格栅(格栅间隙为 15～75 mm);由金属丝织物、格网或穿孔板构成的称为筛网(筛网间隙<5mm)。它们所去除的物质则称为筛余物。其中格栅去除的是可能堵塞水泵机组及管道阀门的较粗大的悬浮物;而筛网去除的是用格栅难以去除的呈悬浮态的细小纤维。

(a)工地作业实物图   (b)粗格栅(耙式铰链传动除渣)   (c)细格栅(螺旋式除渣)

图 5-9 筛滤

滤料的过滤作用是去除浊度,浊度<5°,同时可去除一部分细菌、病毒。其机制如图 5-10 所示,表层细砂粒径为 0.5 mm,滤料孔隙尺寸为 80 μm,进入滤池的颗粒尺寸大部分小于 30 μm,但仍能被去除。不仅是简单的机械筛滤,还有接触黏附的作用。主要有两个过程:迁移和黏附。

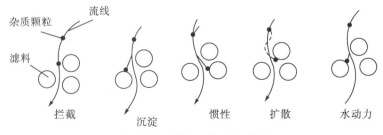

图 5-10 颗粒迁移机制示意图

3. 沉淀

沉淀是利用颗粒与水的密度之差，当比重＞1 时，则下沉；当比重＜1 时，则上浮。水中的沉淀类型可分为以下几种。

(1)自由沉淀：废水中悬浮固体浓度不高，而且不具有凝聚的性能，在沉淀过程中，固体颗粒不改变形状，也不互相黏合，各自独立地完成沉淀过程(沉砂池和初沉池的初期沉淀)。

(2)絮凝沉淀：颗粒物在水中作絮凝沉淀的过程。在水中投加混凝剂后，其中悬浮物的胶体及分散颗粒在分子力的相互作用下生成絮状体且在沉降过程中它们互相碰撞凝聚，其尺寸和质量不断变大，沉速不断增加。悬浮物的去除率不但取决于沉淀速度，而且与沉淀深度有关。地面水中投加混凝剂后形成的矾花、生活污水中的有机悬浮物、活性污泥在沉淀过程中都会出现絮凝沉淀的现象(初沉池的后期、二沉池前期、给水混凝沉淀)。

(3)拥挤沉淀：又称为分层沉淀，水中悬浮物颗粒浓度较大时，在下沉过程中将彼此干扰，在清水与浑水之间形成明显的交界面(浑液面)，并逐渐向下沉降移动的过程。水中悬浮颗粒絮凝生成的矾花达 3 g/L 以上，活性污泥达 1 g/L 以上或泥沙含量达 5 g/L 以上时，都将在沉淀过程中产生拥挤沉淀的现象(高浊水、二沉池、污泥浓缩池)。

(4)压缩沉淀：此时浓度很高，固体颗粒互相接触，互相支承，在上层颗粒的重力作用下，下层颗粒间隙的液体被挤出界面，固体颗粒群被浓缩(活性污泥在二沉池污泥斗中和浓缩池中的浓缩)。

沉淀工艺简单，应用极为广泛(表 5-5)，主要用于去除 100μm 以上的颗粒。

表 5-5　沉淀在不同应用场所的作用

	应用场所	作用
给水处理		混凝沉淀，高浊预沉
废水处理	沉砂池	去除无机物
	初沉池	去除悬浮有机物
	二沉池	活性污泥与水分离

沉淀池的种类主要分以下几类。

(1)平流式沉淀池。

平流式沉淀池示意图如图 5-11 所示。由进、出水口、水流部分和污泥斗 3 个部分组成。池体平面为矩形，进口设在池长的一端，一般采用淹没进水孔，水由进水渠通过均匀分布的进水孔流入池体，进水孔后设有挡板，使水流均匀地分布在整个池宽的横断面。沉淀池的出口设在池长的另一端，多采用溢流堰，以保证沉淀后的澄清水可沿池宽均匀地流入出水渠。堰前设浮渣槽和挡板以截留水面浮渣。水流部分是池的主体。池宽和池深要保证水流沿池的过水断面布水均匀，依设计流速缓慢而稳定地流过。池的长宽比一般不小于4，池的有效水深一般不超过 3m。污泥斗用来积聚沉淀的污泥，多设在池前部的池底以下，斗底有排泥管，定期排泥。平流式沉淀池多用混凝土筑造，也可用砖石坞工结构，或者用砖石衬砌土池。平流式沉淀池构造简单，沉淀效果好，工作性能稳定，使用广泛，但占地面积较大。采用刮泥机对比重较大的沉渣进行机械排除，可提高沉淀池的工作效率。

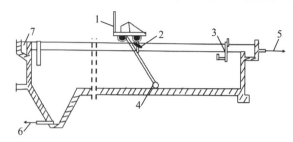

图 5-11　平流式沉淀池示意图

1—行车；2—刮渣板；3—浮渣槽；4—刮泥板；5—出水口；6—排泥口；7—进水

（2）辐流式沉淀池。

辐流式沉淀池示意图如图 5-12 所示。池体平面多为圆形，也有方形的。直径较大而深度较小，直径为 20～100m，池中心水深不大于 4m，周边水深不小于 1.5m。废水自池中心进水管入池，沿半径方向向池周缓慢流动。悬浮物在流动中沉降，并沿池底坡度进入污泥斗，澄清水从池周溢出流入出水渠。

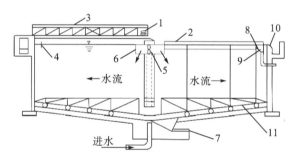

图 5-12　辐流式沉淀池示意图

1—驱动；2—装在一侧桁梁上的刮渣板；3—桥；4—浮渣挡板；5—转动挡板；

6—转筒；7—排泥管；8—浮渣刮板；9—浮渣箱；10—出水堰；11—刮泥板

（3）竖流式沉淀池。

竖流式沉淀池示意图如图 5-13 所示。池体平面为圆形或方形。废水由设在沉淀池中心的进水管自上而下排入池中，进水的出口下设伞形挡板，使废水在池中均匀分布，然后沿池的整个断面缓慢上升。悬浮物在重力作用下沉降到池底锥形污泥斗中，澄清水从池上端周围的溢流堰中排出。溢流堰前也可设浮渣槽和挡板，保证出水水质。这种沉淀池占地面积小，但深度大，池底为锥形，所以施工较困难。

（4）斜板式沉淀池。

近年来设计成的新型的斜板式或斜管式沉淀池（图 5-14），主要是在池中加设斜板或斜管，可以大大提高沉淀效率，缩短沉淀时间，减小沉淀池体积。但有斜板、斜管易结垢，长生物膜，产生浮渣，维修工作量大，管材、板材寿命短等缺点。此外，正在研究试验的还有周边进水沉淀池、回转配水沉淀池及中途排水沉淀池等。沉淀池有各种不同的用途，如在曝气池前设初次沉淀池，可以降低污水中悬浮物的含量，减轻生物处理负荷；在曝气池后设二次沉淀池，可以截留活性污泥。此外，还有在二级处理后设置的化学沉淀池，即在沉淀池中投加混凝剂，用以提高难以生物降解的有机物、能被氧化的物质和产色物质等的去除效率。

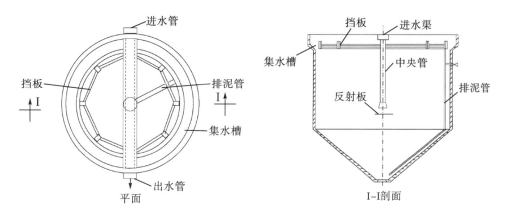

图 5-13　竖流式沉淀池示意图

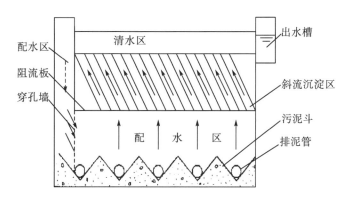

图 5-14　斜板式沉淀池示意图

沉淀区设计需要了解两个重要参数：絮体沉降速率 V_s 和沉降池运行的设计速率 V_0。颗粒向下沉降的同时，水流垂直地上升。颗粒从沉降池底部去除而不会随出水流走的条件为 $V_s > V_0$。设计中需要确定颗粒的沉降速率，并将溢流率设定为较低的数值。对于上流式沉淀池，V_0 为 50%～70% V_s。而溢流率（水的上升速率）有时也称为表面负荷率，单位为 $m^3/(d \cdot m^2)$，表示单位面积上的流量（m^3/d）。可以看成每天每平方米的沉淀池表面积上所流经的水量，与负荷类似。与液体速率相同（m/s），它是重要的设计指标。

现以平流式沉淀池为例，则理想的平流式沉淀池符合以下 3 个假设：①颗粒与水流的流速均匀地分布在沉淀池截面上；②颗粒均匀分布，沉速不变，等速下沉，水平分速为 v；③任何颗粒只要接触到池底就认为被去除。

假设一颗粒在 A 点，如图 5-15 所示，若要将其从水中去除，则该颗粒需要有足够大的沉降速度，以确保在水流通过沉淀池的停留时间内能够到达沉淀池的底部，即沉降速度至少应该等于沉淀池的深度除以停留时间：$V_s = h / t_0$。颗粒的沉降速率必须大于或等于沉淀池的溢流率。当颗粒沉降速率 V_s 大于或等于溢流率 V_0，如果沉淀池深度较大时，则沉降速率等于 V_0 的颗粒将无法完全去除。不过在较低深度处进入沉淀池的颗粒，可以到达底部，所以会发生部分去除的现象。

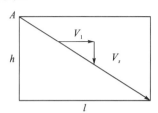

图 5-15　颗粒 A 沉降示意图

例题：某水处理厂的设计流量为 0.5 m^3/s，设计溢流率为 32.5 $m^3/(d \cdot m^2)$，确定沉淀池的表面积。假设典型溢流设计值为 20 $m^3/(d \cdot m^2)$，计算沉淀池的表面积，并将这两个值进行比较。停留时间为 95 分钟，确定沉淀池的深度。

解：（1）计算表面积。

首先换算流量单位：0.5 m^3/s = 43200 m^3/d；$A_s = Q / V_0 = 43200 / 32.5 = 1330$ m^2。

一般沉淀池的长宽比为 2：1～5：1，而长度很少超过 100m。一般情况下，最少设计两个沉淀池。若按照两个池设计，假定池宽为 12m，总表面积为 1330 m^2，则长度为 1330 / (2×12)≈55 m。长宽比为 55 / 12≈4.6，符合一般沉淀池长宽比要求。

（2）确定沉淀池的深度。

沉淀池的总体积：$V = Q \cdot t_0 = 0.5 \times 95 \times 60 = 2850$ m^3

沉淀池深度：$H = V / A_s = 2850 / 1330 ≈ 2$ m。该深度不包括污泥储存区。

最终设计为两个沉淀池：宽 12 m×长 55 m×深 2m，加上污泥储存深度。

4. 气浮

气浮是一种固-液和液-液分离的方法。其具体过程为：通入空气→产生微细气泡→SS 附着在气泡上→上浮。主要应用于自然沉淀或上浮难以去除的悬浮物，以及比重接近 1 的固体颗粒。其中微孔扩散气浮（图 5-16），压缩空气通过扩散装置以微小气泡形式进入水中。简单易行，但容易堵塞，气浮效果不高。

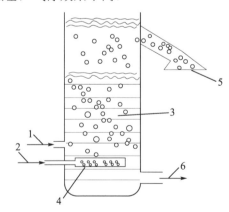

图 5-16　微孔扩散气浮原理图

1—入流液；2—空气进入；3—分离柱；4—微孔陶瓷扩散板；5—浮渣；6—出流液

现在应用的主流是加压溶气气浮法(图 5-17)。

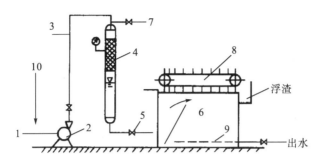

图 5-17　加压溶气气浮法流程图

1—废水进入；2—加压泵；3—空气进入；4—压力容器罐(含填料层)；5—减压阀；

6—气浮池；7—放气阀；8—刮渣机；9—出水系统；10—化学药液

5.3.2　化学处理法

化学处理法是通过化学反应来分离、去除废水中呈溶解态、胶体态的污染物质或将其转化为无害物质的污水处理法。

1. 中和法

污水的中和就是通过向污水中投加化学药剂，使其与污染物发生化学反应，调节污水的酸碱度(pH)，使污水呈中性或接近中性，适宜下一步处理或排放。

酸碱污水相互中和是一种既简单又经济的以废治废的处理方法。两种污水相互中和时，由于水量和浓度难以保持稳定，因此给操作带来困难。在此种情况下，一般在混合反应池前设有均质池。

投药中和法是应用广泛的一种中和方法，可处理各种酸性污水。投药中和法的工艺过程主要包括中和药剂的制备与投配、混合与反应、中和产物的分离、泥渣的处理与利用。酸性污水投药中和之前，有时需要进行预处理。预处理包括悬浮杂质的澄清、水质及水量的均和。前者可以减少投药量，后者可以创造稳定的处理条件。投加石灰有干投法和湿投法两种方式(图 5-18 和图 5-19)。

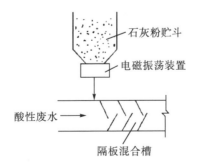

图 5-18　石灰干投法示意图

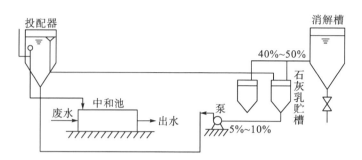

图 5-19　石灰湿投法示意图

2. 混凝

混凝就是通过向水中投加一些药剂(常称混凝剂)使水中难以沉淀的细小颗粒及胶体颗粒脱稳并互相聚集成粗大的颗粒而沉淀,从而实现与水分离,达到水质的净化。向污水中投加药剂,进行水和药剂的混合,从而使水中的胶体物质产生凝聚和絮凝,这一综合过程称为混凝过程。

污水中投入某些混凝剂后,胶体因电位降低或消除而脱稳。脱稳的颗粒便相互聚集为较大颗粒而下沉,这个过程称为凝聚,此类混凝剂称为凝聚剂。但有些混凝剂可使未经脱稳的胶体也形成大的絮状物而下沉,这种现象称为絮凝,此类混凝剂称为絮凝剂。按机制不同,混凝可分为压缩双电层、吸附电中和、吸附架桥、沉淀物网捕 4 种。

(1)压缩双电层机制:当向溶液中投加电解质后,溶液中与胶体反离子带相同电荷的离子浓度增高,这些离子与扩散层原有反离子之间的静电斥力把原有部分反离子挤压到吸附层中,从而使扩散层厚度减小,胶粒所带电荷数减少,电位相应降低。因此,胶粒间的相互排斥力也减小。当排斥力降至一定值,分子间以吸引力为主时,胶粒就相互聚合与凝聚。

(2)吸附电中和机制:当向溶液中投加电解质做混凝剂,混凝剂水解后在水中形成胶体颗粒,其所带电荷与水中原有胶粒所带电荷相反,异性电荷之间有强烈的吸附作用,由于这种吸附作用中和了电位离子所带电荷,减小了静电斥力,降低了电位,使胶体脱稳并发生凝聚。但若混凝剂投加过多,混凝效果反而下降。因为胶粒吸附了过多的反离子,使原来的电荷变性,排斥力变大,所以发生了再稳现象。

(3)吸附架桥机制:吸附架桥的作用主要是指高分子聚合物与胶粒和细微悬浮物等发生吸附、桥联的过程。高分子絮凝剂具有线性结构,含有某些化学活性基团,能与胶粒表面产生特殊反应而互相吸附,在相距较远的两胶粒间进行吸附架桥,使胶粒逐渐变大,从而形成较大的絮凝体。

(4)沉淀物网捕机制:若采用硫酸铝、石灰或氯化铁等高价金属盐类做混凝剂,当投加量大得足以迅速沉淀金属氢氧化物[如 $Al(OH)_3$、$Fe(OH)_3$]或金属碳酸盐(如 $CaCO_3$)时,水中的胶粒和细微悬浮物可被这些沉淀物在形成时作为晶核或吸附质所网捕。

混凝的 4 种机制在污水处理中往往是同时或交叉发挥作用的,只是在一定情况下以某种机制为主而已。

混凝剂具有破坏胶体的稳定性和促进胶体絮凝的功能。其品种很多,按其化学成分可分为无机混凝剂和有机混凝剂两大类。

(1) 无机混凝剂。目前广泛使用的无机混凝剂是铝盐混凝剂和铁盐混凝。铝盐有硫酸铝、明矾、铝酸钠、三氯化铝及碱式氯化铝。铁盐有硫酸亚铁、硫酸铁、三氯化铁及聚合硫酸铁。

(2) 有机混凝剂。目前应用较为广泛的有机混凝剂主要是人工合成的有机高分子絮凝剂。其分子结构一般为链状，相对分子质量都很高，絮凝能力很强。常用的有聚丙烯酸钠（阴离子型）、聚乙烯吡啶盐（阳离子型）和聚丙烯酰胺（非离子型）等。

助凝剂是指与混凝剂一起使用，以促进水的混凝进程的辅助药剂。助凝剂本身可以起混凝作用，也可以不起混凝作用。助凝剂按功能可分为 3 类：pH 调整剂、絮体结构改良剂和氧化剂。混凝沉淀流程简图如图 5-20 所示。

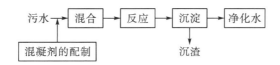

图 5-20　混凝沉淀流程简图

3. 化学氧化还原

污水中的溶解性无机污染物或有机污染物，可以通过化学反应过程将其氧化或还原，转化成无毒或微毒的新物质，从而达到处理的目的，这类处理污水的方法称为氧化还原法。

在氧化还原反应中，反应的实质是参加化学反应的原子或离子失去或得到电子，引起化合价的升高或降低。失去电子的过程称为氧化，得到电子的过程称为还原。反应中得到电子的物质称为氧化剂，失去电子的物质称为还原剂。氧化剂使还原剂失去电子而受到氧化，本身则被还原；相反，还原剂使氧化剂得到电子而受到还原，其本身则被氧化。对于有机物的氧化还原过程，难以用电子的得失来分析，常根据加氧或加氢反应来判断。把加氧或去氢的反应称为氧化反应，把加氢或去氧的反应称为还原反应。

4. 氧化法

氧化法就是向污水中投加氧化剂，将污水中的有毒、有害物质氧化成无毒或毒性小的新物质的方法。氧化法的实质是在强氧化剂的作用下，水中的有机物被降解成简单的无机物；溶解的污染物被氧化为不溶于水且易于从水中分离的物质。常用的氧化剂有氧类和氯类两种。

空气氧化是将空气通入污水中，利用空气中的氧气氧化污水中可被氧化的有害物质。空气因氧化能力较弱，主要用于含有还原性较强物质的污水处理。焚烧也是利用空气中的氧来氧化污水的一种方法，与湿式氧化不同，焚烧是在高温下用空气氧化处理污水的一种比较有效的方法。有机污水不能用其他方法有效处理时，常采用焚烧的方法。

湿式氧化是指在较高温度和压力下，用空气中的氧来氧化污水中溶解或悬浮的有机物和还原性无机物的一种方法。因为氧化过程在液相中进行，所以称为湿式氧化。湿式氧化与一般氧化方法相比，具有适用范围广（包括对污染物种类和浓度的适应性）、处理效率高、二次污染低、氧化速度快、装置小、可回收能量和有用物料等优点。

超临界水氧化的主要原理是利用超临界水作为介质来氧化分解有机物。超临界水对有机物和氧都是极好的溶剂，有机物氧化是在超临界水富氧均一相中进行的。

在高的反应温度下，氧化反应速率很高，很短的时间内能够有效地破坏有机物结构，反应完全、彻底，将有机碳、氢转化为二氧化碳和水。

臭氧氧化可用于水的消毒杀菌；除去水中的酚、氰等污染物质；除去水中铁、锰等金属离子；污水的脱色。臭氧氧化处理污水有很多优点，臭氧的氧化能力强，使一些比较复杂的氧化反应能够进行，反应速率快。因此臭氧氧化反应时间短、反应设备尺寸小、设备费用低，而且剩余的臭氧很容易分解为氧，既不产生二次污染，又能增加水中的溶解氧。

污水氯氧化广泛用于污水处理中，如医院污水处理、无机物与有机物氧化、污水脱色除臭等。在氧化过程中，pH 的影响与在消毒过程中有所不同。加氯量需由实验确定。氯气是普遍使用的氧化剂，既用于给水消毒，又用于污水氧化。常用的含氯药剂有液氯、漂白粉、次氯酸钠、二氧化氯等。

高锰酸盐是一种强氧化剂，能与污水中的有机物反应，杀死污水中很多藻类和微生物。与臭氧处理一样，出水无异味。其投加与监测很方便。

过氧化氢与催化剂 Fe^{2+} 构成的氧化体系通常称为 Fenton 试剂。在 Fe^{2+} 催化下，H_2O_2 能产生两种活泼的氢氧自由基，从而引发和传播自由基链反应，加快有机物和还原性物质的氧化。

5. 还原法

还原法是向污水中投加还原剂，将污水中的有毒、有害物质还原成无毒或毒性小的新物质的方法。常用的还原剂有硫酸亚铁、氯化亚铁、铁屑、锌粉、二氧化硫、硼氢化钠等。

6. 化学沉淀法

化学沉淀法是向水中投加某些化学药剂，使其与水中溶解性物质发生化学反应，生成难溶化合物，然后进行固液分离，从而除去污水中污染物的方法。

化学沉淀法的工艺流程和设备与混凝法相似，主要步骤为：①化学沉淀剂的配制与投加；②沉淀剂与原水混合、反应；③固液分离；④沉渣处理与利用。

根据采用的沉淀剂及反应中所生成的生成物不同，可将化学沉淀法分为氢氧化物沉淀法、硫化物沉淀法、钡盐沉淀法、碳酸盐沉淀法和铁氧体沉淀法等。

5.3.3 物理化学法

物理化学法是利用物理化学作用去除污水中的污染物质的污水处理法，主要有吸附法、离子交换法、膜分离法、萃取法、气提法和吹脱法等。

1. 吸附法

吸附是一种物质附着在另一种物质表面上的过程，它可以发生在气-液、气-固、液-

固两相之间。在污水处理中,吸附是用多孔性固体吸附剂吸附污水中的一种或多种污染物,达到污水净化的过程。

吸附过程是一种界面现象,其作用过程是发生在两个相的界面上。固体吸附剂与吸附质之间的作用力有静电引力、分子引力(范德华力)和化学键力,根据固体表面吸附力的不同,吸附分为物理吸附、化学吸附和离子交换吸附 3 个基本类型。

(1)物理吸附。

物理吸附是吸附质与吸附剂之间的分子引力产生的吸附,其特征为吸附时所放热量小,约为 42 kJ/mol,吸附时表面能降低。吸附没有选择性,对于各种物质来说,只不过是分子间力的大小有所不同,分子引力随相对分子质量增大而增加,在同类化合物中,吸附能力随相对分子质量增大而增大。

(2)化学吸附。

化学吸附是吸附质与吸附剂之间由于化学键力的作用,发生了化学反应,形成牢固的吸附化学键。其特征为吸附时所放热量大,与化学反应的反应热相近,为 84~420 kJ/mol。

吸附有选择性,一种吸附剂只对某种或特定几种物质有吸附作用,一般为单分子层吸附。在低温时,吸附速度较慢,通常需要一定的活化能。吸附质分子不能在吸附剂表面上自由移动。再生较困难,必须在高温下才能脱附,脱附下来的物质可能是原吸附质,也可能是新的物质。

(3)离子交换吸附。

吸附质的离子由于静电引力聚集到吸附剂表面的带电点上,并置换出原先固定在这些带电点上的其他离子的过程称为离子交换吸附。离子所带电荷越多,吸附能力越强。

在污水处理中大多数的吸附现象往往是上述 3 种吸附作用的综合结果,即几种造成吸附作用的力常常相互作用。在污水处理过程中,吸附法处理的主要对象是污水中用生化法难以降解的有机物或一般氧化法难以氧化的溶解性的有机物。这些难分解的有机物包括木质素、氯或硝基取代的芳烃化合物、杂环化合物、洗涤剂、合成染料、杀虫剂、DDT 等。当采用粒状活性炭对这些污水进行处理时,不但能够吸附这些难分解的有机物,降低化学需氧量(chemical oxygen demand,COD),还能使污水脱色、脱臭,把污水处理到可以回用的程度。所以吸附法在污水的深度处理中得到了广泛应用。

2. 离子交换法

离子交换法是一种借助于离子交换剂上的离子和污水中的有害离子进行交换反应而除去污水中有害离子的方法。离子交换过程的主要特点在于:它主要吸附水中的离子,并与水中的离子进行等量交换。

离子交换树脂的结构示意图如图 5-21 所示。它是由骨架和活性基团两部分组成的。骨架又称为母体,是形成离子交换树脂的结构主体。它是以一种线形结构的高分子有机化合物为主,加上一定数量的交换剂,通过架桥作用构成的空间网状结构。固定离子固定在树脂骨架上,活动离子则依靠静电引力与固定离子结合在一起,两者电性相反、电荷相等,处于电性中和状态。活动离子遇水离解并能在一定范围内自由移动,可与其周围水中的其他同性离子进行交换反应,又称为可交换离子。能与溶液中阳离子交换的树脂称为阳离子交换树脂。能与溶液中阴离子交换的树脂称为阴离子交换树脂。

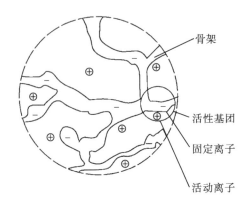

图 5-21 离子交换树脂的结构示意图

离子交换树脂对水中各种离子的吸附能力不同，其中某些离子很容易吸附而另一些离子却很难吸附。树脂在再生时，有的离子容易被置换下来，而有的离子却很难被置换。离子交换树脂对某种离子能优先吸附的性能称为选择性，它是决定离子交换法处理效率的一个重要因素。

3. 膜分离法

膜分离是利用特殊的薄膜对液体中某些成分进行选择性透过的统称。溶剂透过膜的过程称为渗透，溶质透过膜的过程称为渗析。在溶液中凡是一种或几种成分不能透过，而其他成分能透过的膜，称为半透膜。

膜分离法是将溶液用半透膜隔开，使溶液中某种溶质或溶剂(水)渗透出来，从而达到分离溶质的目的。常用的膜分离法有电渗析、反渗透、超滤、微滤等。

近年来，膜分离技术发展速度极快，在污水处理、化工、生化、医药、造纸等领域广泛应用。膜分离法的共同优点是膜分离过程不发生相变；操作在常温下进行；膜分离技术不仅适用于有机物还适用于无机物；装置简单，操作容易且易控制，便于维修且分离效率高。其缺点是处理能力较小，消耗能量多。

4. 吹脱法

水和污水中会含有溶解气体，这些物质可能会对系统产生侵蚀或本身有害，或者对后续处理有不利影响，因此必须去除。这些气体可以用吹脱法去除。

吹脱法的基本原理是气液相平衡及传质速度理论，在气液两相体系中，溶质气体在气相中的分压与该气体在液相中的浓度成正比。传质速度正比于组分平衡分压与气相分压之差。气液相平衡关系及传质速度与物系、温度、两相接触状况有关。

对给定的物系，可以通过提高水温、使用新鲜空气或采用负压操作、增大气液接触面积和时间、减少传质阻力，均可起到降低水中溶质浓度、增大传质速度的作用。在工程上一般采用的吹脱设备有吹脱池和吹脱塔等。

5.3.4　生物处理法

生物处理法是通过微生物的代谢作用，使废水中呈溶解态、胶体态及微细悬浮状态的有机污染物质转化为稳定物质的污水处理方法。根据起作用的微生物不同，生物处理法又可分为好氧生物处理法和厌氧生物处理法。

1．活性污泥法

活性污泥法就是利用活性污泥净化废水中有机污染物的一种方法[31,32]，如图 5-22 所示。如果向一定量的生活污水中不断鼓入空气，维持水中有足够的溶解氧，那么，经过一段时间后，水中就会出现一种褐色的絮凝体，絮凝体中充满着各种各样的微生物，这种污泥絮凝体就称为活性污泥。

通过生物学和化学分析，活性污泥由活性微生物、微生物内源呼吸残余物、吸附在活性污泥上的惰性的不可降解的有机物、虽可降解但尚未降解的有机物和惰性无机物组成。活性污泥具有很大的比表面积，对水中的有机物具有很强的吸附凝聚和氧化分解能力，同时，在适当的条件下，具有良好的自身凝聚和沉降性能。

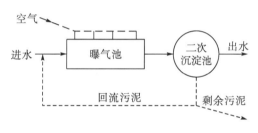

图 5-22　活性污泥法的基本流程

有机废水经初次沉淀池(无悬浮物时可不设)预处理后，进入曝气池，在曝气池中要不断进行曝气，以充分提供曝气池内的微生物降解有机物所需要的溶解氧。曝气池中的混合液不断排出，进入二次沉淀池，经固液分离后，处理后的水不断从二次沉淀池排出。沉降下来的活性污泥一部分要不断回流到曝气池，以保持曝气池内有足够的微生物来氧化分解废水中的有机物。同时，将增殖的多余的活性污泥不断地从二次沉淀池中通过剩余污泥排放系统排出。

2．生物膜法

生物膜法是利用固着生长在载体上的微生物来降解水中有机污染物的一种生物处理方法，如图 5-23 所示。污水通过滤池时，滤料截留了污水中的悬浮物质，并把污水中的胶体物质吸附在自己的表面上，它们中的有机物使微生物很快繁殖起来，这些微生物又进一步吸附了污水中呈悬浮、胶体和溶解状态的物质，填料表面逐渐形成了一层生物膜。生物膜主要由细菌的菌胶团和大量的真菌丝组成，其中还有许多原生动物和较高等动物。

生物膜中的细菌也很多，菌胶团仍是主要的，但与活性污泥不同的是，在生物膜中丝状菌很多，有时还起主要作用，因为它净化有机物的能力很强，而且又由于它的存在而使生物膜形成了立体结构，结构疏松，增大了表面积。滤料表面的生物膜可分为厌氧层和好氧层，在好氧层表面是一层附着水层，这是由于生物膜的吸附作用形成的。生物膜去除有机物的过程为：有机物从流动水中通过扩散作用转移到附着水层中，同时氧气也通过流动水层、附着水层进入生物膜的好氧层中；生物膜中的有机物进行好氧分解。

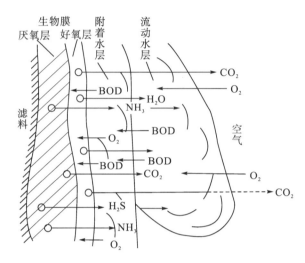

图 5-23　生物膜法示意图

3. 厌氧生物处理法

厌氧生物处理是在无分子氧条件下，通过厌氧微生物(包括兼氧微生物)的作用，将污水中的各种复杂有机物分解转化为甲烷和二氧化碳等物质的过程，也称为厌氧消化。厌氧消化的 3 个阶段和 COD 转化率如图 5-24 所示。

第一阶段为水解酸化阶段。复杂的大分子、不溶性有机物先在细胞外酶的作用下水解为小分子、溶解性有机物，然后渗入细胞体内，分解产生挥发性有机酸、醇、醛等。这个阶段主要产生高级脂肪酸。

第二阶段为产氢产乙酸阶段。在产氢产乙酸细菌的作用下，第一阶段产生的各种有机酸被分解转化成乙酸和 H_2，在降解有机酸时还形成 CO_2。

第三阶段为产甲烷阶段。产甲烷细菌将乙酸、乙酸盐、CO_2 和 H_2 等转化为甲烷。

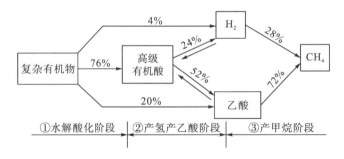

图 5-24　厌氧消化的 3 个阶段和 COD 转化率

虽然厌氧消化过程分为以上 3 个阶段，但是在厌氧反应器中，3 个阶段是同时进行的，并保持某种程度的动态平衡，这种动态平衡一旦被 pH、温度、有机负荷等外加因素所破坏，则首先将使产甲烷阶段受到抑制，其结果会导致低级脂肪酸的积存和厌氧进程的异常变化，甚至会导致整个厌氧消化过程停滞[33-36]。

4. 污水的自然生物处理

(1) 氧化塘。

氧化塘又称为生物塘或稳定塘，是一个天然的或人工修整的池塘。氧化塘的类型可分为好氧塘、兼性塘、厌氧塘、曝气塘。

(2) 污水的土地处理。

土地处理系统是利用土壤及其中的微生物和植物对污染物的综合净化能力来处理城市和某些工业废水，同时利用污水中的水和肥来促进农作物、牧草或树木的生长，并使其增产的一种工程设施。土地处理系统应包括污水的输送、污水的预处理（常用氧化塘）、污水的储存（如污水库）、污水灌溉系统和地下排水系统等部分[37]。

5.4　放射性废水处理技术

放射性废水主要来源于核电厂的运行及维护、核设施的退役过程、核武器生产和实验及其他使用放射性物质的单位。按废水所含放射性核素的浓度可分为高水平、中水平与低水平放射性废水；按废水中所含放射性种类，可分为 α、β、γ 3 类放射性废水。

压水堆核电厂在运行过程中产生的放射性废水根据特性主要分为以下几类。

(1) 工艺废水：电导率低、水质较好、杂质少，且放射性活度浓度可能较高的放射性废水，主要是一回路系统的排出水、冲洗水和泄漏水，除盐器的冲排水和疏水等。

(2) 化学废水：电导率高、水质较差、杂质多，且放射性活度浓度可能较高的放射性废水，如化学清洗和化学去污的排水、放射性化学分析实验室样品分析后的排水。

(3) 地面排水：通过放射性控制区地面收集的设备疏水、泄漏等，通常含有较多杂质且放射性活度较低的放射性废水。

(4) 含洗涤剂排水：含有洗涤剂，正常情况下放射性浓度很低的放射性废水，这些废水主要包括卫生出入口的人员去污水、热洗衣房洗衣废水和服务排水等。

(5) 常规岛排水：常规岛排水是从汽轮机厂房二回路系统的排出水和二回路净化系统的排出水。在正常情况下，常规岛排水不含放射性核素。但在蒸汽发生器传热管发生破损、二回路系统受到放射性污染的情况下，常规岛排水可能含有超过排放限值的放射性核素。

放射性液体废物按其放射性深度水平分为以下 4 级。

第 I 级（弱放废液）：浓度大于 DIC $_{公众}$，小于或等于 $3.7 \times 10^2 \, Bq/L$。

第 II 级（低放废液）：浓度大于 $3.7 \times 10^2 \, Bq/L$，小于或等于 $3.7 \times 10^5 \, Bq/L$。

第 III 级（中放废液）：浓度大于 $3.7 \times 10^5 \, Bq/L$，小于或等于 $3.7 \times 10^9 \, Bq/L$。

第 IV 级（高放废液）：浓度大于 $3.7 \times 10^9 \, Bq/L$。

为确保环境安全，必须按照严格的排放标准进行排放。因此，必须对放射性废水进行处理。处理放射性废水有多种方法，包括过滤法、化学沉淀法、沉降法、离子交换法、蒸发法、生物学方法和膜分离等[38-43]。

5.4.1 直接衰变法

医院放射性废水的来源主要是放射性物质为医疗用的实验室污水及含有放射性的防护服装及医疗器械的洗涤水等。在许多医院里为了诊断和治疗癌症大都使用放射性同位素，这些放射性同位素投施于患者体内后，大部分都成为含有放射性的污水而排泄。例如，Au^{2+} 是呈胶状的，把它注射到人体后不参加新陈代谢，因此不易排出体外。

医院、放化实验室等产生的放射性活度水平较低、核素半衰期较短的放射性废水一般采用直接衰变的方式进行处理。

工程中通常采用的放射性废水衰变池可分为连续式衰变池和间歇式衰变池。

连续式衰变池的进水和出水都是连续的，池内设导流墙，推流式排放。衰变池设计总容积为最长半衰期同位素 10 个半衰期放射性废水总排水量。每一格均采用导流管，废水从池下部进入，上部排出，以防止短路，保证衰变效果。连续式衰变池示意图如图 5-25 所示。

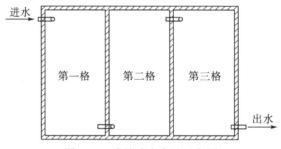

图 5-25　连续式衰变池示意图

间歇式衰变池采用多格式间歇排放，一般可采用 4 池，并列布置，每池设计容积为最长半衰期同位素 10 个半衰期放射性废水总排水量的 50%，也即储存 5 个半衰期的放射性废水量。间歇式衰变池示意图如图 5-26 所示。

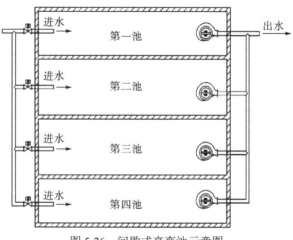

图 5-26　间歇式衰变池示意图

间歇式衰变池进水管上设电磁阀，出水采用潜水泵压力排出。运行时，先关闭第二、三、四池进水管上的电磁阀，打开第一池进水管上的电磁阀，使废水进入第一池；待第一池达到设计液位后，打开第二池进水管上的电磁阀，关闭第一池进水管上的电磁阀，使废水进入第二池；按照相同的操作方法，使废水依次进入第三、四池。待第四池开始进水时，第一池已经过 10 个半衰期，监测达标后即开动潜水泵排放。待第四池达到设计液位后，重复向第一池进水，而第二池排水，依次循环。进水管上的电磁阀和衰变池排水泵可以采用可编程逻辑控制器(programmable logic controller，PLC)自动控制。

在实际工程中，通常采用连续式衰变池，但在一些环境敏感地区，或者废水经处理后排入天然水体时，应尽量采用间歇式衰变池。医院内应配置相应的监测设备，连续式衰变池应定期监测，间歇式衰变池应在排放废水前监测。

连续式衰变池具有池容积小、占地面积小、造价低、操作简单，无须或很少维护等优点，是工程中通常采用的方式。其缺点是抗冲击能力差。如果发生放射性物质泄漏等事故，废水中的放射性物质增加时，废水在衰变池中还未衰变到允许的排放浓度就不得不排出，会造成放射性污染事故。

间歇式衰变池的优点是抗冲击能力强，出水水质稳定可靠，如果发生放射性物质泄漏等事故，废水中的放射性物质增加时，可以通过延时排放来延长废水在衰变池中的停留时间，确保废水衰变到允许的排放浓度后排出，避免造成放射性污染事故。其缺点是衰变池容积较大、占地面积大、造价高，需要设控制阀门和水泵，控制相对复杂。

5.4.2　过滤

过滤(此处所述的过滤仅为普通过滤，关于微滤、超滤属膜技术范畴)是处理放射性废水最简单的方法。放射性废水在压力差的推动下透过过滤元件或过滤介质，较大粒径的悬浮物和不溶颗粒物被过滤元件或过滤介质截留。

放射性废水处理常用的过滤方式有滤芯式过滤、预涂式过滤、填料式过滤和袋式过滤等。滤芯式过滤器是核电厂放射性废水处理常用的过滤器。滤芯式过滤器一般采用钢制外壳，内部安装有一个或数个由缠绕式、挤压式、褶皱式或填充式等过滤元件组成的滤芯组件。滤芯式过滤器的滤芯一般不复用，当过滤器进出口压差增加到设定值或放射性活度积累到设定值时需要更换滤芯。对于废过滤器滤芯(简称废滤芯)最传统的处理方法是混凝土砂浆固定后直接处置，混凝土还可以起到生物屏蔽和阻滞放射性核素迁移的作用，但这种处理方法的缺点是最终废物的体积较大。也有将辐射水平低的废滤芯解体或干燥后再采用超级压实处理，这样处理后形成的最终废物体积较小。

预涂式过滤器是采用液体循环，使预涂材料在过滤元件支撑材料表面形成一定厚度的、稳定的预涂层，从而实现对液体中颗粒物的过滤截留。预涂式过滤器产生的二次废物主要是预涂材料和截留物组成的淤泥状废物。预涂材料和截留物组成的淤泥装入容器经脱水、干燥和压实后处置。

填料式过滤器是在过滤容器中添加一定颗粒度的过滤介质(如活性炭等)，颗粒物和胶体等在放射性废水通过过滤介质时被截留。填料式过滤产生的二次废物主要是过滤介质材料和截留物组成的淤泥状废物，这类废物经脱水、干燥和压实后处置。美国一些核电厂使用的深床过滤器就是填料式过滤器。

袋式过滤器是采用冲孔板制作的网篮支撑着由纤维织成的过滤袋，当液体经过过滤袋过滤后，杂质被拦截在过滤袋中。袋式过滤器的过滤袋可以更换或清洗。袋式过滤阻力小，处理流量大，通常用于过滤处理悬浮物较多、水量较大的废水。

5.4.3 离子交换

离子交换是放射性废水处理最常用的方法。离子交换法是利用离子交换材料上的可交换离子(活性基团)与溶液中的离子进行置换或吸附，从而可以有选择地去除溶液中的离子态放射性核素，使放射性液体得到净化。离子交换材料可以是人工合成的有机树脂，也可以是天然的或人工合成的无机材料。离子交换的去污因子一般为10～100，放射性核素不同，去污因子也不同。

压水堆核电厂放射性液体通常采用离子交换床(又称为除盐器)处理。离子交换床一般都是几台串联和并联运行，最常用的就是阳床+阴床+混床模式。并联的目的是一列运行，一列可以维修或备用。常根据处理对象的实际情况选择合理的组合。典型的放射性废水离子交换处理工艺如图5-27所示。

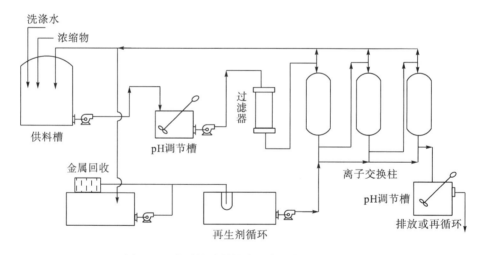

图 5-27　典型的放射性废水离子交换处理工艺

核电厂放射性液体处理产生的废离子交换材料一般不做再生处理，而被直接作为废物进行处理和处置。废离子交换材料处理常用的方法有水泥固化、沥青固化、聚合物固化、装入高整体容器、热解、焚烧、热压、玻璃固化和湿法氧化，其他处理方法还有等离子体熔融和蒸汽重整等。

离子交换技术在压水堆(pressurized water reactor，PWR)一回路的补给水制备、冷却剂净化、废水处理方面得到了广泛应用，在二回路系统中，还用来处理凝结水和蒸汽发生器的排污水。

最常用的有机合成离子交换树脂(又称为骨架)是由苯乙烯与二乙烯苯聚合而成的高

分子化合物。在聚合体骨架上引进各种基团，即得到不同性能的离子交换树脂，其中强酸与强碱树脂已在核工业中得到广泛应用。

若将含有 $B^{\pm}$ 离子的溶液在一定温度下以一定速度通过结构为 $R-A^{\pm}$ 型的树脂床，则离子交换过程为

$$R-A^{\pm}+B^{\pm} \Leftrightarrow R-B^{\pm}+A^{\pm}$$

其中，R 为不溶性树脂本体；$A^{\pm}$ 为交换基团中能够发生交换作用的离子；$B^{\pm}$ 为溶液中的交换离子。

净化效率 η：流经树脂床后，溶液中核素被去除的份额为

$$\eta = \frac{c_1-c_2}{c_1} \times 100\%$$

式中，c_1、c_2 分别为树脂床进出口溶液中的核素浓度，或者进出口料液的比放射性。

去污因子 DF：树脂床进出口料液中特定核素的浓度或放射性强度之比为

$$DF = \frac{c_1}{c_2}$$

虽然人们常用 DF 表示离子交换系统的性能，但在核电厂中树脂饱和常常不是决定树脂更换的主要因素，而决定因素往往是树脂床的辐射剂量过大或树脂层压降过高。

AP1000 核电机组液体放射性废物系统是以离子交换处理为主的处理工艺。其工艺简图如图 5-28 所示。液体放射性废物系统用于控制、收集、处理、储存和处置放射性废液。

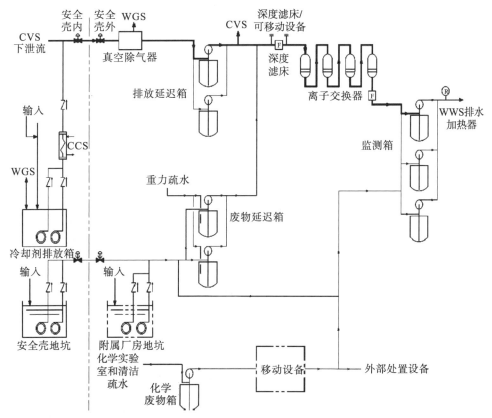

图 5-28　AP1000 核电机组液体放射性废物系统工艺简图

液体放射性废物系统在运行期间将核岛产生的绝大部分废液进行收集、除气、储存、监视、稀释、排放以保证电厂的稳定运行；在设备故障或者事故工况下对产生的废液进行回收处理，并清理污染的设备，防止放射性物质的意外排放，是一道重要的安全屏障。

液体放射性废物系统处理污水能力为 17 m^3/h(通过离子交换器/过滤)。液体放射性废物系统能够接受系统中设备的单一故障而不影响系统处理预期废液流量和由于过量泄漏导致的负载波动的能力。系统提供充足的缓冲能力，加上可以使用可移动处理设备和处理设备的低负荷因素，允许系统包容废物直到故障修复并恢复正常运行。另外，液体放射性废物系统的设计可以在一定范围内接受由于预期运行事件而产生的附加负荷。

图 5-28 中有 4 个离子交换器。介质的选择由操作员根据电站情况以优化系统性能来选择。离子交换器是不锈钢、立式圆桶状压力容器，有进出工艺管嘴，以及用于树脂添加、废物排放和疏水的接口。工艺出口和冲洗水出口接口有树脂阻留过滤器，过滤器的设计使压降最小化。

正常运行时这 4 个离子交换器的任何一个或几个可以被手动旁通，最后两个离子交换器的顺序可以互换以使离子交换器树脂能够完全利用。

第 1 个离子交换器的顶部通常装有活性炭作为深床过滤器可以从地板废液疏水中除去油，适量的其他废物也可以通过这个容器。对于相对干净的废物流可以旁通第 1 个离子交换器。这个离子交换器比其他 3 个稍微大些，有一个额外的疏排接口用于顶部活性炭的排出。这个特征与容器的深床过滤器功能有关系，活性炭的最上层收集过滤颗粒，除去它而不干扰下层硅酸盐床的能力，从而使固体废物产量最小。

第 2~4 个床是完全一样的离子交换器。离子交换以后，水经过一个后过滤器，在这里放射性颗粒和树脂碎片被除去。然后处理过的水进入 3 个监测箱中的一个。

无机离子交换剂是人们最早熟悉的离子交换剂，自然界中存在的黏土、沸石和人工合成的某些氧化物及盐类都属于这一类。目前，对无机离子吸附剂的研究和应用，主要集中在人工合成的无机离子交换剂。由于有机离子交换剂不能抗辐射，而且不耐高温和高热，经辐射和高热后会发生分解，引入二次有机废物，增加了后续废物的处理难度，因此目前世界上处理高放废液主要采用无机离子交换剂。

国内外研究的离子交换剂主要有沸石、多价金属磷酸盐、杂多酸盐及复合离子交换材料、不溶性亚铁氰化物、钛硅化合物等。

20 世纪五六十年代，天然蛭石、沸石、铁氰化物等无机离子交换剂已被广泛地用于放射性废液的处理中，在实际应用时无机离子交换剂柱(或床)式动态性能较差，交换柱容易堵塞，交换速度和交换容量受到严重的限制。随后，无机离子交换剂逐步地被选择性好、离子交换容量大、吸附交换速度快，以及便于柱或床式操作的有机离子交换树脂所取代。但有机离子交换树脂的辐射稳定性低，以及水泥固化介质的相容性差，给废物最终处置带来了一定的安全不确定性，而无机离子交换剂的高选择性、高辐射稳定性和处置安全性，又重新被业界人士所重视。

20 世纪 90 年代以后，一些国家对无机离子交换剂在放射性废液处理中的应用做了深入的研究，开发了无机离子交换剂细粉在支持剂上的预涂技术，解决了交换柱易堵塞的问题，大大改善了工艺操作条件；同时，在高盐条件下一些具有高选择性无机离子交换剂的开发，为无机离子交换剂在放射性废液处理领域的应用开创了新的局面。

5.4.4　蒸发

蒸发是核电厂放射性废水处理常用的方法之一。蒸发处理是借助于外加的热量把废水中的大部分水分转化为二次蒸汽，二次蒸汽通过冷凝冷却后监测排放。在蒸发浓缩过程中绝大多数放射性核素保留在浓缩液中。蒸发处理的去污因子一般为 $10^3 \sim 10^6$。

(1)自然循环蒸发：采用外加热式蒸发器，利用被加热液体自然流动对放射性废水进行蒸发的处理方法。二次蒸汽经净化、冷凝和冷却后送往监测槽监测排放。浓缩液需要进一步处理。自然循环蒸发的优点是设备简单、能源消耗比强制循环蒸发低、净化效果好，缺点是传热系数较低、处理量小。

(2)强制循环蒸发：利用强制循环泵提供动力使被蒸发处理的放射性废水在蒸发器与加热器之间循环，在加热器中加热，在蒸发器中进行蒸发的处理方法。蒸发产生的二次蒸汽经过净化、冷凝和冷却后送至监测槽监测排放。浓缩液需要进一步处理。强制循环蒸发的优点是传热系数高、处理量大，缺点是对强制循环泵和二次蒸汽的净化要求较高。

(3)二次蒸汽压缩蒸发：采用蒸汽压缩机对蒸发产生的二次蒸汽进行压缩，然后送到加热器的热源侧作为加热热源重新利用的蒸发处理方法。重新用作加热热源的二次蒸汽在加热器中冷凝为蒸馏液，再经预热器对被蒸发液进行预热。冷却后的蒸馏液送至监测槽监测排放或复用。浓缩液需要进一步处理。二次蒸汽压缩蒸发的特点是充分利用加热能源，但对二次蒸汽压缩机设备的要求很高。

(4)蒸发干燥：采用桶内干燥器或其他类型的干燥器对放射性废水、浓缩液或湿淤泥进行加热和蒸发干燥，使其最终形成干燥废物。二次蒸汽经冷凝冷却后监测排放。最终干燥物可以装入高整体容器直接处置。桶内干燥器设备简单、净化效果好，缺点是处理能力小。

蒸发处理产生的二次废物主要是浓缩液，蒸发干燥的二次废物是蒸发干燥物。浓缩液一般采用水泥固化或进一步蒸发干燥处理。蒸发干燥后的干燥物装入高整体容器(High Integrity Container，HIC)处置，也可以造丸后采用混凝土砂浆固定处理[44,45]。

田湾核电站的放射性废液处理系统由废液预处理、废液蒸发浓缩和二次蒸汽冷凝液净化与监测三部分组成，其流程如图 5-29 所示。该系统有一台处理能力为 $6\ \mathrm{m^3/h}$ 的自然循环式蒸发器。在正常情况下，田湾核电站每年每台机组预计产生 $80\ \mathrm{m^3}$ 蒸残液。预计每台机组每年需要处理的放射性废液总量为 $2350\ \mathrm{m^3}$，最大值为 $7100\ \mathrm{m^3}$。

秦山一期核电站放射性液体废物处理系统中使用自然循环蒸发器对废液进行蒸发处理，大亚湾核电机组的废液处理系统则使用外加热式强制循环蒸发器进行蒸发处理。除氚、碘等极少数元素之外，废液中的大多数放射性元素都不具有挥发性，因此用蒸发浓缩法处理，能够使这些元素大都留在残余液中而得到浓缩。该方法去污系数(原水的放射性浓度与处理后的水的放射性浓度的比值)高(一般为 $10^4 \sim 10^6$)、灵活性大(既可处理高、中放废液，也可处理低放废液；可以单独使用，也可以与其他方法联合使用)及理论与技术相对成熟，安全可靠。但无论是自然循环蒸发器还是强制循环蒸发器，均采用常压蒸发工艺，需要不断输入新蒸汽加热料液，耗能较大；对于蒸发器内产生的大量二次蒸汽，其热能无法得到有效利用。此外，蒸发序列的设备众多，占地面积大，在厂房内需跨层布置，对建筑结构要求较高。

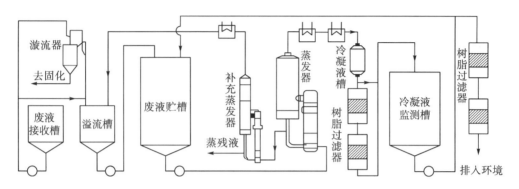

图 5-29　田湾核电站的放射性废液处理系统流程

热泵蒸发是借鉴制盐、海水淡化等领域的成熟蒸发技术，将其应用于放射性废水处理中的一种工艺。热泵蒸发工艺流程简图如图 5-30 所示。废液（原液）通过一级换热器和二级换热器，分别被冷凝液和浓缩液加热，然后被送入蒸发器本体；在蒸发器本体中，废液通过薄膜换热器与蒸发器二次蒸汽热交换后，一部分废液蒸发成为二次蒸汽，另一部分废液流入蒸发器本体底部；废液产生的二次蒸汽经压缩风机加热后升温，然后作为薄膜换

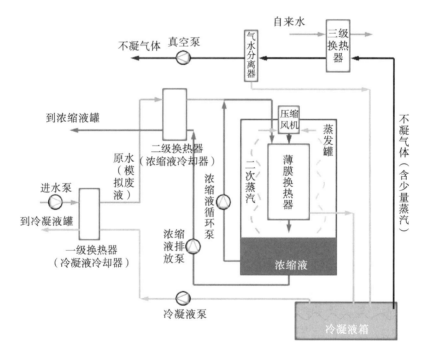

图 5-30　放射性废水热泵蒸发工艺流程简图

热器的热源，用于蒸发后续的废液；作为蒸发热源的大部分二次蒸汽，在流经薄膜换热器的过程中被冷凝成冷凝液，冷凝液最终被导入冷凝液箱；系统通过真空泵对冷凝液箱抽真空，保持蒸发器本体内处于微负压状态；真空泵抽出的少量蒸汽通过三级换热器与常温自来水进行热交换冷却，然后通过气水分离器去除水分后，排入环境；流入蒸发器本体底部的废液，经过长时间的蒸发浓缩，在循环泵的作用下回到薄膜换热器冷侧，继续被二次蒸汽加热蒸发，并最终形成浓缩液；电导率达到或超过特定值以后，通过浓缩液循环泵抽出浓缩液，该浓缩液经二级换热器加热后，排入浓缩液罐；冷凝液箱中的冷凝液通过冷凝液泵送入一级换热器，加热废液后排入冷凝液罐。三门核电站热泵蒸发装置如图 5-31 所示。

图 5-31 三门核电站热泵蒸发装置

收集化学废液缓冲罐内的化学废液，通过输送泵送往热蒸发装置进行蒸发处理。经过蒸发预处理，废液中的放射性核素大多浓集于蒸残液中，并随蒸残液至桶内干燥装置进行进一步干燥处理，或者在蒸残液放射性浓度较高时进行固化处理。蒸发过程中产生的二次蒸汽经除沫处理去除挟带的雾沫，得到的二次蒸汽冷凝液的放射性水平较处理前可降低 3个量级。蒸发装置的蒸发速率约为 70 L/h，能在无人监测的条件下安全、可靠地连续运行。蒸残液经取样后，送往桶内干燥装置进行干燥处理。

蒸发后的蒸残液通过输送泵分批送往桶内干燥装置。桶内干燥装置内的干燥容器直接采用 160 L 钢桶。该装置在略低于常压的条件下，使用加热空气的模式大大提高了这套工艺的处理能力。桶内干燥装置的蒸发速率约为 4 L/h，能在无人监测的条件下连续运行，该设备设计简单，运行速率低，有自动控制和安全关闭的功能。设备设计还考虑了温度限制等安全措施。

5.4.5　膜技术

放射性废水的膜处理技术应用最多的是压力驱动式膜分离技术，主要有微滤、超滤、纳滤和反渗透。在压力驱动式膜分离系统中，被处理料液在压力推动下部分液体组分通过膜元件成为渗透液或透过液；未能通过膜元件的液体组分为浓缩液或截留液。这种膜处理的过程也被称为错流过滤[46-50]。由于透过液和浓缩液在处理过程中都处于流动状态，因此膜元件不容易被堵塞。膜技术水处理原理示意图如图 5-32 所示。

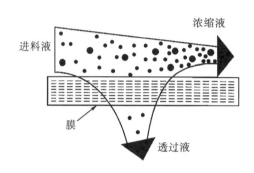

图 5-32　膜技术水处理原理示意图

压力驱动式膜分离技术的主要差异在于膜孔径大小，其决定了分离不同尺寸范围杂质的效果。不同膜分离过程对应的孔径范围及相对应的有效截留对象如图 5-33 所示。

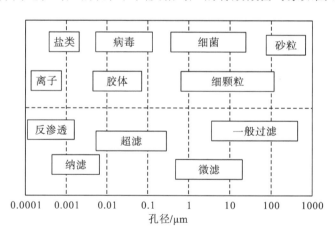

图 5-33　膜孔径范围及相对应的有效截留对象

膜处理系统的主要设备包括膜组件、相关的泵和储罐、控制装置、计量装置和清洗系统等。膜处理系统可以设计制造为固定装置、台架式装置或可用于多用户的移动式装置。

膜处理系统产生的二次废物主要有截留物、浓缩液、废清洗液和废膜元件。微滤和超滤过程产生的截留物可收集后脱水或干燥处理。反渗透和纳滤过程产生的浓缩液可进一步浓缩后进行固化或干燥处理。膜的清洗尽可能地选择易处理的清洗液，如除盐水、过氧化氢溶液等。除盐水、过氧化氢溶液可以返回膜处理系统处理。

废膜元件可采用分解、破碎和压实的方法进行处理，如果膜分离元件是可燃材料或可热解材料，则可采用焚烧方法处理。

1. 微滤

微滤可以去除颗粒和较大的胶体。微滤在放射性废水处理实践中仅用于处理受放射性污染的地下水。加拿大 AECL Chalk River 实验室采用微滤技术净化被污染的地下水和土壤。该处理系统采用了一种孔径为 0.2 μm 的中空纤维微滤膜系统。污染土首先采用淋洗液进行浸出，洗出液和被污染的地下水在调料后进行第一级微滤除去较大的颗粒物。第一级微滤滤出液在添加吸附剂后进行第二级微滤。第二级微滤的滤出液监测排放。微滤产生的截留物采用压滤或蒸发处理。加拿大 AECL Chalk River 实验室在 1991 年 7 月的中试验证阶段，大约 120 m³ 被污染的地下水得到了净化。^{90}Sr 的浓度从 1700～3900 Bq/L 降到 2 Bq/L，比加拿大饮用水标准中 ^{90}Sr 的限值还要低。

美国 1996 年在 Rocky Flats 也建设了一个用于处理被铀、重金属和有机毒性材料污染的地下水的微滤处理系统。该系统包括一个膜孔径为 0.1 μm 的管式微滤装置，其对铀同位素的去除效率超过 99.9%。

2. 超滤

超滤可以去除大分子，如蛋白质和较小的胶体，但是不能截留离子。超滤在放射性废水处理中可用于替代并优于传统的过滤处理。与滤芯式过滤器或活性炭相比，超滤膜能够滤除粒径更小的放射性物质，如 ^{58}Co 等微米级以下颗粒或胶体。超滤的运行方式为错流过滤，因此超滤膜不易堵塞，而且减少了固体废物量。超滤通常用作反渗透或离子交换过程的预处理。超滤的截留液返回被处理料液的供料槽重复进行超滤，也可以在返回供料槽的管道设置固体颗粒收集系统 CSC，将浓缩液中的一些颗粒物进行收集，以避免进料液中的污染物逐步增多而影响超滤的正常运行。美国 Callaway 核电厂的超滤处理工艺流程示意图如图 5-34 所示。

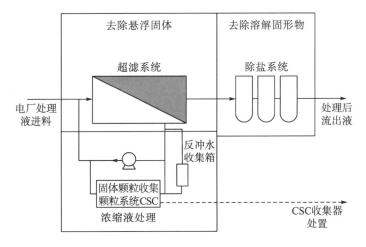

图 5-34　美国 Callaway 核电厂的超滤处理工艺流程示意图

3. 纳滤

有人称纳滤为"宽松的反渗透",因为纳滤膜可以截留小分子物质和高价离子,所以允许一价离子和水分子通过。由于纳滤膜的这种特性,使纳滤可以用于硼酸回收。在纳滤膜处理系统中,纳滤在允许硼酸随透过液通过时截留了其他放射性的颗粒物和高价离子,硼酸在透过液中得到回收和再利用。

4. 反渗透

反渗透常用于纯净水制备、海水淡化和废水的处理,反渗透膜可以去除所有离子,允许水分子通过。

在核电厂放射性废水处理中,反渗透可用于核岛的地面排水、反应堆停堆检修废水、废树脂冲洗水及其他废水的处理。为延长反渗透膜元件的使用寿命和降低清洗频率,通常反渗透结合超滤一起运行。

三门核电移动式废水处理系统是一个可移动的废液处理系统,采用以反渗透为主的处理工艺。它主要用于处理 0.25%燃料元件包壳破损率下的冷却剂类疏水等超出核岛废液系统处理能力的各类疏水。移动式废水处理系统装载在一个 20 英尺的标准集装箱体内,处理能力约为 5 m^3/h。三门核电移动式废水处理系统工艺流程简图如图 5-35 所示。

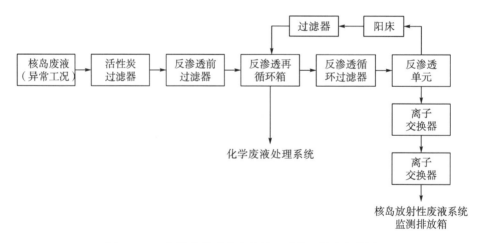

图 5-35　三门核电移动式废水处理系统工艺流程简图

正常工况下,单台机组核岛内固定式的过滤与离子交换工艺已具备了处理废液的能力。仅异常工况(如 0.25%燃料元件包壳破损时),移动式废水处理系统才会投入运行。经移动式废水处理系统处理后的废液将送往核岛的监测箱进行取样和监测排放。移动式废水处理系统浓集的污水与其他二次废物均送往场址废物处理设施(SRTF)进行最终处理与废物包装。

来自核岛的废水通过电导率仪表与压力仪表之后进入活性炭床,去除废水中的大部分悬浮颗粒物、氧化物和有机物。然后进入反渗透前过滤器进行进一步精处理,使得反渗透循环箱进水不含颗粒杂质。反渗透循环箱是反渗透系统的一个浓集污水暂存点与循环点,它将箱内循环浓集污水送往下游处理单元。来自反渗透循环箱的废液经 pH 调节后送往反渗透循环过滤器，该过滤器作为反渗透前过滤器的备用，确保杂质颗粒被截留在膜处理系统之外。经过预处理的废水随后进入反渗透单元，去除更细小的颗粒物、胶体、有机物、盐类与其他溶解性固体。反渗透透过液排往两个离子交换器，这两个离子交换器装有阳床介质、阴床介质或混床介质。离子交换器将进一步对废水中的杂质进行净化。处理后废水流出液经过流量、电导率、pH 监测仪表等，随后回到核岛放射性废液系统的监测箱进行监测、分析与排放。反渗透单元的浓集污水再经过离子交换器去除硬度与部分核素，随后送回反渗透循环箱，进入下一处理循环，或者排往化学废液屏蔽转运容器中。

美国 Wolf Creek 核电厂安装了一套 ZERO 系统。该系统包括一个管式超滤(TUF)装置、螺旋卷式反渗透(SRO)装置、桶内干燥器(DD)和离子交换除盐装置。ZERO 系统的工艺流程如图 5-36 所示。

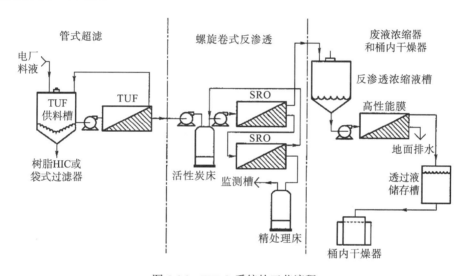

图 5-36　ZERO 系统的工艺流程

近些年美国核电厂将膜技术与普通过滤、离子交换和蒸发等处理技术优化组合在一起，逐渐形成一整套包括膜技术在内的核电厂放射性废水处理流程。美国 Seabrook、Wolf Creek、Callaway、Fort Calhoun、Vogtle、Salem 等核电厂成功使用超滤、反渗透和离子交换的处理流程处理放射性废水，减少了放射性核素向环境的排放量和最终处置的废物包量[51]。国内暂时处于科研阶段，但是国外已经发展成熟、应用广泛，膜技术也将是未来重点科研方向。国外应用总结如表 5-6 所示。

表 5-6　膜技术处理放射性废水中的应用

主工艺	核设施	废液种类
反渗透	加拿大 AECL Chalk River 实验室	反应堆回路冷却水，同时回收硼酸
	印度核设施，废水反渗透处理装置，体积浓缩倍数为 10，净化系数为 8～10	$3.7×10^6$Bq/L 的低放废水
传统预处理-反渗透	美国 Nine Mile Point 核电站；废物减容比为 62200	沸水堆地面冲洗水和各种各样的其他废水
	美国 Pilgrim 核电厂	沸水堆地面冲洗水和各种各样的其他废水

主工艺	核设施	废液种类
超滤-反渗透	美国 Wolf Creek 核电厂	压水堆地面冲洗水、堆储运损耗废水、废树脂冲洗水等
	美国 Comanche Peak 核电厂	地面冲洗水、树脂冲洗水、硼循环水
	美国 Dresden 核电厂	TRU 污染的废液
	美国 Bruce 核电厂	蒸汽发生器化学清洗废水
	美国萨凡纳后处理厂	后处理设施的废液、军工遗留废液
微滤-反渗透	加拿大 AECL Chalk River 实验室	蒸汽发生器化学去污废液；实验室产生的废液，放射性浓度 2×10^5 Bq/L(^{50}Mn、^{51}Cr、^{60}Co、^{95}Zr、^{103}Ru、^{144}Ce)

5.4.6 紫外线处理

用紫外线照射进行水处理是一种非常快速的物理处理方法。紫外线照射能导致微生物的基因(DNA)发生分子重排，破坏微生物生存和繁殖的能力。不同紫外线的破坏能量和能力不同。常用的紫外线波长有两种，即 185 nm(破坏 TOC——总有机碳)和 254 nm(杀灭生物体)。紫外线处理可以用于过滤、除盐、膜处理工艺的预处理过程。紫外线处理示意图如图 5-37 所示。

美国、韩国等采用紫外线照射对控制区工作服和淋浴洗涤产生的含有洗涤剂的洗涤废水进行处理。

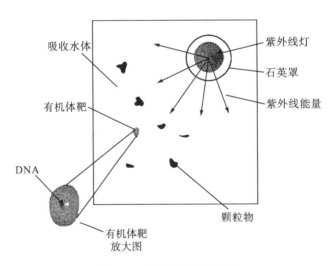

图 5-37 紫外线处理示意图

5.4.7 臭氧处理

臭氧(O_3)是强氧化剂和杀菌剂，活性高、反应迅速且无副产物生成。臭氧作为杀菌剂和消毒剂常用于处理冷却水系统。臭氧结合紫外线技术进行预处理，能有效氧化水中的 TOC 和有机物，减少二次固体废物生成。地面排水经过滤、除盐、深床除盐后，含 TOC 浓度高的废水送至臭氧和紫外线装置进行处理。废水中的 TOC 经臭氧和紫外线系统处理后分解成水、二氧化碳和短链有机物，再经设备排水系统的过滤器和深床除盐器去除。

主要设备有：一个水槽，内设蛇形接触器，每段槽的底部装有卧式气体喷雾器，臭氧经转子流量计进料到喷雾器内；一台臭氧发生器，臭氧发生器生成含量约为 3%（质量分数）的臭氧；紫外线杀菌灯（波长为 253.7 nm）。每段接触器内都装有等距立式吊灯。

臭氧和紫外线处理系统的正常操作流量是每分钟 25 L 左右。无二次废物产生，但需要良好的通风来排放残余的臭氧和生成的二氧化碳。

美国 Duane Arnold、Dresden 和 Susquehanna 核电厂（都为沸水堆核电厂）用臭氧和紫外线处理降低地面排水的 TOC 水平。美国 Surry 核电厂（压水堆核电厂）用臭氧和紫外线作为过滤和反渗透段的预处理，去除胶体氧化硅。美国沸水堆 Duane Arnold 核电厂的废水处理系统流程如图 5-38 所示。

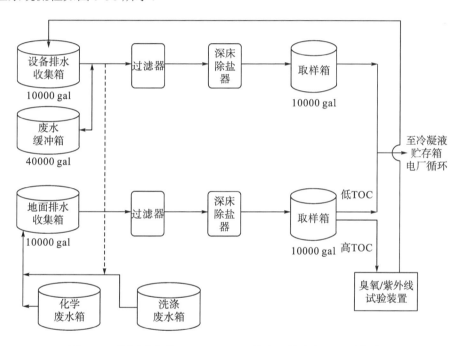

图 5-38　美国沸水堆 Duane Arnold 核电厂的废水处理系统流程

5.4.8　化学添加剂注入

美国开发了一种化学添加剂注入系统。该系统是将特殊的化学添加剂连续注入被处理废水中，再结合深床过滤、离子交换技术的放射性废水处理系统。美国一些核电厂采用该处理系统取代了传统的蒸发处理过程，节省了处理成本，减少了二次废物产生量。

放射性废水首先通过前置活性炭床过滤去除部分固体颗粒物、有机物和胶体。在前置活性炭床的废水管道上，经计量泵准确、适量地注入一种聚合物电解质。放射性废水中的细小颗粒物和胶体携带了 ^{58}Co、^{60}Co 等放射性核素，注入的聚合物电解质有助于废水在通过后置活性炭床时将这些废物的大部分去除。然后废水再经除盐系统除去溶解的放射性核素，监测合格后循环复用或直接排放。该系统工艺流程如图 5-39 所示。

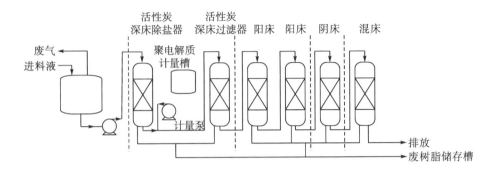

图 5-39　化学添加剂注入和离子交换系统工艺流程

化学添加剂注入废水处理系统主要由进料泵/控制模块、化学注入系统、活性炭床/除盐床组成。化学添加剂注入处理系统产生的二次废物主要是活性炭过滤介质和废树脂。这些二次废物装入高整体容器脱水后送往暂存库储存或处置场进行最终处置。美国已经在20 多个核电厂采用该工艺，每年处理放射性废水约 265000 m^3，去污因子可以达到 10000，1 m^3 介质可处理 800～1000 m^3 废水。

5.4.9　小结

放射性废水处理工艺的主要指标是去污因子和减容倍数，以上介绍的废水处理方法各有优缺点，其比较列于表 5-7 中。每种放射性废水在处理时，通常根据废水的物理化学性质、源项等情况选择不同的处理方式，同时需要考虑二次废物的处理等问题。

表 5-7　放射性废水处理方法比较

处理方法	适用范围	主要优缺点	应用情况
过滤	各种废水	仅能去除颗粒杂质，一般作为预处理，去污因子通常很低	几乎所有核电厂
离子交换	工艺废水	去污因子通常为 10～100，能耗低；仅适合处理含盐量低的废水；二次废物废树脂处理较困难	所有压水堆核电厂
蒸发	各种放射性废水	去污因子通常为 10^3～10^6，减容倍数高；设备复杂，建设和运行费用高	美国、俄罗斯、法国、德国、日本、中国等
化学添加剂注入处理	工艺废水、地面疏水	配合深床过滤作为离子交换的预处理，总去污因子可大于 10^4；检测和添加设备要求较高，可制作成移动式处理装置	美国等
膜处理	工艺废水、地面排水、洗涤废水等	去污因子在 10～10^3，操作简单，二次废物量少，能耗低；膜需要定期清洗，通常用于处理放射性活度浓度较低的废水	美国、加拿大等
紫外线处理	洗涤废水	破坏废水中的 TOC 和有机物，作为离子交换、膜处理等的预处理；无二次废物	美国、韩国等
臭氧处理	地面疏水	破坏废水中的 TOC 和有机物，作为离子交换、膜处理等的预处理；无二次废物；需要良好的通风	美国、德国等

（编写：方祥洪；审订：陆春海）

习　题

1. 放射性废水的分类及其特点是什么？
2. 简述放射性废水的处理常用方式及其各优缺点。
3. 简述放射性废水处理方法与其他工业废水处理方法的异同及其特点。
4. 比较离子交换法、反渗透法和电渗析法三者的原理和特点。
5. 试述气浮法处理废水的原理。这种方法有哪几种类型？哪种性质的废水宜采用气浮法？乳化油废水能否采用气浮法处理？
6. 用吸附法处理废水可以达到使水极为洁净。那么，是否对处理要求高、出水要求高的废水，原则上都可以采用吸附法？为什么？
7. 从水中去除某些离子(如脱盐)，可以用离子交换法和膜分离法。当含盐浓度较高时，应该用离子交换法还是膜分离法？为什么？
8. 如何合理选择废水处理的总体方案？请设计一种含酚废水的三级处理工艺流程图。
9. 雨水的收集和利用是水资源可持续利用的重要措施之一，既可以增加水资源，也可以控制雨水径流污染，改善生态环境。讨论一下雨水的收集、处理和回用方法(如地下储雨池、地下渗水井和渗水装置、地上储雨容器、收集雨水灌溉绿地或渗入地下补充地下水等)。

参 考 文 献

[1] 赵慧平, 何守安. 水圈：绿水的忧愁[M]. 沈阳：辽宁人民出版社, 1991.

[2] 霍恩 R A. 海洋化学：水的结构与水圈的化学[M]. 北京：科学出版社, 1976.

[3] 潘懋, 李铁峰. 环境地质学[M]. 北京：高等教育出版社, 1997.

[4] 达娜·德索尼. 水圈：干涸的生命之源[M]. 李咏梅, 曾庆玲, 译. 上海：上海科技教育出版社, 2011.

[5] 陆桂华. 水文循环过程与定量预报[M]. 北京：科学出版社, 2010.

[6] Sarkar D, Datta R. Concepts and Applications in Environmental Geochemistry. Amsterdam：Elsevier, 2007

[7] 河村公隆. 大气·水圈的地球化学[M]. 东京：培风馆, 2005.

[8] 吕伯西. 地球大气圈、水圈和硅铝质大陆地壳的成生[M]. 昆明：云南科技出版社, 2012.

[9] 蒋展鹏. 环境工程学(第二版)[M]. 北京：高等教育出版社, 2005.

[10] 陈俊合, 江涛, 陈建耀. 环境水文学[M]. 北京：科学出版社, 2019.

[11] 林永波, 李慧婷, 李永峰. 基础水污染控制工程[M]. 成都：四川大学出版社, 2010.

[12] 王莉莉. 水体污染与自净方法分析 [J]. 民营科技, 2015(7): 45.

[13] 何晓文, 伍斌. 水体污染处理新技术及应用[M]. 合肥：中国科学技术大学出版社, 2013.

[14] 黄文红. 浅谈水体污染与自净机制 [J]. 江西水利科技, 2000, 26(4): 222-224

[15] 冯绍元. 环境水利学[M]. 北京：中国农业出版社, 2016.

[16] 梁吉艳, 崔丽, 王新. 环境工程学[M]. 北京：中国建材工业出版社, 2014.

[17] 胡洪营, 黄晶晶, 孙艳, 等. 水质研究方法[M]. 北京：科学出版社, 2015.

[18] 康维钧, 张翼翔, 潘洪志, 等. 水质理化检验[M]. 2 版. 北京: 人民卫生出版社, 2015.

[19] 日本川崎市水质研究所. 水质管理指标[M]. 凌绍森, 译. 北京: 中国环境出版社, 1988.

[20] 石全波. 水质理化指标检测工作页[M]. 北京: 化学工业出版社, 2016.

[21] 夏宏生. 供水水质检测 2: 水质指标检测方法[M]. 北京: 中国水利水电出版社, 2014.

[22] 谢丹丹. 水质监测与调控技术实训[M]. 厦门: 厦门大学出版社, 2015.

[23] 赵锂, 沈晨, 匡杰, 等. 《饮用净水水质标准》的水质指标修订[J]. 给水排水, 2016, 42(9): 140-144

[24] 林青川, 林涛, 周银行, 等. 水中总 α、总 β 放射性测量[A]. 第二届全国核技术及应用研究学术研讨会. 中国四川绵阳, 2009. 9.

[25] 李潜, 缪应祺, 张红梅. 水污染控制工程[M]. 北京: 中国环境出版社, 2013.

[26] 刘咏, 张爱平, 雷弢, 等. 水污染控制工程课程设计案例与指导[M]. 成都: 四川大学出版社, 2016, 153.

[27] 宋志伟, 李燕. 水污染控制工程[M]. 徐州: 中国矿业大学出版社, 2013.

[28] 王婧. 城市水污染的控制规划研究 [J]. 科技创新与应用, 2017 (6): 185.

[29] 吴向阳. 水污染控制工程及设备[M]. 北京: 中国环境出版社, 2015.

[30] 周霞. 水污染控制技术[M]. 广州: 广东高等教育出版社, 2014.

[31] 李亚新. 活性污泥法理论与技术[M]. 北京: 中国建筑工业出版社, 2007.

[32] 张建丰. 活性污泥法工艺控制[M]. 北京: 中国电力出版社, 2007.

[33] 贺延龄. 废水的厌氧生物处理[M]. 北京: 中国轻工业出版社, 1998.

[34] 胡纪萃. 废水厌氧生物处理理论与技术[M]. 北京: 中国建筑工业出版社, 2003.

[35] 张希衡. 废水厌氧生物处理工程[M]. 北京: 中国环境出版社, 1996.

[36] 郑元景. 污水厌氧生物处理[M]. 北京: 中国建筑工业出版社, 1988.

[37] 雷电, 王东晖, 王珍珍. 污水自然生物处理组合技术研究进展 [J]. 科技情报开发与经济, 2005 (5): 167-169

[38] 顾忠茂. 核废物处理技术[M]. 北京: 中国原子能出版社, 2009.

[39] 侯若梦, 贾瑛. 放射性废水处理技术研究进展 [J]. 环境工程, 2014(A1): 57-60.

[40] 李红, 于涛, 梁诗敏. 放射性废水处理技术简介 [J]. 江西化工, 2017(1): 7-10.

[41] 骆大星. 科学技术成果报告 低、中水平放射性废水处理、处置的发展概况 调研报告[M]. 中国科学院原子能研究所, 1976.

[42] 商冉, 裴承新. 放射性废水处理技术研究进展[A]//中国化学会第 30 届学术年会摘要集-第三十四分会: 公共安全化学. 中国辽宁大连, 2016.1.

[43] 周书葵. 放射性废水处理技术[M]. 北京: 化学工业出版社, 2012.

[44] 罗再青. 放射性废水蒸发器的运行经验 [J]. 国外核新闻, 1981(10): 26-27.

[45] 王佑君, 杨庆, 侯立安. 小型放射性废水蒸发装置设计 [J]. 科技导报, 2008(5): 74-77.

[46] 方祥洪, 马若霞, 任力, 等. 膜技术在放射性废水处理中的应用研究 [J]. 广州化工, 2014(20): 17-18.

[47] 王建龙, 刘海洋. 放射性废水的膜处理技术研究进展 [J]. 环境科学学报, 2013, 33(10): 2639-2656.

[48] 叶昌婷, 梁情. 放射性废水的膜处理技术研究进展 [J]. 环球人文地理, 2016(12): 1.

[49] 张维润, 樊雄. 膜分离技术处理放射性废水 [J]. 水处理技术, 2009(10): 1-5.

[50] 张雅琴, 张林, 侯立安. 膜分离技术在放射性废水处理中的应用 [J]. 科技导报, 2015, 33(14): 24-27.

[51] 马若霞, 杨彬, 许国静, 等. 反渗透膜处理放射性废水的研究 [J]. 水污染及处理, 2017, 5(4): 86-92.

第6章　固体废物污染与防治

6.1　概　述

固体废物是指在生产、生活和其他活动中产生的丧失原有利用价值或者虽未丧失利用价值但被抛弃或放弃的固态、半固态和置于容器中的气态的物品、物质，以及法律、行政法规规定纳入固体废物管理的物品、物质。

固体废物的分类方法有多种，按其组成可分为有机废物和无机废物；按其形态可分为固态废物、半固态废物和液态(气态)废物；按其污染特性可分为危险废物和一般废物等；按其来源可分为矿业的、工业的、城市生活的、农业的和放射性的等。

此外，固体废物还可分为有毒的和无毒的两大类。有毒有害固体废物是指具有毒性、易燃性、腐蚀性、反应性、放射性和传染性的固体、半固态废物[1]。固体废物对环境和人类的污染如下[2]。

1. 对土壤的污染

固体废物若长期露天堆放，其有害成分在地表径流和雨水的冲刷、渗透作用下通过土壤孔隙向四周和纵深的土壤迁移。在迁移过程中，有害成分被土壤所吸附。通常，由于土壤的吸附能力和吸附容量很大，随着渗滤水的迁移，使有害成分在土壤固相中呈现不同程度的积累，导致土壤成分和结构的改变，植物又是生长在土壤中的，间接又对植物产生了污染，有些土地甚至无法耕种。例如，污泥的填埋和二次利用，会造成土壤的二次污染，也会造成生物污染和重金属污染等。

2. 对大气的污染

废物中的细粒、粉末随风扬散；在废物运输及处理过程中缺少相应的防护和净化设施，释放有害气体和粉尘；堆放和填埋的废物及渗入土壤的废物，经挥发和反应放出有害气体，都会污染大气并使大气质量下降。

3. 对水体的污染

如果将有害废物直接排入江、河、湖、海等，或者是露天堆放的废物被地表径流携带进入水体，或者是飘入空中的细小颗粒通过降雨的冲洗沉积和凝雨沉积及重力沉降和干沉积而落入地表水系，水体都可溶解出有害成分毒害生物，造成水体严重缺氧、富营养化，导致鱼类死亡等。

有些未经处理的垃圾填埋场或垃圾箱经雨水的淋滤作用，或者废物的生化降解产生的沥滤液，含有高浓度悬浮固态物和各种有机与无机成分，如果这种沥滤液进入地下水或浅蓄水层，则问题就变得难以控制。

　　倾入海洋中的塑料对海洋环境危害很大,因为它对海洋生物是最为有害的。海洋哺乳动物、鱼、海鸟及海龟都会受到抛入海中的废弃鱼网缠绕的危险。

4. 对人体的危害

　　生活在环境中的人,以大气、水、土壤为媒介,可以将环境中的有害废物直接由呼吸道、消化道或皮肤摄入人体,使人致病。

　　废物是一个相对概念,往往一种过程中产生的固体废物可以成为另一过程的原料或可以转化成另一种产品。因此固体废物有"放错位置的原料"之称。固体废物的利用包括生产工艺过程中的循环利用、回收利用等。

5. 对生物的危害

　　固体废物的有害物质会改变土质成分和土壤结构,有毒废物还能杀伤土壤中的微生物和动物,破坏土壤生态平衡,影响农作物生长,某些有毒物质特别是重金属和农药,会在土壤中累积并迁移到农作物中。

6.2　固体污染物的防治

　　固体废物的处理通常是指物理、化学、生物、物化及生化方法把固体废物转化为适于运输、储存、利用或处置的过程,固体废物处理的目标是无害化、减量化、资源化。固体废物含有的成分相当复杂,其物理性状(体积、流动性、均匀性、粉碎程度、水分、热值等)也千变万化,因此,其处理难度较大。目前主要采用的方法有压实、破碎、分选、固化、焚烧、生物处理等[3-6]。

6.2.1　压实

　　压实是一种通过对废物实行减容化、降低运输成本、延长填埋寿命的预处理技术,压实是一种普遍采用的固体废物的预处理方法,如汽车、易拉罐、塑料瓶等通常首先采用压实处理,不适用于压实减少体积处理的固体废物,不宜采用压实处理。某些可能引起操作问题的废物,如焦油、污泥或液体物料,一般也不宜做压实处理。但是超级压缩目前是核电固体废物减容的一种先进技术。

6.2.2　破碎技术

　　为了使进入焚烧炉、填埋场、堆肥系统等废物的外形减小,必须预先对固体废物进行破碎处理,经过破碎处理的废物,由于消除了大的空隙,不仅尺寸大小均匀,而且质地也均匀。固体废物的破碎方法有很多,主要有冲击破碎、剪切破碎、挤压破碎、摩擦破碎等,此外,还有专有的低温破碎和混式破碎等。

6.2.3　分选技术

固体废物分选是实现固体废物资源化、减量化的重要手段，一种是通过分选将有用的成分选出来加以利用，将有害的成分分离出来；另一种是将不同粒度级别的固体废物加以分离，分选的基本原理是利用物料的某些性能方面的差异，将其分离开。例如，利用废物中的磁性和非磁性差别进行分离、利用粒径尺寸差别进行分离、利用比重差别进行分离等。根据不同性质，可设计制造各种机械对固体废物进行分选，分选包括手工拣选、筛选、重力分选、磁力分选、涡电流分选、光学分选等。

6.2.4　固化处理技术

固化技术是通过向废弃物中添加固化基材，使有害固体废物固定或包容在惰性固化基材中的一种无害化处理过程，经过处理的固化产物应具有良好的抗渗透性和机械性，以及抗浸出性、抗干湿、抗冻融特性。固化处理根据固化基材的不同可分为沉固化、沥青固化、玻璃固化及胶质固化等。

6.2.5　焚烧和热解技术

焚烧法是固体废物高温分解和深度氧化的综合处理过程，好处是大量有害的废料分解而变成无害的物质。由于固体废物中可燃物的比例逐渐增加，因此采用焚烧方法处理固体废物，利用其热能已成为必然的发展趋势。由于此种处理方法，固体废物占地少，处理量大，因此为保护环境，焚烧厂多设在 10 万人口以上的大城市，并设有能量回收系统。日本由于土地紧张，因此采用焚烧法逐渐增多。焚烧过程获得的热能可以用于发电、供居民取暖，以及用于维持温室室温等。目前日本及瑞士每年把超过 65%的都市废料进行焚烧而使能源再生。但是焚烧法也有缺点，如投资较大、焚烧过程排烟造成二次污染、设备锈蚀现象严重等。

热解是将有机物在无氧或缺氧条件下高温(500~1000℃)加热，使其分解为气、液、固 3 类产物。与焚烧法相比，热解法则是更有前途的处理方法，它最显著的优点是基建投资少。

6.2.6　生物处理技术

生物处理技术是利用微生物对有机固体废物的分解作用使其无害化，可以使有机固体废物转化为能源、食品、饲料和肥料，还可以用来从废品和废渣中提取金属，是固化废物资源化有效的技术方法，目前应用比较广泛的有堆肥化、沼气化、废纤维素糖化、废纤维饲料化、生物浸出等。

6.3　放射性固体废物处理技术

放射性固体废物主要来源于核设施正常运行和维修产生废树脂、废过滤介质、浓缩液、废滤芯、放射性淤泥及杂项干固体废物和混合废物等。

压水堆核电厂放射性固体废物通常可分为湿废物和干废物。湿废物又包括废树脂、废过滤介质、浓缩液、废滤芯和放射性淤泥；而干废物包括技术废物和混合废物等[7,8]。

废树脂：从处理含有或可能含有放射性核素液体使用的除盐器排出的废离子交换树脂。通常来自一回路冷却剂各系统和乏燃料水池冷却水处理系统除盐器排出的废树脂放射性活度较高，来自废水处理系统除盐器的废树脂放射性活度中等，来自二回路水处理系统除盐器排出的废树脂不含放射性或放射性活度很低。

废过滤介质：有一些压水堆核电机组在设计中采用颗粒状活性炭或沸石等过滤或吸附介质处理放射性废物(如 AP1000 机组)，这些废过滤介质从废水处理系统的深床过滤器排出，放射性活度中等。

废滤芯：从处理含有或可能含有放射性核素液体使用的滤芯式过滤器卸出的废过滤器芯。通常来自一回路冷却剂各系统和乏燃料水池冷却水处理系统过滤器的废滤芯放射性活度较高，来自废水处理系统过滤器的废滤芯放射性活度中等，来自二回路水处理系统废滤芯的放射性活度很低。

浓缩液：从处理放射性废水的蒸发器或膜处理等设备中排出的浓缩后液体。浓缩液的放射性活度浓度由被处理液体的活度浓度和浓缩程度来决定。

放射性淤泥：从放射性废水储存和处理过程中产生的含有放射性核素的沉淀物。

技术废物：也称杂项干固体废物，是来自核电厂运行过程中被放射性污染的各种固体废物的总称，这些废物包括废弃的擦拭物、纸张、塑料制品、保温材料，以及检修时更换下的设备、管道、电气零部件等固体废物。杂项干固体废物可分为可压实废物和不可压实废物，或者可燃废物和不可燃废物。

废通风过滤器芯：从核电厂放射性控制区采暖、通风和空调系统卸下的废过滤材料。废通风过滤器芯通常放射性水平很低，一些废通风过滤器芯的放射性水平经过一段时间衰变后可以达到免管或解控水平。

用于堆芯测量的特殊废物：有些压水堆核电厂(如俄罗斯 WWER 堆型)在进行维修作业时有时会产生一些从堆芯拆下的较高放射性水平的废金属部件，如废中子及温度测量通道(NF&TMC)和废电离室(1C)。这些废金属部件的高放射性水平是由于其结构材料在堆芯被中子活化造成的。

放射性固体废物分类如下。

(1) 含有半衰期小于或等于 60 天的放射性核素的废物，按其放射性比活度水平分为 3 级。

第 I 级(低放废物)：比活度大于 7.4×10^4 Bq/kg，小于或等于 3.7×10^7 Bq/kg。

第 II 级(中放废物)：比活度大于 3.7×10^7 Bq/kg，小于或等于 3.7×10^{11} Bq/kg。

第 III 级(高放废物)：比活度大于 3.7×10^{11} Bq/kg。

(2) 含有半衰期大于 60 天、小于或等于 5a(包括核素钴-60)的放射性核素的废物，按其放射性比活度水平分为 3 级。

第 I 级(低放废物)：比活度大于 7.4×10^4 Bq/kg，小于或等于 3.7×10^6 Bq/kg。

第 II 级(中放废物)：比活度大于 3.7×10^6 Bq/kg，小于或等于 3.7×10^{11} Bq/kg。

第 III 级(高放废物)：比活度大于 3.7×10^{11} Bq/kg。

(3) 含有半衰期大于 5a、小于或等于 30a(包括核素铯-137)的放射性核素的废物，按其放射性比活度水平分为 3 级。

第 1 级(低放废物)：比活度大于 $7.4×10^4$ Bq/kg，小于或等于 $3.7×10^6$ Bq/kg。

第 2 级(中放废物)：比活度大于 $3.7×10^6$ Bq/kg，小于或等于 $3.7×10^{10}$ Bq/kg。

第 3 级(高放废物)：比活度大于 $3.7×10^{10}$ Bq/kg。

(4) 含有半衰期大于 30a 的放射性核素的废物，按其放射性比活度水平分为 3 级。

第 1 级(低放废物)：比活度大于 $7.4×10^4$ Bq/kg，小于或等于 $3.7×10^6$ Bq/kg。

第 2 级(中放废物)：比活度大于 $3.7×10^6$ Bq/kg，小于或等于 $3.7×10^9$ Bq/kg。

第 3 级(高放废物)：比活度大于 $3.7×10^9$ Bq/kg。

放射性固体废物处理目前常用的有水泥固化处理技术、沥青固化处理技术、塑料固化处理技术、玻璃固化处理技术、压实和超级压缩、焚烧、高整体容器(HIC)直接包装、湿法氧化、蒸汽重整等[9-13]。

6.3.1　固体放射性废物分拣技术

放射性废物分拣系统主要分拣低放、固体的放射性废物。将放射性废物进行合理的储存、科学分类和优化处理，具有很大的经济效益与社会效益，同时可以实现放射性废物的最小化要求。该系统由 200 L 桶投料系统、空桶传送辊道系统、废物分拣传送带系统、废物桶定位系统、人工分拣工位、负压抽气系统、辐射剂量率测量仪等子系统组成。

废物分拣的主要目的是把放射性废物按照后续处理工艺的需要进行分类，并对能够预压的放射性废物进行预压，为后续的超压做好准备。典型的放射性废物分拣系统工艺简图如图 6-1 所示。

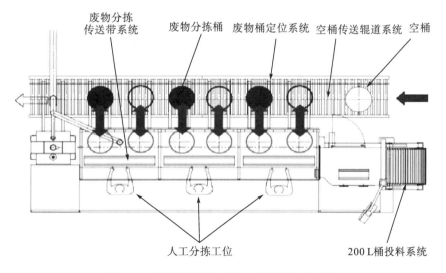

图 6-1　典型的放射性废物分拣系统工艺简图

低放废物分拣箱一般处于超级压缩系统、水泥固定系统的前端。系统布置可根据用户的实际要求来设计，但要符合核设施建筑的有关规定。

将 200 L 桶中用塑料袋包装的废物，由皮带输送到分拣箱中。它是由具有表面保护框架碳钢型材及板材组成的，传送带由电驱动，对装有固体废物的塑料袋进行传送。皮带传送装置将废物传送到分拣工位。工人戴着橡胶手套对废物进行人工分拣，手套被固定在分拣箱正面，手套开口在水平方向移动。桶内预压为封闭的钢框架由碳钢制成。桶内预压用于压缩的压头是由不锈钢制成的。

预压机主要用于被污染的工作服、口罩、手套和纸张等软废物的减容，也可用于被污染的玻璃器皿及保温材料的减容。桶内压缩一般在 200 L 钢桶内进行，压缩机压头压力一般为 200～300 kN。桶内压缩的设备和操作十分简单，在压缩室中将废物装入 160 L 或 200 L 钢桶内，分多次压实。预压机照片如图 6-2 所示。

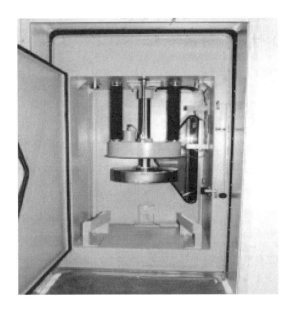

图 6-2　预压机照片

6.3.2　水泥固化处理技术

水泥固化是最早开发和现在仍然广泛采用的放射性废物的处理方法。水泥固化是利用由水泥和其他添加物混合所形成混凝土的物理包容和吸附作用实现对放射性核素的固结。采用水泥和其他添加物作为固化材料，除了材料来源广泛、价格低廉、操作简单，其固化产物还具有良好的抗压强度、耐辐照、耐热性能和自屏蔽能力[14-17]。水泥固化主要用于对废树脂和浓缩液进行固化处理。

1.流程描述

核电厂对废树脂和浓缩液进行水泥固化一般采用桶内混合或桶外混合。桶内混合水泥固化是将废树脂、淤泥或浓缩液、必要的水和水泥干混料加入废物包装容器中(也可以边搅拌边加入)，把混合器插入废物桶中旋转，将废物和固化材料搅拌均匀。搅拌均匀后的水泥浆在桶内养护凝固。桶内混合水泥固化的处理能力不高，废物桶的填充率低(一般不超过 90%)，容易产生粉尘。

桶外混合水泥固化是将废树脂、淤泥或浓缩液、必要的水和水泥干混料加入批式桶外混合器中搅拌均匀，然后将搅拌均匀的水泥浆排入废物包装容器中封盖养护凝固。桶外混合水泥固化的处理能力比桶内混合的处理能力大，废物桶的填充率高(一般可以达到 95%)，不容易产生粉尘，可用于制备混凝土砂浆对废滤芯等废物进行固定。桶外混合水泥固化也可采用方箱作为包装容器，以提高储存区和处置区的空间利用率。

水泥浆用水泥、其他添加料和水按照一定比例混合搅拌均匀，具备一定的流动性，用于对废滤芯、超级压缩产生的废物饼等废物的固定。水泥浆对放射性废物起到稳定和包容作用，同时也对放射性起到了生物屏蔽作用，减少了废物处理、运输和处置人员所受的辐射照射。

2. 主要设备描述

桶内混合器常用的搅拌桨形式有桨式、框式和螺带式。桨式搅拌桨结构简单、价格低廉，甚至可以每次搅拌后把搅拌桨弃置固化容器内。螺带式搅拌桨搅拌效果最好。

桶外混合器最常见的是间断操作的批式桶外混合器。批式桶外混合器是一个内部带有搅拌桨的密闭容器，搅拌效果好。一次混合操作可装一个容器或多个容器。

3. 二次废物

放射性废物的水泥固化产生的二次废物很少。冲洗混合器产生的少量含灰浆废水可与下一批废物一起固化。

4. 应用情况

法国、德国、英国和日本等核电厂的浓缩液均采用水泥固化处理。由于水泥固化增容较大、核素浸出率较高且废树脂固化体的稳定性差(吸水后易破碎)，因此许多核电厂尝试采用其他更有效的处理方法。

日本采用的改进型水泥固化处理工艺是，先将所需的一定量的熟石灰加入含硼废液中，在一定温度下进行长时间搅拌后过滤，滤液经过蒸发、浓缩后与滤饼混合，后进行水泥固化。采用的高减容水泥固化工艺是先将所需的熟石灰加入含硼废液中，蒸干制粉，然后与普通硅酸盐水泥或矿渣水泥混合进行固化，减容为 50%~80%。

我国台湾开发的含硼浓缩液高效水泥固化技术，将可处理的硼浓度由 21000 ppm 提高到 110000 ppm 以上，采用 200 L 钢桶固化，每桶处理 160 L 浓缩液，加入 100 kg 固化剂。该固化系统由水泥粉体进料子系统、混合子系统及输送子系统组成，以 PLC 操控，可以全自动操作，也可以视需要而转换为手动操作。将固化废物年产量由原来的 400~500 桶降至 20~30 桶。

瑞典采用方形钢容器固化浓缩液和废树脂，用专用屏蔽容器来运输废物包，这种方形钢容器在最终处置时可以实现密集摆放，提高处置空间的利用率。

桶内固化工艺流程简图如图 6-3 所示，分为 5 个工作站。工艺流程为：空桶称桶重→内装填水泥→加料液→搅拌→剂量测量→养护→暂存。图 6-4 所示为行星式双螺旋水泥搅拌桨照片。它带有超声波振动装置，表面涂有纳米材料。

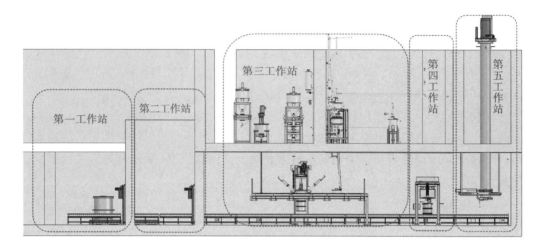

图 6-3 桶内固化工艺流程简图

图 6-4 行星式双螺旋水泥搅拌桨照片

6.3.3 沥青固化处理技术

沥青固化是将熔融的沥青或乳化沥青与浓缩液或废树脂均匀混合，同时蒸发除去水分，装桶冷却后得到固化产品。沥青固化体的废物包容量为 40%～60%（质量分数）。沥青固化产品有较好的抗浸出性和一定的变形承受能力，在受到撞击时不会破碎成小颗粒。

沥青和沥青固化体都是可燃物，必须高度关注沥青固化过程和固化产品的储存、运输及处置工程的火灾风险[18,19]。沥青固化工艺流程有薄膜蒸发法、螺杆挤压法和转鼓固化法。沥青固化工艺的主要设备是蒸发器，如薄膜蒸发器、螺杆挤压机和转鼓蒸发器。沥青固化过程中产生的二次废物主要是可能挟带放射性物质的水蒸气，通过设备蒸汽出口排出，经冷凝后，送废水处理系统处理或排放。一些国内和国外的沥青固化装置曾发生过燃爆事故，因此采用沥青固化的越来越少。

6.3.4　塑料固化处理技术

塑料固化又称为聚合物固化，可用于放射性废树脂和干固体废物的处理。塑料固化可分为热塑性塑料固化和热固性塑料固化。热塑性塑料固化的处理过程类似沥青固化，热固性塑料固化的处理过程类似水泥固化。聚酯固化、环氧树脂固化属于热固性塑料固化；聚乙烯固化、聚氯乙烯固化属于热塑性塑料固化。

塑料固化具有废物包容量高、核素浸出率低的优点。废物包容量可达 40%～60%（质量分数）[20-22]。塑料固化的缺点包括：①耐辐照性能较差，不适合处理高放废物；②需要对废物做脱水处理，要加入引发剂、催化剂、促进剂等添加剂；③塑料固化费用较高。

目前，已经开发的塑料固化工艺比较多，主要有以下几种。

（1）聚酯固化：不饱和聚酯中加入过氧化苯甲酰和二甲基苯胺（或过氧化甲基乙基酮和环烷酸钴）可以在室温条件下固化废树脂。

（2）环氧树脂固化：将脱水的废树脂与环氧树脂材料混合，使每个废树脂颗粒都包覆上环氧树脂材料，再向被包覆的废树脂颗粒加入催化剂，使环氧树脂聚合，3 h 内便固化。固化产品品质优良，但成本较高。

（3）聚苯乙烯固化：德国的聚苯乙烯固化是以苯乙烯和对二乙烯苯的混合物作为交联剂，偶氮二异丁腈或过氧化苯甲酰作为催化剂，工艺过程十分简单。

（4）聚乙烯固化：采用类似沥青固化螺杆挤压机方式将预先加热熔融的聚乙烯与废树脂一起混合，然后浇注到废物包装容器中。

塑料固化的主要设备是混合反应容器。由于塑料固化工艺流程简单、设备不复杂，因此处理系统可制作成移动式固化装置，用于多个核设施放射性废物的处理。

塑料固化产生的二次废物很少。固化过程中产生的气体经高效空气过滤器（high efficiency particulate air filter，HEPA）过滤后送核电厂的烟囱排出。

美国采用聚酯固化和聚乙烯固化处理废树脂，设有固定设施和车载移动设施。法国采用聚酯固化、环氧树脂固化和聚苯乙烯固化处理废树脂和其他废物，设有固定设施和车载移动式固化装置。德国采用聚苯乙烯固化处理废树脂和废溶剂，设有固定设施和车载移动设施。日本采用聚乙烯固化和聚酯固化处理废树脂，设有固定设施。

6.3.5　玻璃固化处理技术

玻璃固化早期主要用于处理高放废物，但为了实现废物最小化和获得优质的固化产品，玻璃固化现在已经用于处理低、中放浓缩液[23-25]。

玻璃是化学性质不活泼的物质，在高温下呈液态，能与很多氧化物共熔，使得高放废水中的放射性核素包容固定在玻璃结构中。玻璃中包容的废物氧化物可达 30%(质量分数)。

玻璃固化主要有陶瓷电熔炉法和冷坩埚法。陶瓷电熔炉法采用陶瓷熔炉焦耳加热,连续进料间歇出料的操作方式。冷坩埚熔炉采用高频感应加热,炉体外壁为冷却水套管和感应线圈。由于冷却水套管中连续流过冷却水,在靠近冷却套管的低温区域形成一层 3~4cm 厚的固态玻璃壳(冷壁),因此称为"冷坩埚"。

陶瓷电熔炉玻璃固化的主要设备是陶瓷熔炉。冷坩埚玻璃固化的主要设备是冷坩埚,它是一个典型的水冷壁熔炉设计,熔炉外部是水冷却的反应器壁,可以保护熔炉内部免遭腐蚀。冷坩埚原理图如图 6-5 所示。

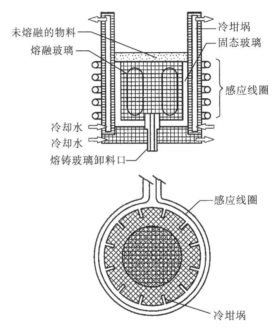

图 6-5 冷坩埚原理图

玻璃固化产生的二次废物是次蒸汽冷凝液和燃烧废气。蒸发产生的二次蒸汽冷凝液,收集后送核电厂废水处理系统处理。可燃废物燃烧产生的尾气需要通过 HEPA 过滤处理,并去除有害气体,达到排放标准后通过核电厂的烟囱排放。

玻璃固化被考虑用于处理低、中放废物。法国 SGN 公司与韩国电力公司从 1994 年合作采用玻璃固化处理低、中放废物,并于 1999 年在韩国大田建了一套冷坩埚冷试装置,同时进行了所有必要的研究和开发活动。2005 年完成玻璃固化装置的设计,2006 年开始施工建造,2009 年投入运行。美国 Kurion 公司新开发了一种组件式玻璃固化系统,如图 6-6 所示。该系统采用薄壁坩埚置于废物容器内,通过设在外部的感应器作为加热电源对内容物(废物和添加物)进行分层加热、分解、熔融和凝固。固化废物装满和完全凝固后,废物桶可直接处置。该装置可用于处理美国联邦法规规定的 B 类、C 类和超 C 类低放废物。

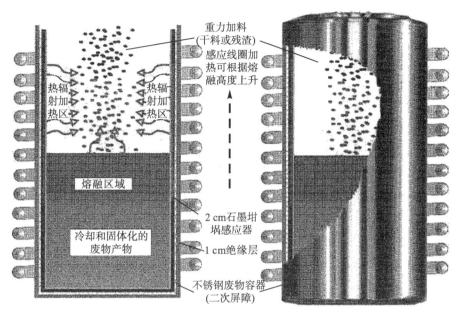

热辐射加热区

热辐射加热区

熔融区域

冷却和固体化的废物产物

重力加料
(干料或残渣)

感应线圈加热可根据熔融高度上升

2 cm石墨坩埚感应器

1 cm绝缘层

不锈钢废物容器
(二次屏障)

图 6-6　美国 Kurion 公司开发的组件式玻璃固化系统

6.3.6　压实和超级压缩

压实处理是尽可能减少废物间的空隙，提高废物的堆积密度，从而达到减容的目的。核电厂产生的大部分杂项干废物都可以采用压实的方法进行减容。

最常用的压实设备是低压压实机和超级压缩机。一般采用低压压实机进行初级压实，采用超级压缩机对初级压实机压实后的废物进行再次压实减容[26,27]。低压压实通常采用桶内压实的方式。桶内压实是将废物装入 160 L 或 200 L 的废物桶内，压实机的压头沿桶内壁加压将废物压实。在桶内压实时，每个废物桶需要多次加入废物和多次压实，直到废物桶装满封盖。桶内压实的废物减容比为 2～5。而超级压缩是利用超级压缩机对桶装废物进行压实减容。核电厂运行和退役产生的被放射性污染的小管道、小阀门、箱体、电气设备和经过低压压实的桶装废物，甚至混凝土块都可以采用超级压缩处理。桶装废物被超级压缩机压实所产生的废物饼装入二次包装容器后可进行最终处置。超级压缩机对不同类型桶装废物的减容系数和废物饼密度如表 6-1 所示，超级压缩工艺的原理流程如图 6-7 所示。

表 6-1　超级压缩机对不同类型桶装废物的减容系数和废物饼密度

废物	对桶装废物的减容系数	废物饼密度/kg·m^{-3}
经过预压实的密度较小废物	2.5～3.5	800～1280
硬塑料制品	2～3	800～1120
未经预压实的密度较大废物	3.5～5	1600～2400
金属制品	4～5	3200～4000

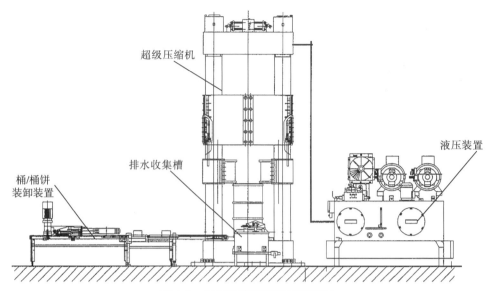

图 6-7　超级压缩工艺的原理流程

　　压实机的主要设备有压力机、液压系统、排风及空气净化系统、供电和控制系统及操作台。低压压实机的压头压力一般为几吨到几十吨。超级压缩机的压头压力一般为 1000 t 以上。

　　废物压实前，可以预先将含有较多水分的废物脱水、加热烘干或自然晾干，以避免压实作业时产生废水。低压压实操作一般不会产生废水。超级压缩操作产生的废水送到废水处理系统处理。压实作业产生的废气经通风系统收集后通过 HEPA 过滤后排放。

　　世界上有很多国家的核电厂采用压实机和超级压缩机处理杂项干废物。国际原子能机构(International Atomic Energy Agency，IAEA)鼓励更多国家使用这项技术。超级压缩机已经制作成可移动式装置，用于多个核电厂或核设施的放射性废物处理。超级压缩机实物图如图 6-8 所示。

图 6-8　超级压缩机实物图

6.3.7　焚烧

焚烧是放射性可燃废物处理最有效也是常用的方法之一，其主要优点是可获得很大的减容效果(减容系数高达几十甚至上百)，实现废物最小化；并且可燃废物经焚烧后由有机物转化为无机物，既能大幅度降低废物储存、运输及最终处置的费用，又能提高储存和处置的安全性[28-35]。焚烧处理系统流程如图 6-9 所示。

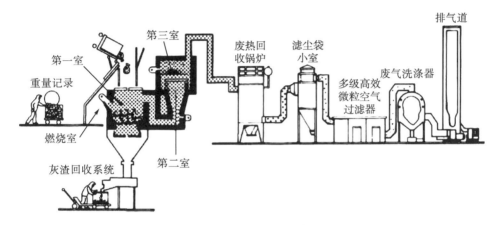

图 6-9　焚烧处理系统流程

目前，世界上运行的放射性废物焚烧系统主要有过气(过量空气)焚烧、热解焚烧、高温焚烧和等离子焚烧等。

1. 过气焚烧

德国较早开发的过气焚烧采用立式直筒炉，设备简单、运行稳定、应用很广。可燃废物送入焚烧炉进行过气焚烧，气态未燃尽的物质随气流进入后燃室继续燃烧。后燃室的排气进入洗涤塔急骤降温和洗涤，再经过高效过滤器和活性炭过滤器进一步去除灰尘和残余的二噁英后监测排放。焚烧灰在焚烧炉和后燃室的下部收集，经超压减容和整备固定后处置。

德国卡尔斯鲁厄研究中心开发的立式直筒式过气焚烧炉工艺流程如图 6-10 所示。卡尔斯鲁厄研究中心建有负压强制循环蒸发系统和负压自然循环蒸发系统，前者已经安全运行了 40 年，后者也安全运行了 10 年以上。

过气焚烧设施的主要设备有焚烧炉、后燃室、洗涤塔、HEPA、活性炭吸附器和卸灰装置等。

应用过气焚烧工艺的主要国家有德国、法国、美国、日本等。德国的卡尔斯鲁厄研究中心开发的过气焚烧装置，已在欧洲多个国家使用，如乌克兰的 Chmelnitzki 废物处理中心、俄罗斯的 Balakovo 核电厂废物处理中心和 Leningrad 核电厂、瑞典的 Bohunice 核电厂的 Bohunice 废物处理中心、立陶宛的 Ignalina 核电厂的固体废物处理中心等。日本也引进了该技术，通过消化吸收，应用于多座核电厂。

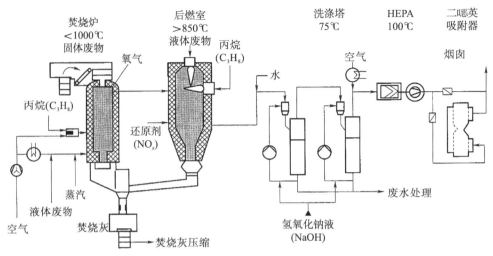

图 6-10　德国卡尔斯鲁厄研究中心开发的立式直筒式过气焚烧炉工艺流程

2. 热解焚烧

在世界上使用较多的另一种放射性废物焚烧形式是热解焚烧。放射性废物热解焚烧工艺流程如图 6-11 所示。固体废物先送入热解炉，废物在缺氧环境中受热分解生成热解

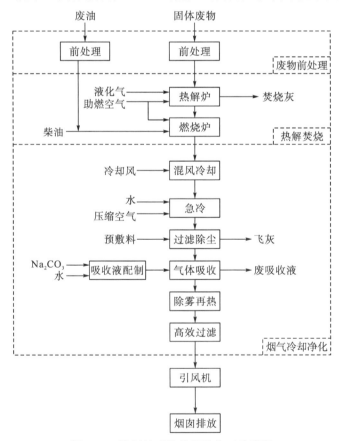

图 6-11　放射性废物热解焚烧工艺流程

气和热解焦。由热解炉上方引出的热解气进入预混器，与助燃空气进行充分混合，然后进入燃烧炉中进行燃烧。燃烧炉炉膛温度为 850～1200℃，在此高温下热解气与足够的助燃空气混合充分燃烧，达到非常高的燃烧效率，实现燃气的完全燃烧。热解焦在热解炉中燃烧变成灰烬从排灰系统排出。燃烧炉排出的烟气采用急冷方式将烟气温度急骤冷却至约 200℃，以避开二噁英的生成（温度）条件，尽可能减少二噁英的生成。

二噁英的排放是人们最担心的问题，我国制定的标准是 0.5 ng/Nm³（纳克/标准立方米），欧洲制定的标准是 0.1 ng/Nm³。二噁英的生成离不开两个条件：一是废物中含有大量的聚氯乙烯等材料；二是其生成温度为 300～700℃。避开这两个生成条件，就能有效地减少其生成量。尽可能避免废物中含有聚氯乙烯材料，离开后燃烧室的烟气温度约为 1000℃，在运行控制上，通过急剧冷却，快速将温度降至 180～200℃，可有效防止二噁英生成，再通过对尾气进行水洗、过滤，完全可以达到排放标准。

冷却后的烟气经过袋式过滤器过滤。过滤后的烟气含有废物焚烧生成的酸性气体，需要对其进行中和吸收。从吸收塔出来的烟气经除雾再热后进入 HEPA，利用风机将尾气送入烟囱排放。

丹麦恩威凯福有限公司（ENVIKRAFT）开发的热解焚烧设施的主要设备包括热解炉、焚烧炉、急冷器、袋式过滤器、HEPA 和卸灰装置等。

应用热解焚烧技术的国家及地区主要有瑞典、比利时、法国、美国、日本和中国台湾等。丹麦 ENVIKRAFT 针对核电厂开发的低放废物焚烧炉已在欧洲（法国、比利时、瑞典），以及美国、日本、乌克兰和中国台湾等国家及地区得到应用，如表 6-2 所示。该技术可将可燃废物（如塑料袋、塑料布、纸、布、橡胶、木材及有机液体等）的体积减小 50～70 倍，灰烬再使用超高压压缩设备压缩，以进一步提升核电厂低放废物的减容效果，便于安全储存，大大降低未来的最终处置成本。

表 6-2　丹麦 ENVIKRAFT 的低放废物焚烧炉应用情况

序号	用户名称	处理能力/kg·h⁻¹	开始运行时间
1	Studsvik（瑞典）	250	1976 年
2	Belgoprocess（比利时）	100	1989 年
3	SEG（美国）	（A 座）1000	1990 年
4	Cilva（比利时）	250	1994 年
5	SEG（美国）	（B 座）1000	1996 年
6	Socodei（法国）	1500	1998 年
7	台电核三厂（中国台湾）	30	1999 年
8	TEPCO（日本）	40	2004 年
9	台电核二厂（中国台湾）	100	2010 年

3. 高温焚烧

高温焚烧是一种改进型焚烧技术。传统的焚烧技术功能单一，因为它只能处理可燃废物。而高温焚烧有一个功能强大的焚烧炉，炉温达 1500℃（传统焚烧炉炉温为 700～1100℃），少量的金属、气体过滤器和绝缘材料都可以与其他可燃废物一起焚烧。放射性废物在焚烧炉内焚烧和熔融。排料时熔融物以一定流速排出，排料的同时采用喷射水冷却，使熔融物凝结成颗粒状产物。

高温焚烧的主要优点是可燃废物和不可燃废物可同时处理，最终形成的废物体非常稳定，总的废物减容比高达 100∶1。高温焚烧的具体处理流程和主要设备尚不清楚，尚未看到有关资料。根据 IAEA 资料介绍，由于高温焚烧装置的建造费用昂贵，只有日本在实际应用。在比利时莫尔核研究中心也建造过高温焚烧装置进行研究。

4. 等离子焚烧(等离子熔融)

等离子焚烧是有效的减容方法。等离子焚烧技术可以把废物中无机物转变成稳定的融渣，有机物则被分解为可燃性气体。国外的研究和初步应用表明，等离子焚烧熔融处理系统具有设备体积小、处理速度快和减容比高等优势，是低放废物处理领域中具有前途的技术。

典型的热等离子体是高强度电弧和等离子体炬(电弧等离子体发生器)产生的等离子体。等离子体炬是利用压缩电弧产生热等离子体的装置。根据电源形式可以分为直流炬和交流炬，常用的是直流炬，其结构如图 6-12 所示。直流等离子体炬有两种操作模式：转移弧型(transferred arc)和非转移弧型(non- transferred arc)。当工作电流一定时，转移弧型等离子体炬借助改变工作气体的种类、流量及炬与被处理物的间距来调节炬的功率，非转移弧型等离子体炬主要借助改变气体的种类与流量来实现。两种操作模式的直流炬结构如图 6-13 所示。

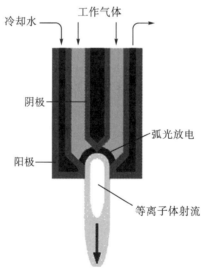

图 6-12　直流炬结构

热等离子体通过以下过程处理固体废物：①等离子体热解，利用等离子体的热能在无氧条件下打断废物中有机物的化学键，使其成为小分子；②等离子体气化，对废物中的有机成分进行不完全氧化，产生可燃性气体，通常是 CO 和 H_2 及其他一些气体的混合物，又称为合成气；③等离子体玻璃化，对无机物熔融，根据废物成分加入适当的添加剂玻璃化，产物玻璃体浸出率很低。对于有机物含量高的固体废物，通常是①和③或者②和③的结合。

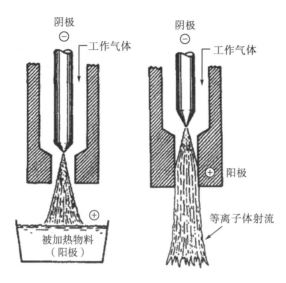

图 6-13　转移弧型和非转移弧型的直流炬结构

同时将含可燃物和不可燃物的废物送入由等离子炬加热的焚烧熔融室。废物在高温的等离子炬下，可燃物被焚烧，不可燃物被熔融。焚烧的剩余物与熔融物混合在一起排至处置容器中冷却为铸块。焚烧排出的废气需要进行处理。

放射性废物等离子体焚化熔融炉实物图如图 6-14 所示。

图 6-14　放射性废物等离子体焚化熔融炉实物图

等离子焚烧的主要优点是废物处理能力大、适应处理的废物广（金属、树脂、塑料、混凝土等）、最终废物形态稳定、减容系数高。等离子焚烧的主要设备有废物送入装置、等离子炬焚烧(熔融)炉、尾气处理装置。等离子焚烧设施的建造费用和维修费用都较高，通常有较大的废物输入量才能降低运行成本。美国、俄罗斯、日本、韩国等及中国台湾都建有等离子焚烧(等离子熔融)设施。

5. 熔融盐氧化

熔融盐氧化技术是在焚烧技术的基础上开发的无焰氧化技术,在处理过程中同时进行氧化反应及尾气净化。有机废物与过量空气注入熔融盐(如 Na_2CO_3)底部,在 700℃～950℃条件下,发生无焰氧化反应,有机废物转化成 CO_2 和 H_2O;产生的尾气进入尾气处理系统,除去带出的盐颗粒和水蒸气;卤素、硫等元素转化为酸性气体,并在熔融盐内转化为 NaCl 和 Na_2SO_4。熔融盐氧化处理反应器及工艺流程如图 6-15 和图 6-16 所示。

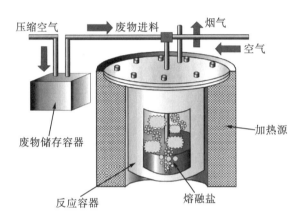

图 6-15 熔融盐氧化处理反应器

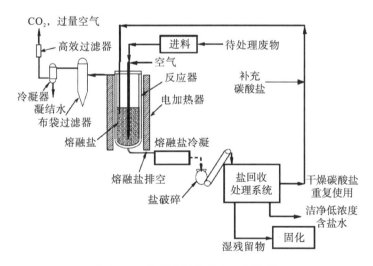

图 6-16 熔融盐氧化处理工艺流程

熔融盐氧化具有以下优点:①熔融盐保证反应温度的稳定性和均匀性;②处理过程为液相接触氧化,避免了火焰的产生;③不需要补充燃料,烟气量较小;④运行温度较低,NO_x 产量小,降低了放射性。国外已进行放射性废物熔融盐氧化处理的实验研究,目前研究重点在于混合废物的处理、熔融盐类型的选择及熔融盐的回收,如表 6-3 所示。

表 6-3　国外熔融盐氧化技术研究情况

研究项目	研究结果
放射性有机溶液熔融盐氧化热解	分别对 1,2-二氯乙烷、二氟二氯甲烷、甲苯 3 种有机溶液进行热分解实验,分解效率达 99.99986%
有机废物熔融盐氧化处理研究	分析了甲苯的热分解效率及尾气成分,氯化物含量对尾气品质的影响(二噁英等毒性气体的排放参数),以及放射性核素的排放参数,同时介绍了熔融盐回收流程及各元素的分布情况
熔融盐回收示范试验	介绍了熔融盐回收操作流程,其中详细说明了盐颗粒大小、温度及反应物,同时介绍了碳酸盐和放射性核素不同的处理流程
中等放射性模拟废物熔融盐氧化试验	对典型的中放模拟废物(含有 NaOH、$NaNO_3$、PVC、TBP/煤油及离子交换树脂的浓缩泥浆)进行氧化试验,分析了尾气成分及熔融盐成分变化,并分析其减容比为 5.6
熔融盐反应器轴向气相扩散研究	轴向气相扩散系数影响氧化反应的反应速率和产物,分别试验研究了气相速率、反应温度对气相扩散系数的影响

6. 二次废物

普通焚烧的二次废物为焚烧灰、净化系统捕集的飞灰及少量二次低放废水。焚烧灰和飞灰处理方法有水泥固化、沥青固化、玻璃固化、造粒固化、超级压缩后固定等。高温焚烧和等离子焚烧的固体二次废物均为形态非常稳定的固态,在废物容器内固定后即可进行处置。焚烧尾气产生的废水可采用蒸发和干燥等方法处理。

6.3.8　高整体容器直接包装

高整体容器(high integrity container,HIC)是一种由特殊材料和结构制成、能长期维持对内容物有效包容且寿命长达 300 年的包装容器,可使固态的低、中放废物不经固化或固定处理就可以实现安全处置。在核电厂,可将脱水后的废树脂、废滤芯等湿废物,以及焚烧灰等装入 HIC 后直接处置。目前各国开发的 HIC 主要有混凝土容器、铸铁容器和聚合物容器等[36,37]。

放射性废树脂、废滤芯等湿废物直接装入 HIC 中,经脱水后储存或处置。各种含水的放射性废物也可以经干燥后装入 HIC 储存或处置。采用先将放射性废物装入 HIC 再脱水的方法,所需要的主要辅助设备是与 HIC 配套使用的脱水装置。采用放射性废物干燥后装入 HIC 的主要配套设备是废物干燥装置。干燥或脱水将产生二次废水,核电厂将这些废水送到废水处理系统处理。

美国使用的 HIC 有浸渍混凝土容器、铸铁容器、聚合物衬里的不锈钢容器、热塑涂覆钢制容器和聚合物容器。美国核电厂较多使用聚合物 HIC。德国开发了一种球墨铸铁HIC,已用于许多核电厂,最近的 20 年中,德国沸水堆的粉状树脂整备后装入铸铁 HIC中。铸铁 HIC 壁厚 150 mm,空容器重 18 t,满足德国的最终处置要求,每个容器最多能装 2000 kg 废树脂。法国开发了混凝土 HIC,可以封装 200 L 的钢桶,有圆形容器和方形容器。HIC 在美国、德国、法国和韩国的核电厂有实际应用。

6.3.9　湿法氧化

湿法氧化(也称为湿式氧化)主要用于处理废树脂等有机废物。通常在较低的温度和常压下,废树脂与双氧水(过氧化氢)在催化剂的作用下进行氧化反应,将废树脂分解为 CO_2、H_2O 和少量的无机残液。这些富集放射性的残液经浓缩后可进行水泥固化。

湿法氧化工艺的优点是运行温度低(约为 100℃),减容系数高(通常最终废物仅为原树脂体积的 2/3)[38]。

废树脂湿法氧化工艺是将废树脂、双氧水和催化剂加入湿法氧化反应器中,在约为 100℃下进行化学反应。反应产生的废气通过冷凝器,再经 HEPA 过滤后排放。水蒸气在冷凝器中被冷凝为冷凝液,进行监测或进一步处理后排放。氧化反应剩余的废液和残渣经进一步浓缩和固化处理后处置。废树脂湿法氧化原理流程如图 6-17 所示。

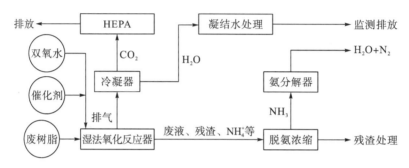

图 6-17　废树脂湿法氧化原理流程

湿法氧化的主要设备是湿法氧化反应器。阳离子和阴离子废树脂在双氧水和催化剂的作用下发生反应,分别生成 H_2SO_4 和 NH_4OH 等,这些物质对设备的腐蚀性很强,因此对设备材料的要求较高。废树脂采用湿法氧化处理后产生的气体中含有 CO_2、H_2O、NH_3、SO_2、NO_x 等,经进一步处理后排放。湿法氧化处理后剩余的废液和残渣浓缩后进行固化处理。

湿法氧化技术在比利时、加拿大、英国和日本等都有应用,英国还建立了一个移动式的湿法氧化装置。我国台湾核能研究所也开发了湿法氧化高效水泥固化技术,计划在台湾的几座核电厂使用。湿法氧化技术开发已多年,但推广应用不快。据报道,主要问题是处理后产生的残渣较多,影响减容效益。

6.3.10　热态超级压缩

核电站放射性废树脂的处理始终是国内电站三废领域尚未完全解决的问题。目前,我国秦山一期、三期产生的废树脂依旧保留在储罐中,但随着电站继续运行,其收集废树脂的负荷已接近设备容纳能力的上限值。而大亚湾、岭澳水泥固化废树脂的方式也存在增容、固化效果不甚理想等弊端。此外,AP1000 核电依托项目(浙江三门厂址废物处理设施子项)中引进国外先进的废树脂处理工艺:热态超级压缩(hot super-compaction),该工艺较传统固化增容的工艺,有良好的减容效果。

废树脂热态超压处理技术的基本原理是首先将废树脂进行干燥处理,然后通过超级压缩机将热态废树脂超压减容。与传统的废树脂直接水泥固化处理相比,该技术依靠干燥和超压两个处理过程基本去除了废树脂内的游离水和结合水。实现了废树脂的有效减容，形成的压缩饼能满足我国相关废物最终处置标准的要求。热态超级压缩工艺流程简图如图 6-18 所示。

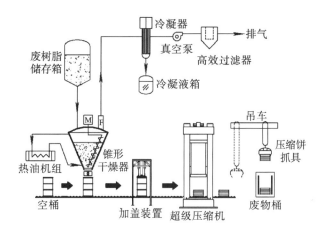

图 6-18　热态超级压缩工艺流程简图

锥形干燥器是热态超级压缩处理工艺的核心设备。脱水后的树脂被装入锥形干燥器中干燥。废树脂被热油加热至 160℃。干燥和蒸发设备是隔热设备，因此箱体外层的表面温度不会超过 40℃。废树脂中的残留水分随即从锥形干燥器中由真空泵辅助蒸发干燥。由于废树脂在旋转搅拌器螺旋的作用下不断转动，因此使其混合充分并达到有效地蒸发和干燥。

装有热态废树脂的 160 L 钢桶经加盖机自动加盖后，由辊道送往超级压缩机进行热态超级压缩，超级压缩机采用 1000～2000 t 的压实力。通过控制一定的压缩速率及保压时间将 160 L 钢桶压缩成高度为 200～300 mm 的压缩饼，然后通过优选程序和遥控吊车将若干压缩饼装入 200 L 钢桶进行灌浆处理[39-41]。

采用热态超级压缩主要产生的二次废物为废树脂的游离水、水泥固定体等。废树脂热态超压处理技术在欧洲已先后成功运用于德国 Philippsburg 核电站和比利时 Tihange 核电站的废树脂处理。

6.3.11　蒸汽重整

20 世纪 90 年代，美国针对特殊废物处理开始研发了蒸汽重整技术，取得了较好的效果。典型的蒸汽重整过程是将有机物与水蒸气反应分解为无机产物的过程。通过重整反应，有机氮在蒸汽重整反应中降价为氮气，有机物中的氧气被还原为一氧化碳和二氧化碳。硝酸盐和亚硝酸盐在还原氛围(如有机碳)的作用下被转化为氮气。在重整过程中，废物中的碱金属元素(如钠、钾、铯)与黏土添加剂中含有的不稳定铝离子进行碱化反应，形成新的矿化相组成的废物的其他阳离子和阴离子被包容在钠硅铝酸盐矿化物的笼式结构中，达到封闭放射性的目的[42,43]。

蒸汽重整处理技术可以处理废离子交换废树脂、干活性废物(过滤器、衣服、塑料、橡胶)、硝酸盐(硝酸钠和其他硝酸盐和亚硝酸盐)、多种液体废物和污泥(油、污泥)等放射性废物。

　　蒸汽重整工艺主要的处理设备包括废树脂暂存罐、裂解重整器、高温过滤器、尾气洗涤器、热氧化器和其他尾气过滤、排放设备等。蒸汽重整工艺流程简图如图 6-19 所示。

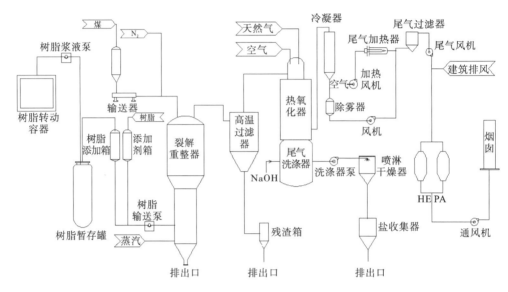

图 6-19　蒸汽重整工艺流程简图

　　蒸汽重整处理工艺的核心设备是裂解重整器。裂解重整器是圆柱形的容器,其中装填一定高度的煤,底部的煤在蒸汽作用下呈流态化,使裂解重整器底部形成流化床,并且上部有气相自由空间。裂解重整器的运行温度为 650℃～750℃,放射性废物覆盖在床体颗粒上,其中的液体被汽化,大部分有机成分被破坏变成碳氧化物和水,少量有机成分挥发,被尾气挟带出裂解重整器,并带有微量的 CO、H_2 和短链有机物(CH_4)。最终固体产物为尺寸很小的无水颗粒,其中包含了 99.99%以上的放射性核素。尾气中会挟带少量的固体产物,确切的尾气组分随着待处理废物、运行条件的不同而不同。

　　裂解重整器中的气相反应如下。

$C_x H_y O_z \longleftrightarrow C + CH_4 + CO + H_2$(有机物分解)

$H_2O + C \longleftrightarrow H_2 + CO$(水气反应)

$CO + H_2O \longleftrightarrow CO_2 + H_2$(气水置换反应)

$C + O_2 \longleftrightarrow CO_2$(碳氧化)

$2CO + O_2 \longleftrightarrow 2CO_2$(一氧化碳氧化为二氧化碳)

$2H_2 + O_2 \longleftrightarrow 2H_2O$(氢氧化为水)

　　被尾气挟带的固体产物颗粒被高温陶瓷纤维过滤器过滤,过滤后的滤渣在残渣箱中收集,气体进入热氧化器中。热氧化器的作用是破坏尾气中的有机物,并氧化 CO 和 H_2。进入热氧化器的尾气温度约为600℃,与空气和天然气混合燃烧,使所有的一氧化碳、挥发性有机物和痕量的氢气变为二氧化碳和水蒸气。

从热氧化器中出来的高温气体通过文丘里管，进入尾气洗涤器，洗涤器中有控制 pH 的氢氧化钠溶液，用来冷却热气体至 80℃左右，同时氢氧化钠溶液吸收和中和酸性气体。生成的盐溶液被泵入喷淋干燥器中，并在其中雾化、干燥和收集，产生直接可以处置的极低水平的废物。干净的、含水分的尾气从洗涤器中排出，经过冷凝器冷凝去除水分。尾气用电加热器将其加热至 120℃～140℃，以保证排气的干燥。与建筑物排风的空气流混合后，尾气通过烟囱排放。尾气经过过滤去除其中挟带的固体产品颗粒，其中的 CO、H_2 和有机物在下游的氧化器中被氧化为 CO_2 和 H_2O，所以从烟囱中排出的尾气主要包括 H_2O 和 CO_2。根据待处理废物种类的不同，尾气中还可能包括 N_2 和其他物质。

在待处理废物中加入矿化黏土作为添加剂可以形成抗浸出的最终固体产品。在裂解反应器中的典型反应如下。

Na + Al_2O_3-$2SiO_2$（黏土）$\longrightarrow$　Na_2O-Al_2O_3-$2SiO_2$（霞石）

Na + K + Al_2O_3-$2SiO_2$ $\longrightarrow$ $NaKO$-Al_2O_3-$2SiO_2$（霞石）

Na + SO_4^{2-} + Al_2O_3-$2SiO_2$ $\longrightarrow$ Na_2SO_4-$(Na_2O$-Al_2O_3-$2SiO_2)_6$（黝方石）

Na + Cl^{-1} + Al_2O_3-$2SiO_2$ $\longrightarrow$ $2NaCl$-$(Na_2O$-Al_2O_3-$2SiO_2)_6$（方钠石）

Na + F + Al_2O_3-$2SiO_2$ $\longrightarrow$ $2NaF$-$(Na_2O$-Al_2O_3-$2SiO_2)_6$（方钠石）

矿化黏土与碱（Na、K、Li 和 Cs）形成碱性铝硅酸盐（NAS）矿物。废物中的卤素（Cl、F、Br 和 I）硫酸盐和磷酸盐结合在固体产品中形成 NAS 矿物的结构。NAS 矿物也给放射性核素和不同的有害物质提供了母岩。NAS 矿物是铝硅酸盐矿物的总称，如方钠石有类似笼子的四面体结构形式。黝方石是另外一种似长石，是 Na_2SO_4 与方钠石结构相结合。由于 Cl^- 和 SO_4^{2-} 被结合在方钠石结构中，因此这些物质不会从固体产品中浸出。在方钠石和黝方石的结构中保留了阴离子和放射性核素，与硅铝酸四面体和碱（Na、K、Cs 或 Li）以离子键的形式结合。霞石是六角形结构的似长石。霞石的环形结构的铝硅酸在框架中形成空穴。根据空穴的大小，可以容纳 Cs、K 和 Ca 或 Na。在自然界中，霞石结构也可以容纳 Fe、Ti 和 Mg。

最终废物结构是减容后的全氧化固体产物，且不含水，包含了几乎所有的放射性物质。蒸汽重整工艺产生的矿物废物结构比典型放射性废物玻璃固化工艺产物耐久 10～100 倍，无浸出。蒸汽重整产生的矿物产物如图 6-20 所示。

图 6-20　蒸汽重整产生的矿物产物

蒸汽重整处理技术在美国田纳西州商业核电站进行了工程应用，累计处理了体积 10000m^3 的放射性废物，废树脂减容比达到 6：1～15：1，而干活性废物的减容比达到了 50：1。美国能源部爱达荷国家实验室采用蒸汽工艺处理 3800m^3 的后处理和退役产生放射性废物，其主要处理超铀废物，最终形成不浸出的 NAS 矿物结构。

6.3.12 小结

核电厂产生的放射性固体废物种类较多,自然特性各不相同,针对不同废物开发了许多种不同的处理技术,每种技术各有其优缺点,核电厂设计或工艺改进时可以根据具体情况灵活选用,可以选择几种工艺进行组合。各种处理技术对于废物类型的适用性如表6-4所示;各种处理技术的主要应用国家和地区如表6-5所示。

表6-4　各种处理技术对于废物类型的适用性

处理技术	浓缩液	废树脂	废滤芯	淤泥	可燃干废物	可压实干废物	焚烧灰
水泥固化或混凝土砂浆固定	适用	适用	适用	适用			适用
沥青固化	适用	适用					
塑料固化		适用					
玻璃固化	适用						
压实和超级压缩		适用	适用		适用	适用	适用
焚烧		适用			适用		
HIC 直接包装	适用	适用	适用	适用			适用
湿法氧化		适用					
热态超级压缩		适用					
蒸汽重整	适用	适用	适用	适用	适用	适用	适用

表6-5　各种处理技术的主要应用国家和地区

处理技术	主要优点	主要缺点	使用该技术的主要国家和地区
水泥固化	简单易行、操作安全	增容较大,最终废物量多	法国、德国、中国、英国、瑞典、芬兰、日本等
沥青固化	废物包容量较大、放射性物质浸出率低	有燃烧、爆炸危险	法国(减少)、西班牙、瑞典、德国、芬兰、乌克兰、日本
塑料固化	废物包容量较大、放射性物质浸出率低	产品的耐辐照性能较差,气态危险废物会对工作人员造成伤害	法国、美国、德国、荷兰、日本(大部分暂停)
玻璃固化	减容系数高、产品性能好	建造和运行费用昂贵	法国、美国、韩国、俄罗斯、德国、日本、中国、英国
压实和超级压缩	操作简单安全	有机废物没达到无机化,长期处置变数大,超压减容倍数一般不大于10	几乎所有国家,如加拿大、捷克、芬兰、法国、日本、俄罗斯、斯洛伐克、英国、乌克兰、美国、中国等
焚烧	减容系数高、使废物无机化,处置更安全	安全运行要求高,建设和运行费用昂贵	美国、法国、德国、西班牙、俄罗斯、乌克兰、斯洛伐克、日本、韩国、中国台湾等
HIC 直接包装	处理过程简单	容器要求很高	美国、法国、德国、韩国等
湿法氧化	处理过程简单、减容系数高、废物无机化	设备要求耐腐蚀性能高	比利时、加拿大、英国、日本、中国台湾等
热态超级压缩	减容效果明显、二次废物少、设备投资少、运行控制简单	废物有一定增容,废树脂可能产生反弹	德国、比利时、中国等
蒸汽重整	减容比高、无浸出、适用范围广、废物无机化	造价较高、设备要求高温高压	美国

6.4 物理与化学去污

在核工业中,去污的目的是降低放射性照射量,回收利用旧设备和材料,减少需要送往领有许可证的埋藏设施内处置的设备和材料的体积,使场地和设施或其局部恢复到不受限制使用的状态,去除松散的放射性污染物和将残留的污染物固定在原处,以便为监护封存或永久处置活动做好准备,为了人们的健康和安全或缩短监护封存期而降低监护封存中的残余放射源数量。去污的定义是通过化学的、物理的或其他方法去除核设施中部件、系统构筑物内、外表面存在的放射性物质。清除污染物的方法主要有物理去污和化学去污。目前核设施去污已应用了多种现代的物理和化学手段,如超声、等离子体、激光、超临界技术、电化学去污技术等。

化学去污常见的方法是用化学溶剂(有机溶剂、酸液、络合物溶液、盐溶液等)清洗污染区域、设施等。化学去污被广泛应用于去除管道、部件、设备和设施表面上的固定放射性污染物。其方法主要可分为化学泡沫法、化学凝胶法、有机酸处理法、氟硼酸处理法、无机酸处理法、去污剂处理法、氧化还原处理法、络合处理法、气相去污法、紫外光/臭氧/紫外光活化去污技术、挥发/低温热脱附法。

常见的非化学去污方法有擦拭、表层剥离、喷丸等,目前非化学去污与化学去污一起得到了很大的发展。非化学去污主要可分为三大类:表面净化或表面去除、物理表面清洗技术和热清洗表面方法。目前国际上针对不同的去污对象已发展了许多具体的实施方法,即对于大块厚重污染物采用的去污方法、对于反应堆燃料池的去污方法、对于掩埋罐采取的去污方法、对单一混凝土结构采用的去污方法、对高放钢结构的主要去污方法、对石棉的去污方法、对于主设备的去污方法、掩埋[44]。

6.4.1 物理去污[44]

(1)挥发/低温热脱附法。低温热脱附法已经被成功地应用于清除泥浆中的有机污染物。它对于可燃性废物的适用性已被研究。在该工艺中废物被加热到不高于315℃。加热器是转窑、煅烧炉或流化床。被加热的氮气或其他载气通过加热器带走挥发性有机物到洗刷系统。将粒子和气体分离后,有机物被处理、回收或进行更深的处理。由于被低温加热,最终废物变成了干燥的固体。该技术已经在美国国家实验室300号的退役过程中用于去除被高能炸药污染的土壤中的炸药及其爆炸后的残余物。

(2)气相去污法。气相去污的一个典型例子是用氟气将设备中的氟化铀和氧氟化铀转化为六氟化铀气体,然后将六氟化铀气体用化学试剂或在冷阱中回收。实验室研究显示,在室温下有 99.19%的铀被清除。但是,由铀衰变产生的钍和镤的氟化物,由于没有挥发性,因此不能被去除。等离子体烧蚀可增强气相去污效果。

(3)超临界萃取和超临界水。超临界二氧化碳萃取(SCDE)是用流动、非燃、无毒、环保、安全的流体作为载体的工艺。该工艺的优点是被加热到32.3℃以上并且压力超过 8 MPa的二氧化碳一次性地溶解有机污染物。它已被用于溶解有毒组分或从材料中提取有机物。

降低温度和压力就可将有机物与溶剂分离,而且二氧化碳可循环使用。超临界水是用357℃以上并且压力超过 22.1 MPa 的水处理被污染物体,使得有机物被氧化为小分子气体,其中的金属有机化合物转化为可溶于普通水的金属离子,以便进行下一步处理与处置。

(4) 光和火焰烧蚀法。光烧蚀法是利用一定频率的光被吸收后转化为热能,瞬时使污染层产生 1000~2000℃ 的高温而对基体无明显影响,即光致热分解作用,从而有选择性地去除基体表面的涂层或污染物。随着每次脉冲,污染物转入等离子体,从基体表面喷发出来,可产生 90dB 以上的响声。基体表面发生了复杂的光化学和热化学反应,但看不见火焰。由于去污过程不使用化学去污剂和磨料,因此产生的废物少。而且可遥控操作,人身安全系数大为提高。目前的光源有激光、氙闪光灯、箍缩等离子体光源。

火焰烧蚀/剥落法是用高温火焰热裂解表面有机污染物,由于有机物分解产物可能会产生气态污染物,因此需要进行洗涤。火焰停留的时间应尽可能短,防止破坏基体材料。火焰可用火焰喷射器或等离子体焰炬。另外,紫外光/臭氧/紫外光活化去污技术正处于发展阶段。紫外光/臭氧/紫外光活化去污技术被用于除油脂、溶剂,其中用紫外光从氧气中产生臭氧并激活、分解污染物的分子,使其分解为水、二氧化碳、氯化氢。

(5) 微波粗琢。美国橡树岭国家实验室用微波能轰击混凝土表面,使混凝土内部产生机械应力和热应力,从而造成表面污染的混凝土破碎成碎屑;同时用真空系统收集碎屑,但该技术不适于金属表面去污。该技术可调节微波工作频率和功率来控制混凝土的去除。集中更多的高频可用于去除混凝土表层的薄层材料;而较厚的混凝土可用低频能来去除,因为它更容易被较深层的混凝土吸收。微波粗琢产生的粉尘少,表面不需要潮湿,从而降低了处理费用。

(6) 湍流器。湍流器是一个内装螺旋桨的液槽,螺旋桨使净化清洗液定向流经去污部件,在液槽两侧或四侧各装一个螺旋桨。在任一时间内,每个螺旋桨均在旋转,仅流向在改变。最适合于松散沉积或黏附的污染物,对于多孔材料去污效果不及超声波去污。

(7) 喷二氧化碳丸。20 世纪 70 年代,美国人在应用固体二氧化碳(干冰)时发现了其除垢性能,20 世纪 80 年代初干冰清洗技术被应用于实践。在干冰清洗系统中,液态二氧化碳通过干冰制备机制成干冰方块,再研磨成规格一致的干冰粒,以压缩空气加速二氧化碳丸通过喷嘴,当喷射到物体表面时,干冰丸破裂所产生的动能渗入基体材料,并使其散开。侧向喷出的碎片去掉了基体表面上的污染物,污染物落到地面。由于干冰碎片立即升华产生上升力,因此加速污染物的去除。挥发的二氧化碳可以直排大气,产生的废物少,与喷沙、喷冰去污相比有明显的优势。对清洗塑料、陶瓷、复合材料和不锈钢均有效[18-20]。二氧化碳为窒息性气体,在密闭容器内可使人窒息死亡。工程上若采用密闭操作,则需提供良好的自然通风环境条件,工作场所最高容许浓度为 5000 mg/L。目前,影响该技术发展的因素是制备适用的干冰丸。

(8) 超高压水去污。超高压水去污技术是在高压水去污技术的基础上发展起来的,使用高压增压泵将水增压到 379 MPa,然后强制水通过小口径喷嘴,并喷射 14 m/s 的高速水流,用于清除表面污染物;若其中加入磨料,可清除更深的污染层。其去污效果与水压、水流速度、喷嘴结构、净化头与表面距离和移动速度有关。其缺点是产生大量的放射性废水。

(9) PIG 清洗技术。PIG 清洗技术最初于 1962 年由美国得克萨斯州休斯敦市的 Girard 公司和 Knapp 公司共同开发。1965 年 PIG 技术引进到日本，现已成为工业发达国家广泛采用的管道清洗、维护方法，目前在美国和中国已经开始应用到核设施退役中。PIG 是由特殊聚氨酯材料制成的形如子弹的清洗材料，具有收缩性强的特点，收缩比可达 35%。因此 PIG 具有很强的通过性，可以通过变径管、90°弯头、180°回转弯头、阀门、管接头等处。PIG 直径范围为 5～3000 mm。PIG 系统由 PIG、PIG 发射器、PIG 接收器、相关的检测系统、动力源及推动介质组成。其优点是可进行长短距离、大口径、垢质比较松软的、难溶垢管线清洗，且清洗时间短，效果比较理想。其缺点是对于变径和配置情况不明了的管线及一些比较复杂的管网不太合适。另外，它还要求被清洗的管线有一定的承压能力。PIG 清洗时，需选用直径比待洗管直径略大的 PIG，一般过盈量为 10%～15%。在压力介质推动下 PIG 在管内运行，过盈量的存在，使得 PIG 与管道内表面紧密挤压。在摩擦力作用下，PIG 将附着在管内壁上的污垢除下，同时 PIG 尾部的推动介质经过 PIG 周围与管壁之间的环隙到达 PIG 头部，形成小流量高速度的环隙射流。它不仅能冲开已除下的堆积在 PIG 前端的污垢，而且能起到冷却、润滑的作用。

(10) 空气爆破去污技术。空气爆破去污技术是利用气动弹的特殊气室结构，将压缩空气所储存的能量瞬间释放出来，形成空气波，使周围介质松动、破碎。其主要应用于清淤、除垢、破碎，空气爆破去污技术对于清洗管线、储罐、沟槽、水渠等有非常显著的效果，它不仅能在整个运行过程中不污染环境且可以高质量地清洗管线，还可以达到节省电能、减少物质材料消耗、保护环境、改善生态的目的。因此，在核工业中其应用研究也已经开始了。

6.4.2　化学去污[45]

(1) 泡沫去污。泡沫去污是利用表面活性剂产生的泡沫作为化学去污剂的载体。可用于各种金属表面和复杂设备的部件的表面清洗、去污，且产生的二次废物较少，工艺较成熟，但去污系数较低。美国萨凡纳河工厂已将其用于阀门等的清洗，可减少 70% 的废物，尤其适用于不锈钢表面去污。

(2) 化学凝胶去污。化学凝胶去污是将凝胶作为化学去污剂的载体，将凝胶喷洒或涂敷于部件表面，在其凝固后进行洗涤、剥离等处理的去污方法。典型的配方有硝酸-氢氟酸-草酸-非离子型表面活性剂-羧甲基纤维素-硝酸铝体系。它可有效去除表面可擦去的污染物，产生的二次废物少，去污系数高，但技术复杂。

(3) 有机酸处理方法。由于有机酸为弱酸，因此其与材料的相容性好而且安全性较高，在去污时甚至可以不加缓蚀剂。常用的有机酸为草酸、柠檬酸、氨基磺酸，它们常常相互混合使用或与其他无机物混合使用，如草酸可有效除铁锈并且可以络合铌和裂变产物。美国萨凡纳河工厂在反应堆换热器中用 2.6 g/L $FeSO_4$-2% 草酸在系统内循环反应，然后，用浓碱液中和、水洗后，取得了良好的去污效果（去污系数为 3～20）。S.C. Gaudie 等用草酸-过氧化氢处理二氧化钚污染物，取得良好效果。美国橡树岭国家实验室研究发现，对于碳钢和不锈钢在加热超过 200℃ 后，pH 为 4 的草酸-过氧化氢体系的去污系数为 100 以上。

该体系与硝酸混合对于去除 Cs、Zr 的去污系数也可达到 1.3～4.5，而且 0.2 mol/L 柠檬酸-0.3 mol/L 草酸-缓蚀剂混合液在碱性高锰酸钾处理后继续去污，也获得很好的效果。氨基磺酸是碳钢和铝的有效去污剂，去污系数高、腐蚀速率低，并且不产生沉淀或形成表层膜，一般的工作温度为 45～80℃，而且去污所需的时间也较长(1～4 小时)，其应用不广。

(4) 无机酸处理法。无机强酸去污具有廉价、快速的优点，当然，腐蚀性强、难以操作、安全问题等缺点也十分明显。盐酸是最广泛应用的强酸，在德国常用于在温度高于 100℃而且控制 pH 低于 4 下清除锅炉和管道的污染。在美国联合核公司的实验室中，用盐酸清除不锈钢表面的放射性 ^{60}Co、^{58}Co、^{65}Zn 和少量裂变产物，去污系数为 10。但是氯离子对不锈钢有强腐蚀性，所以有人认为不宜用于核工业。硝酸可用于溶解奥氏体不锈钢、铝和因科镍合金上的铀及其氧化物，是因为它们能够抵抗强氧化性酸，常用的是 75℃的 10%体积比的硝酸，它也可应用于后处理厂系统管道和设备中的二氧化钚、裂变产物、淤泥沉积物和残余污染物的分解；并发现 0.1 mol/L $KMnO_4$-8 mol/L HNO_3 的混合体系有很好的去污效果。在我们的研究中发现 10%(质量分数)$KMnO_4$-10%(体积分数)HNO_3 对不锈钢和碳钢表面铅污的去污效果几乎与我们正在研究的硝酸钠体系电化学去污效果相当，远优于一般文献介绍的碱性高锰酸钾体系的去污效果。

稀硫酸与缓蚀剂一起可用于去除不含钙化合物的沉积物，其典型的工作条件是在 47～70℃下去污 30～60 分钟。但去污系数较小，且其对碳钢和不锈钢有腐蚀作用。

磷酸可用于碳钢的快速脱膜和去污，并形成磷酸亚铁与污染物共沉淀。在 60～70℃下工作 20 分钟左右可除去 95%～99%的污染物。国外将体积分数为 15%的磷酸用于 BONUS 堆碳钢和黄铜管及堆元件的去污，去污系数达 5 和 37。

硝酸-氢氟酸混合酸是高效的去污剂，但会损伤金属。3.5 mol/L HNO_3-0.04 mol/L HF 被用于不锈钢去污。意大利用其清除沸水堆不锈钢表面的污染，可去除 95%以上的放射性核素，并发现 5% HNO_3-1.5%～3% HF 具有较高的去污系数。

(5) 氧化还原处理法。许多金属或其化合物常在高氧化态下容易碎裂或溶解，故在去污中常将高锰酸钾、重铬酸钾、过氧化氢等用于处理金属表面的氧化物、溶解裂变产物、溶解各种化学物质，以及对金属表面进行氧化处理。其中，目前国际上发展最完善的当数高锰酸钾去污体系。

① 高锰酸钾去污体系。碱性高锰酸钾盐(AP)：作为氧化剂的碱性高锰酸钾盐主要用于将污染物表面的铬氧化成 Cr_2O_3，其随后即溶于碱液中。常作为预处理步骤。典型的体系是 3%～20% NaOH-1%～5% $KMnO_4$ 溶液，工作条件为 90℃～110℃下工作 1～10 小时。可用于核电站的一回路管道去污，并去除了大部分放射性核素。碱性高锰酸钾-柠檬酸铵 (APAC)：碱性高锰酸钾-柠檬酸去污体系主要用于预处理腐蚀产物。稀柠檬酸溶液用于去除残留的 MnO_2，并起中和作用。有人对近 10 种化学试剂的去污效果进行了研究，在 75℃～95℃下对 304 型不锈钢用碱性高锰酸钾处理后，再用草酸、柠檬酸或柠檬酸铵处理，平均去污系数为 50。但其对于缝隙去污是几乎无效的，而且去污过程产生大量废液，造成废物处理低效和昂贵。碱性高锰酸钾-柠檬酸铵-EDTA(APACE)：作为对 APAC 方法的改进，在其中加入 0.1%的 EDTA 到柠檬酸铵中，以便在去污过程中将铁离子保留在溶液中。用该方法对管壁进行去污，去污系数相较 APAC 有所提高，并且便于离子交换。APAC 和

APACE 均从 20 世纪 60 年代起得到应用，如压水堆去污。Handford 厂认为 APACE 去污方法是安全可靠的，但其对于 Handford 厂的 PRTR 去污是无效的，去污系数甚至小于 2。后来，人们又在其中加入 10%的硝酸，建立了 APACE-HNO_3 去污方法。碱性高锰酸钾-草酸(APOX)：APOX 去污方法是在 AP 去污后，再后续 OX 去污。在 85℃下用 APOX 对不锈钢去污 2 小时被证明是很有效的，其去污系数是 150。去污工作时间不能长于 4 小时，否则将降低去污系数。用于处理碳钢时，该体系效果不佳，主要原因是生成了草酸铁。碱性高锰酸钾-草酸柠檬酸混合液法(AP-Citrox)：AP-Citrox 方法是在碱性高锰酸钾预处理后，再用草酸、柠檬酸和缓蚀剂等处理，缺点还是容易生成草酸铁等物质，对碳钢和 400 系列不锈钢有很强的腐蚀作用，因此主要用于 300 系列不锈钢和 Inconel 合金的去污。其中柠檬酸的作用是中和微量碱和溶解 MnO_2，络合铁离子，因此需保持其在溶液中一定的浓度。pH 为 4 时，0.01 mol/L 草酸-0.005 mol/L 柠檬酸在 90℃下可去除压水堆中 80%的 ^{60}Co。酸性高锰酸钾：在碱性高锰酸钾取得一些成功的应用后，瑞典用硝酸-高锰酸钾体系去污时其去污系数为 6.4～7.3，而用碱性高锰酸钾去污时其去污系数则只能达到 1.9～2.3。铬的溶解速度比在碱性高锰酸钾溶液中快。在对酸性高锰酸钾去污方法优化后，其腐蚀速率仅为 12.7mm/年，与碱性高锰酸钾体系相当。与 AP 一样，NP(硝酸-高锰酸钾去污剂)也常被应用于低氧化态金属离子(Low-Oxidation-state Metal Ion，LOMI)去污工艺。

②高氧化体系。为了促使钚的溶解，就需要将其氧化到更高的价态。PuO_2 只有变成 PuO_2^{2+} 才能溶解于水中。所以常用强氧化性离子进行氧化处理，如 Ce(Ⅳ)、Co(Ⅲ)、Ag(Ⅱ)等离子。Ce(Ⅳ)工艺：在 1942 年就有人利用 Ce(Ⅳ)盐溶液溶解 PuO_2。四价铈可以将基态铁氧化成三价铁，而其自身被还原为三价。在应用中还以电化学方式将三价铈又氧化为四价。在某些情况下，其有特殊的效果，如 Bray 发现某些不锈钢试样 0.5 mol/L 硝酸单独去污无效，但与适量的铈混合使用时对于 ^{137}Cs 去污系数为 1000～2000。Ag(Ⅱ)工艺：在实验室中溶解 PuO_2，二价银比四价或三价铈更有效。Horner 研究了在 4 mol/L HNO_3-0.01 mol/L Ag(Ⅱ)中添加 0.03 mol/L $S_2O_8^{2-}$ 后对于 PuO_2 溶解更有效。而在 40℃时的最优条件是 4 mol/L HNO_3-0.01 mol/L Ag(Ⅱ)-$K_2S_2O_8$。

③过氧化体系。过氧化氢与硫酸、草酸等混合，用于清除由燃料残骸和裂变产物所造成的污染。过氧化氢是清除铀及其氧化物的优秀氧化剂。在美国橡树岭国家实验室发现加热到 200℃的碳钢和不锈钢用 pH 为 4 的过氧化氢-草酸-草酸盐清除铀污染，其去污系数为 100～1000，甚至更高。在过氧化氢-草酸体系中加入氢氟酸用于清除锆合金表面的氧化物，而没有对合金造成点蚀，并且腐蚀速率很低。过氧化氢-草酸-柠檬酸体系可用于在室温下软钢去污。过氧化氢-柠檬酸-草酸铵在 200℃以上的温度下对碳钢和不锈钢去污，其去污系数为 100～1000。

(6)络合处理法。络合剂可与某些离子选择性地结合形成络合物，阻止一些金属离子形成沉淀物。在去污中最常用的有乙二胺四乙酸、羟乙基乙二胺三乙酸(HEDTA)、有机酸、有机酸盐等。它们常和洗涤剂、氧化剂或酸混合使用，以提高去污系数，如前面提到的碱性高锰酸钾-柠檬酸铵-EDTA 体系等。PALMER 等将过氧化氢-碳酸盐-EDTA 混合溶液用于溶解污染物表面的二氧化铀，在 2 小时内去污率达到 95%。

6.4.3 电化学去污[45,46]

1. 清除土壤中的有毒有害重金属

清除土壤中重金属主要用电泳去污和电渗析去污技术，其方法比较简单，就是将电极组以适当的距离插入土壤，然后供以合适的工作电压。这类技术主要应用电渗析、电泳、电解原理。其中，电渗析主要是孔隙中的液体被迫通过静止的介质；电泳是固体粒子在静止的液体中迁移；电解是使得水分子离解为 H^+、OH^-。另外，还伴有离子扩散和电极上的电子反应。这些反应根据所处的特殊场合、去污过程的控制和执行条件，分别扮演着重要的角色。该技术已经被应用于清除土壤中的有机和无机污染物，如高岭土中的铅、镉离子和苯、二甲苯等有机污染物。Parker 等应用该技术将高岭土中的污染水平为 21 Bq/g 的铀污染，降低了 20%～30%。

2. 清除金属表面的有毒有害污染物

电化学技术去除金属表面的有毒有害污染物主要是利用电解原理使得金属表面的污染物脱离金属表面。与传统去污技术相比电化学去污对金属基体损伤较小、工作效率较高，而且产生的废物、废液少，便于再做进一步的处置。目前看来，应用前景较好，如可应用于手套箱中放射性废物清除，而过去是用高浓度酸清洗，这种方法效率低下同时又产生大量有毒有害废液。本书的编者陆春海曾经因为电化学去污方面的研究工作获得了军队科技进步奖，还研制了多种电化学去污装置；最近又发展了超声电化学去污等先进电化学去污技术[47]。在研究中发现溶液的性质、电流密度对于去污效率和效益有显著的影响。控制合适的 pH 可将有毒有害元素和被电解下来的铁、铬、镍等基材主成分元素沉淀、分离。美国将电化学去污方法应用于半球壳内表面的去污，取得了十分理想的效果。

3. 电化学去污的优势和存在的问题

电化学技术治理污染有着显著的优点，如设备简单、使用化学试剂量很少，因而产生的二次废物少，也就降低了环境的负担。但目前人们对于该去污技术了解不深，而且在各种实际去污场合下的去污装置和去污条件等的研究尚未深入开展，因此推广电化学去污技术尚需时日。需要进一步研究的问题是提高单位电极的表面积、缩短溶液中离子传输路径、提高离子迁移率、降低副反应以便降低能耗和成本。

6.4.4 其他化学去污新技术[45]

(1) 紫外光/臭氧/紫外光活化去污技术。紫外光/臭氧/紫外光活化去污技术和电化学去污技术一样正处于发展阶段。现在紫外光/臭氧/紫外光活化去污技术被用于除油脂、溶剂，其中用紫外光从氧气中产生臭氧并激活、分解污染物的分子，使其分解为水、二氧化碳、氯化氢。

(2) 微生物降解。微生物降解法是用刷子、喷枪或滚筒将微生物溶液涂于污染物表面，让微生物穿过表面并接触污染面。当微生物完全消耗掉污染物时，使用洗涤剂或溶剂洗涤掉反应物和大多数微生物。干燥会使残留微生物破坏，如果未破坏，则加热或化学处理(如酸洗或用表面活性剂洗涤)，使微生物失去活性。最后，使用新鲜溶剂洗掉去污面上的残留污物或其衍生物，去污时需要使表面保持适当的湿度。目前，该技术已成功地应用于污泥池及船舱中矿物油、醇、酚等。但是，现在微生物选择研究和应用研究等均处于研究起步阶段。

(3)可剥离膜去污。该技术主要利用化学去污剂溶解或疏松表面污染物，利用成膜剂黏结表面污染物，再通过膜剥离时的机械力使得污染物从去污对象表面脱落，从而实现去污。这种去污方式有利于开展大面积去污操作。卡迪诺科技(北京)有限公司与成都理工大学陆春海教授开发的可剥离膜去污技术用于西南某核设施去污，一次去污效率为 75%～96%。另外，还研究了民用去污配方，如用于建筑物表面清洁。

6.4.5　小结

去污方法主要有物理去污和化学去污，具体技术五花八门，几乎当代的各种科学技术均可在去污技术中找到影子。就目前的各种去污技术而言，均存在一定的局限性，基体材料、污染物种类、去污对象等，均对去污技术的选择有制约作用。实际去污往往是多种技术的综合应用。就今后的发展而言，作者更看好电化学去污、微波/等离子体去污、微生物去污、干冰丸去污等新技术，也相信新技术和成熟去污技术的结合会在实践中发挥更大的作用。很多技术不仅可以应用于核设施的退役和去污，同时也可以用于民用去污。

(编写：方祥洪、陆春海；审订：陆春海)

习　　题

1. 固体废物对环境和人类的污染有哪些方面？
2. 简述放射性固体废物的来源及分类。
3. 放射性固体废物的处理方式有哪些？其各自的优缺点是什么？
4. 简述国内外固体废物管理体系、原则和技术的区别与联系。
5. 收集国内外废物管理案例并与国内固体废物管理情况进行对比分析。
6. 固体废物的预处理有哪几种常见的方法？
7. 分析用焚烧法处理固体废物的优缺点。
8. 一方面森林资源越来越匮乏，另一方面在城市中每天产生大量的"木垃圾"：装修材料、淘汰的家具、木器加工厂的下脚料、绿色枝丫等。"木垃圾"已取代废塑料、废纸、金属、玻璃等，成为继"厨余"以外数量最大的城市垃圾品种。请你设计如何开发利用越来越多的"木垃圾"，建立资源节约型的"木循环系统"。

参 考 文 献

[1] 刘大海. 固体废物的分类、环境影响及污染防治措施[J]. 中国资源综合利用, 2017 (8): 82-83.

[2] 陈林, 徐慧, 张世能, 等. 环境保护概论[M]. 合肥: 合肥工业大学出版社, 2012.

[3] 李秀金. 固体废物处理与资源化[M]. 北京: 科学出版社, 2011.

[4] 廖利, 冯华, 王松林. 固体废物处理与处置[M]. 武汉: 华中科技大学出版社, 2010.

[5] 牛冬杰, 孙晓杰, 赵由才. 工业固体废物处理与资源化[M]. 北京: 冶金工业出版社, 2007.

[6] 庄伟强. 固体废物处理与利用[M]. 2 版. 北京: 化学工业出版社, 2008.

[7] 潘翠玲. 核设施放射性固体废物最小化对策建议[J]. 产业与科技论坛, 2017, 16(20): 79-80.

[8] 赵亚珂. 浅谈核电厂放射性固体废物处理技术[J]. 山东工业技术, 2015 (21): 144.

[9] 郭志敏. 放射性固体废物处理技术[M]. 北京: 原子能出版社, 2007.

[10] 莫祖明. 低、中水平放射性固体废物处置现状及发展[J]. 商品与质量, 2015 (43): 372.

[11] 唐杨, 樊一军, 沙沙, 等. 放射性固体废物管理实践与经验[J]. 科技视界, 2017 (12):185-190.

[12] 杨洋. 浅谈放射性固体废物压缩减容技术[J]. 探索科学, 2016 (12): 1.

[13] 宇鹏. 固体废物处理与处置[M]. 北京: 北京大学出版社, 2016.

[14] 陈良, 吴雪松, 饶仲群, 等. 放射性废物水泥固化桶外混合技术分析[J]. 核科学与工程, 2017, 37(3): 386-392.

[15] 孙奇娜, 李俊峰, 王建龙. 放射性废物水泥固化研究进展[J]. 原子能科学技术, 2010 (12): 1427-1435.

[16] 王锡林, 等译. 放射性废物的水泥固化 译文集[M]. 北京: 中国原子能出版社, 1982.

[17] 余绍宁, 田伍训. 放射性废物水泥固化处理技术概况[J]. 海军军事医学, 1993 (1-4): 169-173.

[18] 王宝贞, 邵刚译. 放射性废物的沥青固化处理[M]. 北京: 原子能出版社, 1977.

[19] 严沧生, 梁永丰, 战仕全. 放射性废树脂处理技术工程应用的选择[J]. 辐射防护, 2016, 36(4):232-239.

[20] 方祥洪, 马若霞, 杨彬, 等. 放射性废树脂处理方法研究[J]. 广州化工, 2015, 43(3):6-7.

[21] 刘坤贤, 王邵, 韩建平, 等. 放射性废物处理与处置[M]. 北京: 中国原子能出版社, 2012.

[22] 罗上庚. 塑料固化处理放射性废物[J]. 化学世界, 1985 (11): 29-31.

[23] 王定国. 日本处理放射性废物的新技术——塑料固化[J]. 国外核新闻, 1980 (17): 22.

[24] 黄斌. 放射性废物玻璃固化发展状况[J]. 国外核新闻, 1985 (4): 26-33.

[25] 刘丽君, 张生栋. 放射性废物冷坩埚玻璃固化技术发展分析[J]. 原子能科学技术, 2015, 49(4): 589-596.

[26] 徐凯. 核废料玻璃固化国际研究进展[J]. 中国材料进展, 2016,35(7): 481-488.

[27] 靳海睿. 三门核电站放射性废物处理工艺[J]. 辐射防护通讯, 2015 (2): 1-6.

[28] 杜洪铭, 靳松, 刘天险, 等. 放射性固体废物压缩减容技术研究[J]. 原子能科学技术, 2015, 49(8): 1515-1520.

[29] 可燃放射性废物焚烧翻译组. 可燃放射性废物的焚烧译文集[M]. 北京: 中国原子能出版社, 1984.

[30] 蒋宏, 刘春雨, 王云. 某放射性废物焚烧装置运行问题总结及整改建议[J]. 化工管理, 2017 (29): 4-5.

[31] 罗上庚. 放射性废物的焚烧处理[J]. 核技术, 1990, 13(1): 1-9.

[32] 马明燮. 放射性废物的焚烧处理[J]. 辐射防护, 1991(3):161-173.

[33] 王义义, 周连泉, 马明燮, 等. 多用途放射性废物焚烧系统的工艺流程[J]. 辐射防护, 2002, 22(6): 321-325.

[34] 王培义, 周连泉, 马明燮, 等. 多用途放射性废物焚烧系统工程验证试验[J]. 辐射防护, 2002, 22(6): 334-342.

[35] 杨丽莉, 王培义, 张晓斌. 法国放射性废物焚烧技术[J]. 辐射防护通讯, 2008 (6): 26-28.

[36] 郑博文, 李晓海, 王培义, 等. 放射性废物焚烧设施烟气净化系统运行经验及改进[M].辐射防护, 2012(2), 118-124.

[37] 李清海, 王菲菲, 李清原, 等. 混凝土高整体容器(HIC)用密封材料力学性能研究[J]. 新型建筑材料, 2013 (10): 77-79.

[38] 裴勇, 潘跃龙. 高整体容器在我国放射性废物管理中的应用分析[J]. 核动力工程, 2012 (3): 125-128.

[39] 方祥洪, 马若霞, 杨彬, 等. 放射性废树脂处理方法研究[J]. 广州化工, 2015, 43(3): 6-7.

[40] 周焱, 张海峰. 核电站低中放废树脂热态超压处理技术应用探讨[A]. 第八届(2012 年)北京核学会核应用技术学术交流会. 中国重庆, 2012.5.

[41] 周焱, 张海峰. 核电站低中放废树脂热态超压处理技术应用探讨[J]. 原子能科学技术, 2012, (S1): 142-146.

[42] 朱来叶. 废树脂 Hot Super-Compaction(热态超级压缩)工艺在核电站中的应用[A]. "创新——核科学技术发展的不竭源泉"——中国核学会 2009 年学术年会. 中国北京, 2009.8.

[43] 林力, 马兴均, 陈先林, 等. 放射性废物蒸汽重整处理及矿化技术发展现状及展望[J]. 科技创新导报, 2015 (18): 6-10.

[44] 马若霞, 方祥洪, 杨彬. 蒸汽重整技术处理放射性废树脂[J]. 核科学与技术, 2015 (4): 121-125.

[45] 陈敏, 张成江, 倪师军. 核设施退役中的物理去污新技术简介[J]. 环境科学导刊, 2005, 24(s1):32-35.

[46] 陆春海, 孙颖. 化学去污技术的发展及其在核设施退役中应用[J]. 环境技术, 2002, 20(1):25-32.

[47] 陆春海, 郎定木, 刘雪梅,等. 电化学去污对基体材料不锈钢抗腐蚀性能的影响[J]. 原子能科学技术, 2003, 37(6):481-484.

[48] Lu C, Tang Q, Chen M, et al. Study on ultrasonic electrochemical decontamination[J]. Journal of Radioanalytical and Nuclear Chemistry, 2018, 316(1): 1-7.

第7章 土壤环境污染与防治

7.1 概 述

7.1.1 土与土壤污染

土壤是地球表面能生长植物的一层疏松物质。它是成土母质在一定水热条件和生物的作用下，经过一系列物理、化学和生物化学的作用而形成的。土壤不仅是物质分解者的栖息场所，还是物质循环的重要环节，而且它作为一种重要的自然资源，也是人类赖以生存的基础。

土壤圈是覆盖于地球陆地表面和浅水域底部的土壤所构成的一种连续体或覆盖层，犹如地球的地膜，通过它与其他圈层之间进行物质能量交换。它是岩石圈顶部经过漫长的物理风化、化学风化和生物风化作用的产物。土壤圈是地球系统的重要组成部分，既是地球系统的产物，又是地球系统的支持者。它支持和调节生物圈中的生物过程，提供植物生长的必要条件；它作为地球的皮肤，对岩石圈有一定的保护作用，而它的性质又受到岩石圈的影响。

土壤背景值是监测区域环境变化、评价土壤污染和土壤环境影响的重要指标和基础资料。土壤环境容量是土地处理系统中对污水净化能力、指定处理单元的水负荷、灌水量、重金属化学容量等数值计算的依据。由于土壤环境质量标准确定不仅与污染物的种类形态有关，还与其他诸多因素(如土壤类型和土壤理化性质等)有关，因此需要了解土壤环境质量标准，积极开展土壤环境质量评价研究，进行区域土壤污染风险评价与安全区划，控制土壤污染发生[1]。

人为活动产生的污染物进入土壤并积累到一定程度，会引起土壤质量恶化，进而造成农作物中某些指标超过国家标准的现象，称为土壤污染。污染物进入土壤的途径是多样的，废气中含有的污染物质，特别是颗粒物，在重力作用下沉降到地面进入土壤，废水中携带大量污染物进入土壤，固体废物中的污染物直接进入土壤或其渗出液进入土壤。其中最主要的是污水灌溉带来的土壤污染。农药、化肥的大量使用，造成土壤有机质含量下降，土壤板结也是土壤污染的来源之一。土壤污染除导致土壤质量下降、农作物产量和品质下降之外，更为严重的是土壤对污染物具有富集作用，一些毒性大的污染物，如汞、镉等富集到农作物果实中，人或牲畜食用后会发生中毒[2]。

对于土壤污染的治理，首先要减少农药使用；同时还要采取防治措施，如针对土壤污染物的种类，种植有较强吸收力的植物，降低有毒物质的含量；或者通过生物降解净化土壤；或者施加抑制剂改变污染物质在土壤中的迁移转化方向，减少农作物的吸收，提高土壤的 pH，促使镉、汞、铜、锌等形成氢氧化物沉淀。此外，还可以通过增施有机肥、改变耕作制度、换土、深翻等手段，治理土壤污染。

7.1.2 土壤污染与防治的兴起与发展

20 世纪五六十年代，日本由于片面追求工业和经济的发展，加之对当时环境问题缺乏应有的知识，在日本曾出现了一系列由于环境问题所导致的污染公害事件，因此，日本是世界上土壤污染发现最早，也是污染较为严重的国家之一。经历了日本土壤镉污染及 1977 年著名的"拉夫运河污染事件"，使得日本和美国等开始认识到土壤污染的巨大危害，土壤污染与防治研究开始步入正轨[3]。

国际上修复土壤环境污染技术的发展大致分为两个阶段。第一个阶段，在欧洲和美国一般采用化学、物理的方法来治理污染土壤，这种技术所需要的费用很昂贵，而且效果不甚理想。现在，土壤污染技术已经发展到第二个阶段，正在开发利用自然修复技术，这是一种比较经济的修复技术，起到生物降解和形态转化的作用。针对有机污染的技术，用植物、细菌和真菌联合加速有机物的降解；针对无机污染的技术，利用无机修复可以把一部分重金属从土壤中带走；还可以在土壤中加入一些化学物质，降低重金属的生物有效性。对于重金属污染严重的土壤只能挖走或进行土壤的冲洗和清洁，这样的技术费用比较高。

目前，我国土壤污染的总体形势严峻，部分地区土壤污染严重，在重污染企业或工业密集区、工矿开采区及周边地区、城市和城郊地区出现了土壤重污染区和污染高风险区。我国受镉、汞、砷、铅等重金属污染的耕地面积近 5000 万公顷，土壤侵蚀和土壤酸化面积已分别超过中国国土总面积的 30% 和 40%。其中，工业"三废"污染耕地约为 1000 万公顷，污水灌溉的农田面积已达 330 多万公顷。据统计我国土壤总超标率达到 16.1%，其中重度污染点位比例为 1.1%。土壤污染以无机型为主。南方土壤污染重于北方。耕地土壤点位超标率为 19.4%，林地点位超标率为 10.0%，草地点位超标率为 10.4%，未利用地点位超标率为 11.4%[4]。土壤污染类型多样，呈现出新老污染物并存、无机有机复合污染的局面。土壤污染途径多，原因复杂，控制难度大。土壤环境监督管理体系不健全，土壤污染防治投入不足，全社会防治意识不强。由土壤污染引发的农产品质量安全问题和群体性事件逐年增多，已成为影响民众身体健康和社会稳定的重要因素。

7.1.3 土壤环境问题及危害

土壤中放射性核素的释放情况与核素种类、土壤特性有关。例如，在切尔诺贝利核电站事故中，除了河水受到放射性沉降物的污染，土壤受淋溶释放的放射性核素的污染也不容忽视。因为核电站使用的核燃料中的 UO_2 一般以微细的粒子形态存在，所以，UO_2 在地表环境中化学稳定性较差，事故发生后，以微小粒子态释放到环境中的 UO_2 遇到降水和土壤有机质时很容易溶解，产生质变过程。^{137}Cs 具有易被土壤黏粒吸附的性质，尤其是层状结晶结构黏土矿的层间距离与 Cs 的离子半径大致相等，使 Cs 离子进入结晶层中间发生质变。例如，Sr 的迁移转化形式与 Ca 相似，一般不被黏土矿物吸附，难以形成无机或有机络合物，容易在淋溶后从受污染的土壤中向水系迁移。

1. 土壤环境问题

土壤不仅是一种生产资料，而且是一种环境要素。目前人们较为关心的土壤环境问题主要有 3 个方面：①人类的大规模生产、生活活动改变了影响土壤发育的生态环境，使土壤本身的自然循环状态受到影响或破坏；②现代化农业生产对农药、化肥的大量使用，使土壤遭受长期污染；③现代城市发展及现代工业排放的大量废气、废水和废渣中的各种污染物，常常经过不同的方式污染土壤。

2. 土地利用类型的变化

人类对土地资源利用的直接后果是土地利用类型比例的变化，它影响着土壤生态平衡、经济发展和与环境的协调性。土壤退化进一步使土壤肥力和农产品产量、质量下降，最终导致土壤资源与人口之间的矛盾激化，生态平衡陷入恶性循环。

(1)现代农业使土壤环境长期遭受污染。

随着现代农业的发展，为提高土壤单位面积产量而不断增加化肥和农药的施用量，为了缓和并解决水资源紧缺而采用污水灌溉和土地处理系统，为提高土壤有机质含量而在农田施河道污泥与生活有机垃圾等，这些过程和措施都使土壤环境中污染物质的累积量逐渐增加，最终导致土壤环境的污染。

(2)城市及工业对土壤环境的污染。

城市化、工矿业和其他建设项目等的非农用地所占的面积比例在惊人地增长，它不但加剧了土壤资源和人口膨胀之间的矛盾，而且使土地环境污染的面积急剧扩张，污染程度不断加重。

迄今为止，除环境学、土壤学、农学、地学和生态学学科的部分学科工作者之外，其他学者对土壤环境问题还远没有像对全球气候变化、臭氧层变化及酸雨等问题那样给予重视和关注，其原因是多方面的。①缺乏对土壤环境污染危害性的正确评价。土壤污染绝不是孤立的个别和局部的公害事例，而是日趋严重的全球性环境问题；土壤环境重金属污染、农药有机物污染、化肥污染、放射性污染等全球性土壤污染问题日趋严重。而且土壤环境一旦遭受污染便难以治理，其危害深远。这些问题，目前尚没有被深刻认识和受到足够的重视。②由于土壤污染的特点——渐进性、隐蔽性和复杂性，使它不像大气和水污染那样易被人们直接察觉。③土壤环境污染对生物和人体的影响或生态效应是间接的，具后效应，即其危害是通过在食物链中逐级积累的方式显示出来的。因此，人们往往是身受其害而不知。

为了保证农畜产品质量和人体健康、促进市场经济发展，大力开展对土壤环境污染防治研究，唤起和提高人们的土壤环境保护意识，以及保护农业生态系统和全球地表环境，已是刻不容缓的具有现实意义和深远历史意义的重大课题。

3. 土壤环境污染的危害

(1)土壤环境污染危害有以下几个特点。

①隐蔽性和滞后性：土壤环境污染具有隐蔽性和滞后性。大气污染、水污染和废弃物污染等问题一般都比较直观，通过感官就能发现。而土壤环境污染则不同，它往往要通过对土壤样品进行分析化验和对农作物的残留检测，甚至通过研究对人畜健康状况的影响才

能确定。因此土壤环境污染从产生污染到出现问题通常会滞后较长的时间。

②积累性和地域性：污染物在土壤环境中并不像在水体和大气中那样容易扩散和稀释，因此容易不断积累而达到很高的浓度，从而使土壤环境污染具有很强的地域性特点。

③不可逆性和长期性：污染物进入土壤环境后，自身在土壤中迁移、转化，同时与复杂的土壤组成物质发生一系列吸附、置换、结合作用，其中许多为不可逆过程，污染物最终形成难溶化合物沉积在土壤中。多数有机化学污染物质需要很长的降解时间，如被某些重金属污染后的土壤可能需要 100～200 年的时间才能够逐渐恢复。所以，土壤一旦遭到污染，就极难恢复。

④周期长和难治理性：土壤污染很难治理。如果大气和水体受到污染，则需切断污染源之后进行稀释作用和自净化作用。土壤环境污染一旦发生，仅仅依靠切断污染源的方法则往往很难恢复，有时需要靠换土、淋洗土壤等方法才能解决问题，其他治理技术可能见效较慢。因此，治理污染土壤通常成本较高，治理周期较长。

(2) 土壤污染导致严重的经济损失。

对于各种土壤污染造成的经济损失，根据 2014 年全国土壤污染调查公报，全国土壤环境状况总体不容乐观，部分地区土壤污染较重，耕地土壤环境质量堪忧，工矿业废弃地土壤环境问题突出。工矿业、农业等人为活动及土壤环境背景值高是造成土壤污染或超标的主要原因。全国土壤总的超标率为 16.1%，其中轻微、轻度、中度和重度污染点位比例分别为 11.2%、2.3%、1.5% 和 1.1%。污染类型以无机型为主，有机型次之，复合型污染比重较小，无机污染物超标点位数占全部超标点位的 82.8%。从污染分布情况来看，南方土壤污染重于北方；长江三角洲、珠江三角洲、东北老工业基地等部分区域土壤污染问题较为突出，西南、中南地区土壤重金属超标范围较大；镉、汞、砷、铅 4 种无机污染物含量分布呈现从西北到东南、从东北到西南方向逐渐升高的态势。

(3) 土壤污染导致农作物产量和品质不断下降。

土壤污染直接危害农作物的产量和质量。农作物基本都生长在土壤上，如果土壤被污染了，污染物就通过植物的吸收作用进入植物体，并可长期积累富集，当含量达到一定数量时，就会影响农作物的产量和品质。我国农业区重金属含量较高的主要分布在广东(Pb、As)、广西(Pb、Cd、As)、湖北(Pb、Cd、Cr)、安徽(Cd、As)的部分地区(Cr)，以及山东(Hg，As)、湖南(Cd)、江西(Cd)、内蒙古(Hg)和新疆(Cr)的部分地区。

土壤污染除了影响食物的卫生和质量，也影响农作物的其他品质。据中国农业科学院对某地 32 种主要蔬菜的检测，蔬菜硝酸盐含量比 20 世纪 80 年代增加 1～4 倍，其中有 17 种蔬菜的硝酸盐含量超过欧盟提出的最低量标准；北京和上海等大中城市及华南地区蔬菜的硝酸盐污染超标现象十分普遍。据江苏沿海地区农业科学研究所报道，铅(Pb)、镉(Cd)、铬(Cr)等重金属是我国蔬菜主要重金属污染物；工业发达地区的蔬菜重金属污染程度较严重；叶菜类蔬菜比根茎类和果实类蔬菜较易被重金属污染。刘景红等发现重庆市不同种类蔬菜的 Cd 污染程度从强到弱依次是叶菜类→茄果类→豆类→瓜果类，说明叶菜类容易积累 Cd。魏秀国等研究发现，广东省广州市各蔬菜的重金属吸附能力从强到弱依次为叶菜类→根茎类→茄果类→豆类，而叶菜类中菠菜、芹菜和白菜重金属吸附能力最强，萝卜对 Pb 的吸附能力最弱。岳振华等研究发现，湖南地区叶菜类对 Cu、Zn、Cd、Pb 的吸收能力一般均大于茄果类和根茎类，在叶菜类中苋菜、白菜的富集能力较强，而结球甘蓝较弱。

综上所述，我国大部分城市中重金属元素在蔬菜中的积累现象是明显存在的，一部分蔬菜中重金属含量甚至已经超过了食品卫生安全标准。由于各城市进行蔬菜重金属污染的评价标准不同，因此评价结果可能有一定的偏差。但从统计中也可以看出，工业发达地区的蔬菜重金属污染程度比其他城市严重，如广东省深圳市市售菠菜和芹菜中 Cd、Cr 的污染程度相较于其他城市明显偏高；湖北省武汉市市售黄瓜和菠菜中的 Pb、As 的污染程度相较于其他城市也明显偏高。

土壤污染造成农业损失主要可分为 3 类：①土壤污染物危害农作物的正常生长和发育，导致产量下降，但不影响品质；②农作物吸收土壤中的污染物质而使收获部分品质下降，但不影响产量；③不仅导致农作物产量下降，同时也使收获部分品质下降。这 3 种类型中，第 3 种情况较为多见。一般来说，植物的根部吸收积累量最大，茎部次之，果实及种子内最少，但经过长时间的积累富集，其绝对含量是很大的。加之人类不仅食用农作物的果实和种子，还食用某些农作物(蔬菜)的根和茎，所以其危害就可想而知了。土壤环境污染除了影响农产品的卫生质量，也明显影响农作物的其他品质。

(4) 土壤环境污染对生物体健康的危害。

土壤环境污染对生物体的危害主要是指土壤中收容的有机废弃物或含毒废弃物过多，影响或超过了土壤的自净能力，从而在卫生学上和流行病学上产生了有害影响。

土壤环境污染影响人类的生存健康，污染物在被污染的土壤中迁移、转化进而影响人体的健康，主要是通过气、水、土、植物、食物链途径；土壤动物和土壤微生物则直接从污染的土壤中吸收有害物质，这些有害物质通过土壤动物和土壤微生物参与食物链最终将进入人体，所以土壤是污染物进入人体的食物链的主要环节。作为人类主要食物来源的粮食、蔬菜和畜牧产品都直接或间接来自土壤，污染物在土壤中的富集必然引起食物污染，危害人体的健康。土壤污染对人体健康的影响很复杂，大多是间接的长期慢性影响。

①重金属污染。对人体健康的影响的研究表明，一些地区居民肝脏肿大与土壤和粮食污染有明显的关系。广西某矿区因污水灌溉而使稻米的含镉浓度严重超标。当地居民长期食用这种"镉米"后已经开始出现腰酸背痛和骨节痛等"痛痛病"的症状。经过骨骼透视后确定，已经达到"痛痛病"的第三阶段[6]。

工业废水和生活污水如不加处理进行灌溉，土壤中积累的有害重金属的量和种类就会越来越多，通过食物链或污染饮用水进入人体，给人体健康造成危害。镉、铬、锰、镍等重金属还能在人体的不同部位引起癌症，而且重金属在土壤中不分解，即使不再受到污染，浓度仍然较高。

在生产过磷酸钙工厂的周围，土壤中砷和氟的含量显著增高。砷中毒是我国常见的一种重金属中毒恶性事件。砷主要作用于人的皮肤和肺部，导致硬皮病、皮肤癌和肺癌。天然水中含微量的砷，若水中含砷量高，除地质因素之外，主要是工业废水和农药所致。砷化物是有毒物质，可从呼吸道、食物或皮肤接触进入人体。砷化物能抑制酶的活性，干扰人体代谢过程，使中枢神经系统发生紊乱，导致毛细血管扩张，并有致癌的可能[7]。

铅是一种重要的神经毒物。低浓度的铅能损伤神经系统的许多功能，但主要是影响儿童的智力发育。视觉活动反应时间可以反映儿童中枢神经发育成熟及对事物反应速度的快慢。用这两项指标对不同血铅水平的儿童作测定，结果表明，随着儿童体内血铅浓度的增加，儿童的智商会降低，也就是说，血铅浓度高的，智力发育差。血铅浓度小于 0.8 μmol/L，儿童智商平均为 109，反应时间为 0.58 ms。儿童在发育早期严重铅中毒引起的智力和脑功能损伤是不可逆的。目前，我国儿童血铅超标率为 10%～30%[8]。我国有众多的铅锌矿，存在着巨大的环境铅污染源。我国蓄电池企业有近半数是铅锌蓄电池厂，相当一部分是乡镇企业，有些工厂生产很不规范，极易造成环境污染，淮河流域、渤黄海地区成百上千的小炼铅厂所造成铅、镉、汞、砷、锰的污染也相当严重[9]。

汞毒害表现为以下几个方面。a. 引起急性中毒。多数病例是由于短时间内大量吸入高浓度的汞蒸气几小时后引起的，主要是急性间质性肺炎与细支气管炎[7]。吸入浓度高与时间长者病情严重。b. 引起慢性中毒。施用含有机汞的农药后，农产品中农药残毒引起食用者慢性中毒，主要影响神经系统和生殖系统；或者是由于长期吸入金属汞蒸气引起，最先出现一般性神经症状，如轻度头昏头痛、健忘、多梦等植物神经功能紊乱现象。c. 有机汞影响人体内分泌和免疫功能，使人体抵抗力下降，以及肾脏受到损害。d. 汞沉积在土壤中，毒害动植物。

②有机污染物的影响。多环芳烃(polycyclic aromatic hydrocarbon，PAHs)是由 2～7 个苯环所组成的角状、线状或团状的化合物，是一类广泛存在于环境中的典型持久性有机污染物(persistent organic pollutants，POPs)，具有致癌、致畸和致突变作用。目前已知的 PAHs 有 100 种以上。研究表明，低环 PAHs 表现为对生物的急性毒性，而高环 PAHs 则具有强致畸性、致突变性。PAHs 在环境中的降解随着苯环数的增加，其降解率也越来越低。土壤中的 PAHs 主要来源于大气沉降、污水灌溉、工业渗漏和工业废弃物倾倒。由于 PAHs 溶解度低，辛醇-水分配系数高，因此水溶性差，常被吸附于土壤颗粒上。当 PAHs 超过土壤的降解能力时会产生大量的积累，如果存在持续的污染源，PAHs 在土壤中就会造成显著积聚。土壤表面的 PAHs 污染还可能通过迁移作用引发深层土壤或地下水污染。

有机氯类杀虫剂具有积累性、疏水性、难降解性、远距离迁移性等特点，其可通过各种暴露途径分布到动物和人体各个器官和组织，从而威胁动物和人类的健康。在 2000 年签署的斯德哥尔摩公约中提出的优先控制的有机污染物中，有机氯类杀虫剂就占到 9 种，包括 DDTs、HCHs 和狄氏剂等。有机氯农药生产场地土壤污染水平高，污染成分复杂，严重影响土壤中的物质循环、能量转换过程及微生物的群落变化和基因的多样性。有毒有害化学物的输入，影响了土壤中微生物的动态异常变化，增大了生物过程、物质迁移途径的复杂程度；减少了微生物的丰度和多样性，并且增加基因的不确定性。这些都加大了污染土壤的治理难度。

③土壤病原体污染的影响。土壤病原体主要来自含病原体的人畜粪便、垃圾、生活污水、医院污水、工业废水。凡直接施用未经无害化处理的人畜粪肥和污水灌溉或利用其底泥施肥，都会使土壤受到病原体的污染。能污染土壤的肠道细菌有沙门菌、志贺菌、伤寒杆菌、霍乱弧菌等。天然土壤中也存有破伤风梭状芽孢杆菌，能在土壤中存活很长时间。此外，土壤又是蠕虫卵或幼虫生长发育的重要场所。它们在一定条件下能存活较长时间，如蛔虫卵在潮湿的土壤中能存活两年以上。

结核病人的痰液含有大量结核杆菌，如果随地吐痰，就会污染土壤，水分蒸发后，结核杆菌在干燥而细小的土壤颗粒上还能生存很长时间。这些带菌的土壤颗粒随风进入空气，人呼吸带菌的空气，就会感染结核病。

有些人畜共患的传染病或与动物有关的疾病的病原体，也可通过土壤传染给人。例如，患钩端螺旋体病的牛、羊、猪和马等，可通过粪尿中的病原体污染土壤。这些钩端螺旋体在中性或弱酸性的土壤中能存活几年甚至十几年；破伤风杆菌和气性坏疽杆菌来自感染的动物粪便，特别是马粪。人受伤后，若伤口被泥土感染，特别是深的刺穿伤口，很容易感染破伤风或气性坏病。此外，被有机废弃物污染的土壤，是蚊、蝇孳生和鼠类繁殖的场所，而蚊、蝇和鼠类又是许多传染病的媒介。因此，被有机废弃物污染的土壤，在流行病学上被视为特别危险的物质。

④放射性物质污染的影响。放射性废物主要来自核爆炸的大气散落物，以及工业、科研和医疗机构产生的液体或固体放射性废物释放出来的放射性物质。由核裂变产生的两个重要的长半衰期放射性元素是 ^{90}Sr 和 ^{137}Cs。空气中的放射性 ^{90}Sr 可被雨水带入土壤中。因此，土壤中含 ^{90}Sr 的浓度常与当地降雨量成正比。此外，^{90}Sr 还吸附于土壤的表层，经雨水冲刷也将随泥土流入水体。^{137}Cs 在土壤中吸附得更为牢固。有些植物能积累 ^{137}Cs，因此，高浓度的放射性 ^{137}Cs 能随这些植物体进入人体。当土壤被放射性物质污染后，便能引起疾病，甚至诱发癌症。

土壤被放射性物质污染后，通过放射性衰变，能产生 α 射线、β 射线和 γ 射线。这些射线能穿透人体组织，可使机体的一些组织细胞死亡。这些射线对机体既可造成外照射损伤，又可通过饮食或呼吸进入人体，造成人体内照射损伤，使受害者头晕、疲乏无力、脱发、白细胞减少或增多、发生癌变等。

7.2　土壤环境污染及其防治

7.2.1　土壤环境污染

1. 土壤污染的过程

土壤环境中的污染物的输入和积累与土壤环境的自净作用是两个相反而又同时进行的对立统一的过程，在正常情况下，二者处于一定的动态平衡状态。在这种平衡状态下，土壤环境是不会发生污染的。但是，如果人类的各种活动产生的污染物质，通过各种途径输入土壤，其数量和速度超过土壤环境的自净作用的速度，打破污染物在土壤环境中的自然动态平衡，使污染物的积累过程占据优势，可导致土壤环境正常功能的失调和土壤质量的下降；或者土壤生态发生明显变异，导致土壤微生物区系的变化，如土壤酶活性降低；同时，由于土壤环境中污染物的迁移、转化，引起大气、水体和生物的污染，并通过食物链最终影响人类的健康。当土壤环境中所含污染物的数量超过土壤自净能力或当污染物在土壤环境中的积累量超过土壤环境基准或土壤环境标准时，称为土壤环境污染。

土壤污染的过程有其自身的特点。首先，从土壤污染本身的特点来看，土壤污染具有渐进性、长期性、隐蔽性和复杂性的特点。它对动物和人体的危害往往通过农作物包括粮食、蔬菜、水果或牧草，即通过食物链逐级积累危害，人们往往身处其害而不知所害，不像大气污染、水体污染易被人直接察觉。其次，从土壤污染的原因来看，土壤污染与造成土壤退化的其他类型不同。土壤沙化、水土流失、土壤盐渍化和次生盐渍化、土壤潜育化等是由于人为因素和自然因素共同作用的结果。而土壤污染除极少数突发性自然灾害(如火山爆发)之外，主要是由人类活动造成的。随着人类社会对土地要求的不断扩展，人类在开发、利用土壤，向土壤高强度索取的同时，向土壤排放的废弃物的种类和数量也日益增加。当今，人类活动的范围和强度可与自然的作用相比较，有的甚至比后者更大。土壤污染就是人类谋求自身经济发展的副产品。

2. 土壤污染的特点

土壤污染的第一个特点是它不像大气污染、水体污染一样容易被人们发现和察觉，因为各种有害物质在土壤中总是与土壤相结合，有的有害物质被土壤生物所分解或吸收，从而改变其本来性质和特征，它们可被隐藏在土壤中或以难以被识别、难以被发现的形式从土壤中排出，当土壤将有害物质输送给农作物，再通过食物链而损害人畜健康时，土壤本身可能会继续保持其生产能力。所以，土壤污染具有隐蔽性。

土壤污染的第二个特点是土壤对污染物的富集作用。土壤对污染物进行吸附、固定，其中也包括植物吸收，从而使污染物聚集于土壤中。在进入土壤的污染物中，多数是无机污染物，特别是重金属和放射性元素都能与土壤有机质或矿物质相结合，并且长久地保存在土壤中，无论它们如何转化，也很难重新离开土壤，成为顽固的环境污染问题；而有机物在土壤中能受到微生物分解逐渐失去毒性，其中有些成分还可能成为微生物的营养物来源。

土壤污染的第三个特点是通过它的产品——植物表现其危害。植物从土壤中除吸取它们所必需的营养物质之外，同时也被动地吸收土壤中的有害物质，使有害物质在植物体内富集以至达到危害生物自身或人、畜的含量水平。即使没有达到有害水平的含毒植物性食物，只要被人、畜食用，其有害物质也可以在人或动物体内日积月累，最后引起病变。

土壤污染不能像大气、水体那样以某种物质超出某种标准来表示，因为土壤污染很难用化学组成的变化来衡量，即使是未受任何污染的土壤其组成也是不固定的，某些物质含量的变动不意味着土壤正常功能受到障碍。对土壤功能的破坏最明显的标志是使农作物产量和质量发生下降，然而，某种污染物侵入土壤，影响到农作物生长并不能立即反映出来，要确定某化合物是否对土壤起污染作用，必须研究其毒性效应，研究污染物在土壤中的迁移和富集特点。因为，污染物进入土壤后，通过土壤对污染物的物理吸附、胶体作用、化学沉淀、生物吸附等一系列过程与作用，使其不断在土壤中积累，当其含量达到一定程度时，才引起土壤污染。这涉及土壤的净化功能。

土壤净化是指土壤本身通过对污染物的吸附、分解、迁移、转化等作用，使污染物的浓度降低至消失的过程。土壤之所以具有净化功能，是因为土壤在环境中有 3 个方面的作用[10]：①土壤中含有各种各样的微生物和土壤动物，这些生命体对外界进入土壤中的各种物质都有分解、转化作用；②土壤中存在复杂的有机和无机胶体体系，其通过吸附、解吸、代换等过程，对外界进入土壤中的各种物质起着"加工作用"，可使污染物发生形态转化；③土壤是绿色植物生长的基地，通过植物生命活动，土壤中的污染物质可被其转化、吸收和转移。

在土壤中污染物的积累和净化是同时进行的，是两种相反作用的对立统一过程，两者处于一定的相对平衡状态。如果输入土壤的污染物质其数量和速度超过了土壤的净化作用速度，打破了积累和净化的自然动态平衡，就使积累过程逐渐占据优势。当污染物质积累达到了一定的程度，就必然导致土壤正常功能的丧失，使土壤质量下降，进而影响植物生长发育、使植物体内污染物质含量增高，并通过食物链最终影响人体健康。

3. 土壤污染物质

土壤污染物质是指进入土壤并影响土壤正常性质、功能、作用的物质，即能使土壤成分发生改变、降低农作物生产的数量和质量并对人体健康产生危害的那些物质。按污染物性质大致分为如下几类。

(1) 重金属类污染物。

在环境科学领域相关研究中提及的重金属元素主要是指一些相对密度大于 4 的微量金属(含个别半金属)元素，主要有 Cr、Mn、Co、Ni、Cu、Zn、Rb、Sr、Zr、Mo、Ag、Cd、Sn、Sb、Ba、W、Re、Os、Ir、Pt、Au、Hg、Pb、Bi、Po，以及半金属元素 Se、As 等。实际中，较常见的一些重金属污染物有 Hg、Cd、Pb、Cu、Zn、Ni、Cr、Co、Se 和 As 等。重金属不能为土壤微生物所分解，而且可为生物所富集，因此土壤一旦被重金属污染，就难以彻底消除，会对土壤环境形成长期潜在的威胁。重金属主要通过以下几条途径进入土壤：使用含重金属的废水进行灌溉；使用含重金属的废渣、污泥作为肥料；使用含重金属的农药制剂等；含重金属的粉尘沉降进入土壤[11]。

(2) 农药、化肥类污染物。

主要的化学农药、除草剂包括有机氯类、有机磷类、氨基甲酸酯类和苯氧羧酸类。有机氯类包括 666、DDT、艾氏剂、狄氏剂等；有机磷类包括马拉硫磷、对硫磷、敌敌畏等；氨基甲酸酯类有的为杀虫剂，有的为除草剂；苯氧羧酸类包括如 2,4-D、2,4,5-T 等除草剂。

化肥类主要包括氮肥类和磷肥类。这类合成有机污染物主要通过农业生产活动进入土壤，除一部分发挥作用之外，另一部分因其固有的稳定、不易分解特性而在土壤中积累，长此以往造成土壤污染。

(3) 有机物类污染物。

除农药之外，土壤中的有机污染物主要来自工业"三废"，较常见的有酚、石油类、多氯联苯、苯并芘等有机化合物。这类污染物由于其独特的热稳定性能、化学稳定性能和绝缘性能，在生活和生产中用途很广，常造成严重的积累后果。特别是某些有激素效应的种类，对动物的生殖功能有干扰作用或负面影响，对其毒害效果的消除治理是人类面临的一大环境课题。

7.2.2　土壤环境污染的防治

土壤污染的防治主要措施有控制和消除外排污染源、土壤改造和植物修复法、农药微生物降解等。对于不同的污染物，在实际工作中常常采用不同的治理措施[12]。

切断污染源是消减、消除土壤污染的有效措施。尽可能避免工矿企业重金属与有害有机污染物等各类污染物的任意排放，尽量避免其输入土壤环境，是防止土壤环境遭受污染的最根本的也是最重要的原则。

土壤环境污染的防治主要包括以下几方面。

(1)控制含有重金属有害气体和粉尘的超标排放。需要加大工矿企业污染控制力度，完善产业准入条件，严格环境执法，对造成土壤严重污染的工矿企业实行限期治理，对耕地和集中式饮用水水源保护区内历史遗留的工矿污染及其土壤环境安全隐患进行排查和专项整治。加强集中式治污设施的环境监管，规范危险废物储存和处理设施运营，防止对周边土壤造成污染；加强农业生产过程环境监管。强化肥料、农药、农膜等农用投入品使用的环境安全管理，从严控制污水灌溉和污泥农用；加大农业面源污染控制力度，大力发展生态农业，加强无公害、绿色和有机农产品生产基地建设；优化产业规划布局；加强规划，合理布局，防止重污染企业、各类工业园区、经济开发区、高新技术区、各类资源开发、开采等建设活动对周边土壤造成污染。通过区域环评、规划环评、项目环评等手段，防止各种无序开发项目造成土壤污染；防止重污染企业由城市向农村转移，避免造成新的土壤污染。

(2)严格执行污灌水质标准和控制污水超标排放。需要加强受污染耕地土壤安全利用管理。耕地土壤污染较重的，要结合当地实际，采取农艺措施调控、种植业结构调整、土壤污染治理与修复等综合措施，确保耕地土壤环境安全，防止农产品污染；耕地土壤污染严重且难以修复的，当地政府应通过划定农产品禁止生产区域等措施，加大修复力度，对农户造成的损失予以合理补偿。在受污染耕地治理修复期间，应给予有关农户相应的经济补偿。强化被污染地块环境监管，以大中城市周边、重污染工矿企业、集中治污设施周边、重金属污染防治重点区域、饮用水水源地周边、废弃物堆存地块等被污染地块为重点，开展被污染地块再利用的环境风险评估，禁止未经评估和无害化治理的被污染地块进行土地流转和开发利用。经评估认定对人体健康有严重影响的被污染地块，应采取措施防止污染扩散，且不得用于住宅开发。

(3)控制污泥、垃圾等固体废物的排放和使用。以耕地为重点，开展土壤环境保护成效评估和考核，对土壤环境保护措施落实到位、土壤环境质量得到有效保护和改善的地区，国家实行奖励性政策措施；对造成耕地土壤严重污染、集中式饮用水水源地受到威胁的地区，实行区域环保限批等惩罚性措施。

(4)发展清洁工艺。强化土壤污染防治科技支撑能力建设为夯实土壤污染防治的科技基础，应尽早启动实施土壤污染防治重大科技专项。加强土壤环境质量评估与等级划分、土壤环境风险管控、土壤污染与农产品质量关系、污染土壤优化利用、重点地区土壤污染与健康等基础研究和应用研究；建成一批国家土壤环境保护重点实验室和土壤污染治理与修复工程技术中心，研发和推广适合我国国情的土壤环境保护、土壤污染治理与修复实用技术和装备；积极开展国际合作与交流，引进国外先进的土壤环境保护理念、管理模式、土壤污染治理与修复技术等，不断提升我国土壤环境保护科技水平。

7.3 放射性污染土壤环境污染与治理

7.3.1 土壤放射性污染概述

放射性污染是指在生产、生活活动中排放放射性物质，造成改变环境放射性水平，使环境质量恶化，危害人体健康或破坏生态环境的现象。土壤中放射性污染的主要来源分为两类：天然放射性来源和人为放射性来源。天然放射性来源是指在天然产物中发现的放射性元素，其元素种类主要包括 ^{40}K、^{238}U、^{232}Th、^{226}Ra 等。它们通过放射性衰变，产生一系列的放射性子体，广泛分布于土壤和岩石中。

地壳是天然放射性核素的重要储存库，然而天然放射性核素在土壤中的含量很低，对人体的影响不大。人为放射性污染是土壤污染的主要来源，主要包括两个方面。①科研放射性。科研工作中广泛应用放射性物质，除了原子能利用研究单位，金属冶炼、自动控制、生物工程、计量等研究部门，几乎都涉及放射性方面的试验。在这些研究工作过程中，都有可能造成放射性污染。大气层核试验产生的放射性落下灰尘是迄今土壤放射性污染的主要来源。例如，美国于 1954 年 3 月将一颗 6000000 t 以上 TNT 当量的氢弹放置在马绍尔群岛比基尼环礁，导致致命的永久污染区近 20000 平方千米。②核工业排放的废弃物[13]。核工业中核燃料的开采、提炼、精制和核燃料元件的制造，都会有放射性废物的产生和废水、废气的排放，这些废物的排放都会给土壤环境带来一定的污染。美国曾有报道，地下掩埋的放射性废物($3×10^6$ m^3)污染土壤面积约为 $7×10^7$ m^2、地下水约为 $3×10^9$ m^3。除此之外，核电站事故产生的污染也是土壤放射性污染的主要源头之一，如 2011 年发生在日本福岛第一核电站的灾害。图 7-1 所示为核电站事故后日本土壤中 ^{137}Cs 含量分布图。

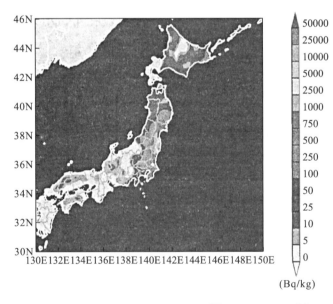

图 7-1 核电站事故后日本土壤中 ^{137}Cs 含量分布图[14]

7.3.2　放射性污染土壤的危害

放射性污染物质散发在大气，沉降于水源中，最后进入土壤(另有一部分直接进入土壤)，而放射性元素半衰期长，其污染物进入土壤后，危及生态系统的稳定，进入植物(包括粮食作物、蔬菜、果树)，通过食物链进入人体，威胁人类的身体健康和其他生物的生存，如图 7-2 所示。

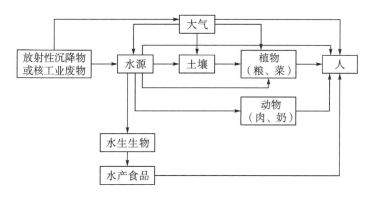

图 7-2　放射性物质进入人体的途径[15]

1. 放射性物质进入人体的主要途径

存在于空气中的放射性气溶胶(直径为 $10^{-3}\sim1~\mu m$ 的固体或液体颗粒)或放射性气体经呼吸进入肺部。进入肺部的放射性核素一部分转移到体液中，一部分被呼出体外。其中，一部分到咽喉并被吞噬到消化道，经消化道进入人体；某些放射性物质经过皮肤或皮肤伤口进入，如氧化氯和碘的化合物可以通过完好的皮肤进入人体，从皮肤伤口进入的放射性物质经皮下组织直接进入体液。在体液中的放射性核素，有一部分被排出体外，其余部分被沉积在与其相亲和的器官组织中。

2. 对人体内脏的伤害

人体中对电离反应最敏感的一些部位包括淋巴组织、骨髓、脾脏、生殖器和肠胃道，敏感性居中的有皮肤、肺和肝脏。不同核素在人体内的转移情况及内脏组织摄取情况是不同的，即使同一核素(如 ^{239}Pu)由于其物理化学状态的不同，在体内的转移定位也是不同的。例如，^{131}I 将深集于甲状腺，有诱发甲状腺癌的危险；^{239}Pu 浓集于肺和骨，^{239}Pu、^{90}Sr 这些核素进入人体后有诱发骨肉瘤的危险；钚毒理学研究确认，其有诱发肺癌和肝癌的危险；^{137}Cs 集中在肌肉中，摄入后使全身受到照射。氡(^{222}Rn)溶解于脂肪细胞的能力比其周围的骨髓高 16 倍。溶解于脂肪细胞中的氡及其短寿命子体 ^{214}Po 和 ^{218}Po 衰变的 α 粒子向其周围的骨髓和造血细胞释放能量，造成骨髓中造血细胞的放射损伤，引发白血病；氡还是重要致癌物质，它已成为人们患心肺癌的主要原因。

3. 核辐射对人的遗传效应

核辐射的遗传效应是由引起再生细胞的遗传部分的变化所致。遗传损伤是积累性的，对于受照射的本人并没有任何明显的损伤，但是对后代会有显著的影响。能造成遗传效应的核素有 ^{137}Cs、^{14}C、^{141}Ce 和 ^{144}Ce，特别是 ^{137}Cs 和 ^{14}C，由于这些放射性同位素是全身分布的，因此它们能使生殖器受到照射。^{137}Cs 释放 γ 辐射时，同时伴随着 ^{137}Cs 的 γ 光子的发射，^{14}C 的放射性半衰期为 5760 年，它不仅可以发射 β 粒子，从而产生遗传危害，而且遗传物质中的 ^{14}C 衰变成 ^{14}N 后，会引起有害的生物化学影响，也能够引起附加的遗传效应。

7.3.3 放射性污染土壤环境治理

放射性核素衰变产生的射线是环境污染的根源，随着短寿命核素的"死亡"，形成环境长期污染的主要是一些长寿命裂变产物和核材料等放射性核素，如 ^{3}H、^{137}Cs、^{90}Sr、^{239}Pu、^{238}U 等。而目前国内外对土壤中放射性污染的修复方法主要是物理、化学和生物方法。

对于受到放射性污染的土壤，常采用传统的物理或化学的方法进行修复。根据土壤中放射性核素的不同性质，采用不同方法将其去除。土壤表面受到核素污染可以采用土壤原位覆盖的方法，在土壤表面铺上一层沥青，阻止地表水的渗透和核素的扩散。然而这并不能根治土壤的放射性污染问题，放射性污染物仍然存在于土壤中。随着科技的进一步发展，美国提出了土壤淋洗的方式。土壤淋洗是指利用流体去除土壤污染物的过程，借助能促进土壤环境中污染物溶解或迁移作用的淋洗剂，通过水力压头推动淋洗剂，将其注入被污染土层中，然后把含有污染物的淋出液从土层中抽取出来，进行水处理而分离污染物的技术。另外，化学修复方法还有沉淀法、离子交换法、电化学法、反渗透超滤法等。这些方法虽然都能够去除土壤中的污染物，但是在经济上难以承受，污染物去除也不够彻底，不适用于大面积土壤放射性污染的修复。

生物修复方法：由于单独使用物理或化学方法很难达到废物污染整治标准水平，可利用生物修复方法提高甚至是取代传统的修复方法，这种新方法的提出已经得到全球行业的认可。目前生物修复方法主要是植物修复方法和微生物修复方法。

植物修复方法：相对于传统的物理和化学修复方法，植物修复方法具有成本低、对环境扰动少、易于操作、适用于大面积修复受污染的土壤等优点。植物修复的机制主要是植物提取、根际过滤和植物固定。植物提取[16]是指种植一些专性植物，利用其根系吸收污染土壤放射性核素并转移至植物地上部分，通过收割地上部分，减容浓缩处理放射性废物的一种技术。专性植物一般指富集植物或超富集植物，具有忍耐和超量积累某种放射性核素的能力。

进行植物的提取除了依赖于超积累植物，往往还需要各种途径促进植物对放射性元素的提取。通过改变土壤性质、增加添加剂等都是促进植物积累放射性元素的有效途径。植物固定是指利用植物根际的一些特殊物质使土壤中的放射性核素固定在相对区域的一种技术。当大规模净化及其他原位修复不能实施时，采取植物固定技术可减缓放射性核素在生物圈的迁移和扩散。对于受到放射性元素污染而又不适合复垦种植的土壤，植物固定是一种非常好的选择。

根际过滤是指利用植物根系过滤沉淀水体中放射性核素的技术，可用于湿地和水体的污染修复。

微生物修复方法：微生物的个体小，有相对大的比表面积，可以分解转化污染物。微生物修复的主要机制有 3 个方面。①微生物的吸收作用，微生物的生长除需 K、Na、Ca、Mg 等常规元素之外，还需要一些具有特殊生理功能的微量元素。②微生物的吸附作用，微生物表面(细胞壁和黏液层)可直接吸附固定放射性核素，如土壤真菌对放射性核素具有一定的吸附能力，可以利用土壤真菌将放射性核素固定在表土中，以防污染地下水。野外和实验室试验皆证实菌丝可富集核素并最终将核素移至果实体中，可通过收获果实体来提取放射性核素。③微生物转化作用。微生物影响放射性核素的生物可得性，土壤微生物对环境中放射性核素的活化与固定起重要作用，菌根菌是土中大量存在的微生物，与植物形成共生关系，在植物吸收放射性核素中扮演着重要角色。

7.4　放射性物质在岩石、土壤中的存在形态及行为

自然界的土壤主要由固体土壤和粒间孔隙组成，其各约占土壤总容量的 50%。固体土壤包括来自岩石的风化，以及原生矿物和次生矿物等矿物质及有机质。土壤中的放射性核素分为天然放射性核素和人为放射性核素，天然放射性核素主要来自岩石，某些情况下，岩石也会受人工放射性核素的污染。岩石中的放射性核素会通过水循环进入地下水、地表水和土壤中。因此很有必要研究放射性物质在岩石中的行为，以便更深入地了解其对土壤的影响。

7.4.1　岩石中的放射性物质的来源及其存在形态

岩石按成因可分为岩浆岩、变质岩和沉积岩。岩浆岩是指岩浆冷凝固化形成的岩石。按岩石中 SiO_2 的含量不同，岩浆岩又可分为基性岩、中性岩和酸性岩等。沉积物经水的运移、沉积后，因自然胶结、压实等岩化机制而形成的岩石称为沉积岩。地壳构造循环中产生的热量、压力及化学活性流体，可改变原有岩石的矿物成分和结构，从而形成新的变质岩，如板岩、片岩、大理岩等。

由于自然界中放射性元素整体上分布无规律性，且获取相关资料成本较高，因此在石油地质领域中很少受到学者的重视。近年来，随着勘探目标的不断加深，研究领域的不断扩大，放射性元素得到学者广泛关注。岩石中铀、钍和钾三元素的含量决定了岩石的自然伽马放射性强度，三元素的含量占地层总自然放射性元素含量的 99% 以上。自地球形成以来，地壳岩石中就存在原生放射性核素，其半衰期很长。主要的原生放射性核素有 ^{40}K、^{232}Th 和 ^{238}U，次要的有 ^{235}U 和 ^{87}R，其中 ^{238}U 和 ^{232}Th 是两个天然放射系的母体核素。

各类岩石因结构构造和矿物成分的差异，原生放射性核素的含量有明显不同。同一类型的花岗岩中，成岩年代越近，铀、钍含量越高；沉积岩放射性元素含量差异很大，一般

以泥质页岩为最高，碳酸盐岩、石膏中为最低；变质岩中放射性元素的含量与原有岩石中的矿物成分有关，同时，变质过程也会使之发生改变。除原生放射性核素之外，岩石中还含有某些宇生放射性核素（^{14}C、^{3}H 等）及重元素自发裂变或诱发裂变而产生的 ^{95}Zr、^{137}Cs 等天然裂变产物核素。

大气核试验产生的放射性沉降物、核设施放射性流出物的排放、雨水对铀矿冶废矿石及尾矿堆的冲刷，都可能造成空气、土壤和地面水的放射性污染，并进而造成地下水的污染。污染的地下水在岩层裂隙的流动过程中，放射性核素会因机械过滤、离子交换、胶体吸附、化学反应、沉淀等物理或化学过程而被岩石中矿物成分吸附。建造在地下深处岩层中的高放射性废物地质处置库一旦出现泄漏，就会直接导致库外岩层的放射性污染。

原生的天然铀、天然钍元素可以形成独立或共生矿物存在于岩石中，其含量较稳定，在矿物中占据晶格的主要位置。也可以类质同象存在于其他矿物的晶格中。有的可被其他矿物微晶的表面吸附，$(UO_2)^{2+}$ 络阳离子已进入矿物晶体网格中，有的以溶解状态存在于矿物包裹体或粒间及晶体裂隙的水分中。钾是地壳中的主要造壳元素之一，大部分赋存于碱性长石中，多与氧、硅或卤族元素结合，形成钾长石（$KAlSi_3O_8$）、云母、高岭石及钾盐等含钾矿物。

7.4.2　放射性物质在岩石、土壤中的行为

放射性核素在岩石中的迁移影响着核素在岩石、土壤和地下水系统中的去向，对环境造成长期影响。放射性核素在岩石中的移动性取决于核素与岩石组成成分的相互作用。核素在岩石中的化学反应主要有配位沉淀、氧化还原和吸附解吸等。

从 37 亿年前地壳开始形成至今，其厚度由 10km 增加至 40km，花岗岩的侵入作用显著增大，地壳中花岗岩的成分日益增加，岩石中元素含量也有明显变化。由于电价的补偿作用，正二价 Fe、Mg、Ca、Co、Ni 的含量逐渐减少，正一价元素 Li、Na、K、Rb、Cs 及高价元素 Be、U、Th、Zr、Hf、Hb 的含量逐渐增高。由此可见，在地壳演化过程中，原生放射性核素 U、Th、^{40}K 在岩石中不断得以富集。

放射性物质在地下迁移是指在土壤、岩石等介质中，放射性物质随地下水流动的迁移过程。研究表明，地质介质（岩层或沉积物）通过吸附、沉淀等作用对核素地下迁移具有延迟能力，使核素在地质介质中随水的迁移速率一般小于地下水流速。通常用延迟系数 K 来表示地质介质对核素随水迁移的延迟能力。许多地质介质对高价阳离子核素的 K 值较大，可以强烈地吸附这些核素，但是对于以阴离子或胶粒存在的核素就不能有效吸附。一旦岩层对核素产生了吸附，核素就不容易因降水、淋溶或生物摄取而迁移。

地壳浅部的表生带内因太阳能的作用，存在着剧烈的元素迁移、分散和富集作用，以致形成具有工业开采价值的矿床，并使铀元素得以强烈迁移。铀的表生迁移是岩石与周围环境相互作用的结果。在岩石风化过程中，铀从岩石和矿物中分离、释放出来，部分被岩石中的水溶液携带而迁移，部分残留于原地风化层中。岩石风化过程中铀从岩石矿物中释放的程度取决于矿物的溶解度及氧化还原环境。矿物在风化过程中的稳定性大小顺序一般为氧化物＞硅酸盐＞硫化物和碳酸盐。铀从矿物中的释放及迁移还与岩层中水溶液的 pH、

Eh 及水化学成分有关[17]。

铀在自然界中主要以四价和六价两种价态形式存在，在富含游离氧的表生带中，四价铀极易氧化成六价铀，进而与氧结合形成非常稳定的铀酰络合阳离子 UO_2^{2+}。铀在表生带氧化环境中以六价铀形式溶解于水中，具有较强的迁移能力；在表生带还原环境中则呈四价，迁移能力很弱；在氧化-还原过渡带则易被富集。

铯在岩石中的移动性很小，吸附非常牢固，虽然一部分也参与离子交换吸收过程，但一部分则被牢牢固定着，很难用中性盐溶液等把它解吸出来。

镭作为铀系和钍系的子代产物，总是随着母核而存在，所以在地球环境中，只要有铀和钍存在，就有镭的踪迹。环境中的镭主要存在于地质沉积物中，由于环境中的物质循环和物质流动，因此在土壤、水和生物体内也能检测出一定量的镭。镭一般不进入矿物晶格内，不形成独立矿物。易进入晶体的毛细裂隙中，而后转入水中，具有很强的迁移能力。

在通常情况下，沉降在岩层中的放射性物质大多会处在岩石表层。锶在岩石土壤中的活动性很大，吸附和解吸都比较容易，它主要是参与离子代换吸附过程，因此会与岩层的性质有关。可以通过锶在土壤中的行为类比了解其在岩石中的行为。通过锶在土壤迁移行为的研究发现，锶在各层土壤中的活度是较为均匀地降低，它在土壤中的迁移主要依靠代换反应。首先被上层的非放射性土壤吸附，然后被解吸入溶液，又重新被下一层非放射性土壤吸收，再解吸下来。这种吸附→解吸→再吸附的过程，使锶沿土柱的分布比较均匀。用硝酸钙溶液解吸时发现，锶很容易被解吸下来。

放射性核素在地质层中的迁移涉及化学、放射化学、地球化学、水文学及地质学等多门学科领域。影响核素在地层介质中迁移行为的主要因素有水力输送作用和岩土介质对核素的吸附作用。

水力输送作用涉及地下水的水流方向、水流速度和水力弥散作用。吸附作用是在各种条件下，核素与岩土介质间离子交换、胶体吸附、过滤、化学反应等多种作用的总和。在以深层岩体作为废物处置库主岩时，从处置库中泄漏的核素在岩石裂隙中的吸附和迁移，是决定其返回生物圈的可能性及返回速率大小的重要因素。

当核素在岩土介质中随水沿孔隙表面流动时，其吸附行为以表面吸附为主。此时，核素在岩土表面与水流之间的分配特性可用固液相分配系数 K_d 表示[18]

$$K_d = \frac{S}{C}$$

式中，K_d 为分配系数（L/kg）；S 为吸附平衡时污染物在固相中的浓度（Bq/kg）或（mg/kg）；C 为吸附平衡时污染物在液相中的浓度（Bq/L）或（mg/L）。

分配系数 K_d 可通过化学质量作用平衡方程计算求得，但一般经实验确定。污染物的化学形态、浓度、水温及 pH 和地下水的组成都会影响分配系数 K_d 值。李祯堂等[19]通过研究发现：页岩对 ^{134}Cs 和 ^{85}Sr 有较强的吸附性，^{85}Sr 在页岩中的动态与静态实验结果基本一致。因此，对上述体系用简单的静态吸附实验，得到 ^{85}Sr 和 ^{134}Cs 的 K_d 值分别为 15～25 mL/g 和 4.185 mL/g。

（编写：李静；审订：陆春海）

习 题

1. 简述土壤污染的定义，举例说明土壤污染的特点与危害。

2. 简述土壤污染物的种类和土壤污染类型。

3. 土壤环境污染的主要措施有哪些？

4. 土壤放射性污染的主要来源有哪些？

5. 污染土壤的修复技术可以分为哪几类？

6. 针对放射性污染土壤有哪些修复措施？

7. 土壤水蚀作用对环境的原位影响和异位影响分别有哪些？

8. 利用图示的方式描述硫元素在土壤中的循环过程。

9. 污染土壤的修复技术可以分为几类？什么是原位修复技术？什么是异位修复技术？上述修复技术对土壤肥力有何影响？哪些技术实施后会彻底破坏土壤肥力？

10. 与传统修复技术相比，植物修复技术具有哪些优点？

11. 调查一下校内及其周边存在哪些土壤污染源。减少或杜绝对土壤的污染，有什么好的建议？

12. 分析土壤重金属污染与放射性污染修复技术的异同点，并阐述其原因。

参 考 文 献

[1] 李天杰. 土壤环境学：土壤环境污染防治与土壤生态保护[M]. 北京: 高等教育出版社, 1996.

[2] 徐慧, 陈林. 环境科学概论[M]. 北京: 中国铁道出版社, 2014.

[3] 杨景辉. 土壤污染与防治[M]. 北京: 科学出版社, 1995.

[4] 全国农业技术推广服务中心. 耕地质量演变趋势研究: 国家级耕地土壤监测数据整编[M]. 北京: 中国农业科技出版社, 2008.

[5] Yang Q, Li Z, Lu X, et al. A review of soil heavy metal pollution from industrial and agricultural regions in China: Pollution and risk assessment[J]. Science of the Total Environment, 2018, 642:690-700.

[6] Johri N, Jacquillet G, Unwin R. Heavy metal poisoning: the effects of cadmium on the kidney.[J]. BioMetals, 2010, 23(5):783-792.

[7] Järup L. Hazards of heavy metal contamination[J]. British Medical Bulletin, 2003, 68(486):167-182.

[8] Yanagisawa H, Wada O. Toxic tubulo-interstitial nephropathies[J]. Nihon Naika Gakkai zasshi. 1999, 88(8): 1446-1453.

[9] 牛冬杰, 聂永丰. 废电池的环境污染及资源化价值分析[J]. 上海环境科学, 2000(10):461-463.

[10] 张辉. 土壤环境学[M]. 北京: 化学工业出版社, 2006.

[11] 窦磊, 周永章, 高全洲, 等. 土壤环境中重金属生物有效性评价方法及其环境学意义[J]. 土壤通报, 2007, 38(3):576-583.

[12] 陈卫平, 谢天, 李笑诺, 等. 欧美发达国家场地土壤污染防治技术体系概述[J]. 土壤学报, 2018, 55(3):4-19.

[13] 李锐仪. 土壤放射性核素的来源与迁移[J]. 环境, 2015(s1):63-64.

[14] Kinoshita N, Sueki K, Sasa K, et al. Assessment of individual radionuclide distributions from the Fukushima nuclear accident covering central-east Japan.[J]. Proceedings of the National Academy of Sciences of the United States of America, 2011, 108(49):19526-19529.

[15] 洪坚平. 土壤污染与防治[M]. 2 版. 北京: 中国农业出版社, 2005.

[16] Floris B, Galloni P, Sabuzi F, et al. Metal systems as tools for soil remediation[J]. Inorganica Chimica Acta, 2017, 455:429-445.

[17] 杨亚新. 铀矿核物理学基础研究及其应用[M]. 北京: 中国原子能出版社, 2013.

[18] 宋妙发. 核环境学基础[M]. 北京: 中国原子能出版社, 1999.

[19] 李祯堂, 王辉, 游志均. 放射性核素在页岩和黄土中的迁移研究[J]. 辐射防护通讯, 2004, 24(3):34-38.

第8章 物理污染与防治

8.1 声学环境保护

人们生活的环境中存在着各种各样的声波，其中有的声波是在进行交流和传递信息，是进行社会活动所需要的；有的声波则会影响人们工作与休息，甚至危害人体健康，是人们不需要的。因此，从心理学观点来看，凡是人们不需要的，使人们烦躁的声音称为噪声，它在周围环境中造成的不良影响称为噪声污染。

例如，在核电站主控室中的噪声过大会降低操作员的工作效能，以及分散操作员的注意力，容易引起人为事故。主控室舒适的声环境可以大大降低电站操作员的疲劳和不舒适感。在主控室声学设计中，应确保操作人员口头沟通不会受影响；报警、广播等听觉信号很容易被识别，使听觉疲劳最小化。而且随着工业、交通运输业的发展，噪声的种类越来越多，也越来越强，几乎没有一个城市居民不受噪声的干扰与危害。据不完全统计，近年来向环境保护部门投诉的污染事件中，噪声事件所占的比例已上升到第一位。因此，降低核电厂内部和周围环境中的噪声及防止噪声的危害，是环境保护和保障核电安全运行的重要任务之一。

8.1.1 噪声的基本概念

噪声的种类很多，按照声源不同，可以分为工业交通类噪声和生活类噪声两大类。前者主要有空气动力性噪声、机械性噪声和电磁性噪声；后者主要有电声性噪声、声乐性噪声和人类语言性噪声。

(1) 空气动力性噪声：是在高速气流、不稳定气流中由涡流或压力的突变引起的气体振动而产生的，如通风机、鼓风机、空压机、燃气轮机等所产生的噪声。

(2) 机械性噪声：是在撞击、摩擦和交变的机械力作用下，部件发生振动而产生的，如织布机、球磨机、破碎机、电锯、打桩机等产生的噪声。

(3) 电磁性噪声：是由磁场脉动、磁场伸缩引起电气部件振动而产生的，如电动机、变压器等产生的噪声。

(4) 电声性噪声：是由电—声转换而产生的，如广播、电视、电话机、计算机等产生的噪声。

噪声污染与大气污染、水污染相比，具有以下几个特点[1]。

(1) 噪声污染是一种感觉公害，标准要依据不同的时间、地点和人的行为状态分别制定，具有局限性、多发性和分散性。局限性是指环境影响范围一般不大，在空气中传播时会衰减；多发性是指噪声源很普遍，发生十分频繁；分散性是指噪声源是分散的，只能规划性防治而不能集中治理。

(2) 噪声污染是暂时性的，不会长期残存和积累。噪声能直接感觉，危害则是慢性和间接的，一般不会直接致病或致命。

核电厂房噪声主要来源[2]有：①不停高速运转的高温、高压水泵及配套电动机；②不停运转的大型电动鼓风机组及临近主控室的空调机房；③安全阀、管道及箱罐等设备在执行排放或泄压功能时产生的噪声；④发电机组、开式变压器和逆变器等电气系统的部分设备产生的噪声。

8.1.2　噪声对人体的危害

噪声对人的影响可分为两种：听觉影响和心理—社会影响。听觉上的影响包括听力损失和语言交流干扰。心理—社会方面的影响包括烦恼、睡眠干扰、工作效率降低等。而且还对人的心血管系统、神经系统、内分泌系统产生不利影响，所以有人称噪声为"致人死亡的慢性毒药"。噪声给人带来的生理和心理的危害主要有以下几方面[3]。

1. 干扰休息和睡眠，影响工作效率

噪声干扰休息和睡眠。休息和睡眠是人们消除疲劳、恢复体力和维护健康的必要条件。但噪声使人不安，难以休息和入睡。当人辗转不能入睡时，便会心里紧张、呼吸急促、脉搏跳动加剧、大脑兴奋不止，第二天就会感到疲倦或四肢无力，从而影响到工作和学习，久而久之，就会得神经衰弱症，表现为失眠、耳鸣、疲劳。人进入睡眠后，即使是 40～50 dB 的噪声干扰，也会从熟睡状态变成半熟睡状态。人在熟睡状态时，大脑活动是缓慢而有规律的，能够得到充分的休息；而半熟睡状态时，大脑仍处于紧张、活跃的阶段，这会使人得不到充分的休息，从而体力无法恢复。

噪声使工作效率降低。研究发现，噪声超过 85 dB，会使人感到心烦意乱，人们会感觉到吵闹，因而无法专心地工作，结果会导致工作效率降低。

2. 损伤听觉、视觉器官

强噪声可以引起耳部的不适，如耳鸣、耳痛、听力损伤。据测定，超过 115 dB 的噪声还会造成耳聋。据临床医学统计，若在 80 dB 以上噪声环境中生活，造成耳聋者可达 50%。医学专家研究认为，家庭噪声是造成儿童聋哑的病因之一。噪声对儿童身心健康危害更大。因为儿童发育尚未成熟，各组织器官十分娇嫩和脆弱，所以不论是胎儿还是刚出世的孩子，噪声均可损伤听觉器官，使听力减退或丧失。据统计，当今世界上有 7000 多万耳聋者，其中大部分是由噪声所导致的。专家研究已经证明，家庭室内噪声是造成儿童耳聋的主要原因，若在 85 dB 以上噪声环境中生活，耳聋者可达 5%。

噪声不仅影响听力，还影响视力。试验表明：当噪声强度达到 90 dB 时，人的视觉细胞敏感性下降，识别弱光反应时间延长；噪声达到 95 dB 时，有 40%的人瞳孔放大、视野模糊；而噪声达到 115 dB 时，多数人的眼球对光亮度的适应都有不同程度的减弱。所以长时间处于噪声环境中的人很容易发生眼疲劳、眼痛、眼花和视物流泪等眼损伤现象。同时，噪声还会使色觉、视野发生异常。调查发现，噪声对红、蓝、白 3 色视野缩小 80%。

3. 对人体的生理影响

噪声是心血管疾病的危险因子，它会加速心脏衰老，增加心肌梗死发病率。医学专家经人体和动物的实验证明，长期接触噪声可使体内肾上腺素分泌增加，从而使血压上升，在平均 70 dB 的噪声中长期生活的人，可使其心肌梗死发病率增加 30%左右，特别是夜间噪声会使发病率增高。调查发现，生活在高速公路旁的居民，心肌梗死率增加 30%左右。调查 1101 名纺织女工发现，高血压发病率为 7.2%，其中接触强度达 100 dB 噪声者，高血压发病率达 15.2%。

噪声还可以引起神经系统功能紊乱、精神障碍、内分泌紊乱甚至事故率升高。高噪声的工作环境，可使人出现头晕、头痛、失眠、多梦、全身乏力、记忆力减退，以及恐惧、易怒、自卑甚至精神错乱。在日本，曾有过因为受不了火车噪声的刺激而精神错乱，最后自杀的例子。

噪声对人心理的影响主要体现在扰乱人的正常睡眠休息(当噪声级超过 45dB 时)、缩短人的睡眠时间、影响人的睡眠深度，如果长时间如此，就会影响人的性情和行为，极易引起情绪的波动，进而引发情绪上的易怒、烦躁等症状。图 8-1 所示为噪声对人睡眠的影响。从图 8-1 中可以看出，噪声级水平(声压级)与其对人睡眠的影响程度基本上是呈正比例的关系。

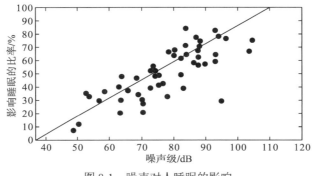

图 8-1 噪声对人睡眠的影响

图 8-2 所示为噪声级水平(声压级)对人的影响。从图 8-2 中可以看出，随着噪声级水平(声压级)的提高，其对人的影响越来越显著。

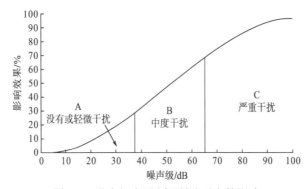

图 8-2 噪声级水平(声压级)对人的影响

8.1.3　噪声控制

噪声控制方法有 3 类：①噪声源控制：在源头控制声音的发出是最有效的方法之一，如加装隔音罩、减少额外工作等；②传播途径控制：将声音在传播过程中拦截下来，也是一种有效的方法，如道路旁种树、安装隔音板；③接受者保护：如在耳朵里塞上棉花，这是最被动的一种方法。

1. 噪声源的控制

(1) 减少冲击力：许多机器和设备零件间会因强烈的碰撞而产生噪声，通常这些碰撞或撞击是机器工作所必需的。针对机器不同的特性可采用不同的方法，减少因冲击力而产生噪声。

(2) 降低速度与压力：降低机器和机械系统运动部件的速度，可以使其运行更平稳，发出的噪声更小。同样，降低空气、气体和液体循环系统的压力和流速，可以减小紊流度，使噪声辐射减少。

(3) 降低摩擦阻力：降低机械系统中转动、滑动和运动部件之间的摩擦，通常可以使运转更顺畅并降低噪声。同样，降低流体分配系统中的流动阻力也可以减少噪声。

(4) 减少辐射面积：一般而言，较大的振动部件会发出较大的噪声。安静的机械设计的首要原则就是在不损害其运行和结构强度的情况下，尽可能减小噪声辐射的有效表面积。以上要求可通过制造较小的元件、移去过多的材料，以及除去元件中的开口、沟槽或穿孔部分来实现。例如，用线网或金属织品来代替机器上较大、易振动的金属薄板安全装置，可大大减小表面积，从而降低噪声。

(5) 减少噪声泄漏：在很多情况下，通过简单的设计，将机器用外壳进行隔声或进行吸声处理，可以有效地防止噪声泄漏。

(6) 消声器和弱声器：消声器和弱声器之间没有明显的区别，通常它们可以互用。事实上，它们都是声音过滤器，用于降低流体流动时产生的噪声。这些装置基本上分为两类：吸收消声器和反应消声器。吸收消声器降低噪声的方式主要由可吸收声音的纤维或多孔材料决定；反应消声器则由其几何形状决定，即通过反射或扩散声波，使产生的声波自身破坏而降低噪声。

2. 声音传播途径上控制

控制噪声传播途径的措施就是在噪声传播途径上安装一个可以阻断或降低声能进入耳朵的装置。可通过以下几种方法来实现：沿声音传播途径吸收声音；在传播途径上放置反射障碍物，使声音向其他方向偏转；将声音容纳在声音隔离系统内。可根据不同的因素选择最有效的噪声控制技术，如声源的大小和形式、噪声的强度和频率范围、环境的类型和特性等。

(1) 分离：可以利用大气的吸收能力和散射作用，作为一种简单、有效的降低噪声的方法。空气吸收高频声音的效果比吸收低频声音的好，但是，若有足够的距离，低频声音也会被大量地吸收。

(2)吸声材料：噪声和光线一样，会从一个坚硬的表面反弹到其他位置。如果将一块柔软的、海绵状的材料放置在墙壁、地板、天花板上，则反射的声音会被扩散和吸收。

(3)隔声降噪：应用隔声结构，阻碍噪声向空间传输，将接受者与噪声源分隔开，包括隔声室、隔声罩、隔声屏障、隔声墙等。隔声降噪是噪声控制中最常用的一种有效措施。

(4)封闭：有时把一台轰鸣的机器放到一隔离室内或箱子中，比改变机器的设计、操作或零件更加实用和经济。封闭噪声所用的墙壁必须质量大且不透气，以阻挡声音。在内表面加上吸声内衬可降低噪声的回响。必须避免噪声源和封闭结构的接触，以免声源振动传送到封闭所用的隔板上，造成噪声隔离上的短路。

3. 接受者防护

在噪声接受点进行个人防护是控制噪声的最后一个环节，在其他措施无法实现或只有少数人处在强噪声环境中时，对接受者采取个人防护措施是最有效、最经济的方法。常用的防护用具有耳塞、隔声棉、耳罩、头盔等。耳塞隔声可达 20 dB，耳罩隔声可达 30 dB 以上。

8.2　电磁辐射污染与防治

在人们生活的空间到处都存在着电磁场，电磁场对于通信、广播、电视、雷达等是必要的。目前，电磁波在科学技术上已得到了十分广泛的应用，但是随着高科技的发展，高强度的电磁辐射已经达到了可以直接威胁人体健康的程度。这些电磁波看不见、摸不着、穿透能力强，且充斥着整个空间。核电站主控室布置有大量的仪表和二次控制设备，是核电站运行的关键场所，因此需要对其电磁环境进行严格控制，以满足设备电磁兼容性要求，保证正常运行[4]。

8.2.1　电磁辐射

电磁能量是大自然中物质存在的一种基本物理量，被人们开发和利用于各个领域中。任何交流电在其周围都要形成交变的电场，交变的电场又产生交变的磁场，交变的磁场又产生交变的电场，这种交变的电场与交变的磁场相互垂直，以源为中心向周围空间交替的产生而以一定速度传播，称为电磁辐射。只要存在电场变化的地方就会有电磁辐射。

从频率的概念而言，主要是指射频电磁场频段。当射频电磁场达到足够的强度时，就会对生物体产生作用，机体可吸收一定的辐射能量，发生生物学效应。

核电厂厂址内的主要电磁辐射源有主变压器、开关站和高压输电线路，厂址区域 5 km 内的电磁辐射源一般有输电线路、移动基站及工矿企业等。

8.2.2　电磁污染源及对人体作用机制

1. 电磁污染源

(1)自然电磁污染源。

　　自然电磁污染源(表 8-1)是某些自然现象引起的。最常见的是雷电,所辐射的频带分布极宽,从几百赫兹到几千赫兹,雷电除了可能对电气设备、飞机、建筑物等直接造成危害,还会对广大地区产生严重的电磁干扰。此外,火山喷发、地震和太阳黑子活动引起的磁暴等都会产生电磁干扰。通常情况下,天然辐射的电磁强度一般对人类影响不大,尽管局部地区雷电在瞬间的冲击放电可使人畜伤亡,但发生的概率较小。因此,可以认为天然辐射源对人类并不构成严重的危害。然而,天然电磁辐射对短波电磁干扰特别严重。

表 8-1　自然电磁污染源

分类	来源
大气与空气杂波	大气中自然现象引起火花放电而辐射的电磁杂波(如雷电等),在大气中能形成满足电荷分离和储存的条件(如低气压、台风、风雪、火山喷烟、黄沙等),均可引起杂波干扰
太阳杂波	太阳黑子活动与黑体辐射,即磁暴
宇宙电磁杂波	产生于宇宙空间电子的自由移动、银河系恒星爆炸、宇宙射线等

　　(2) 人工电磁污染源。

　　人工电磁污染源(表 8-2)产生于人工制造的若干系统、电子设备与电气装置。人工电磁污染源主要有 3 种:①脉冲放电,如切断大电流电路时产生的火花放电。由于电流强度的瞬时变化很大,因此产生很强的电磁干扰。它在本质上与雷电相同,只是影响区域较小。②工频交变电磁场,如大功率电机、变电器及输电线等附近的电磁场。③射频电磁辐射,如广播、电视、微波通信等。

　　目前,射频电磁辐射已成为电磁污染环境的主要污染源。工频场源和射频场源同属人工电磁污染源,但频率范围不同。工频场源中,以大功率输电线路所产生的电磁污染为主,同时也包括若干种放电型的污染源,频率变化范围为数十赫兹至数百赫兹。射频场源主要是指在无线电设备或射频设备工作过程中所产生的电磁感应和电磁辐射,频率变化范围为 0.1~3000 MHz。

表 8-2　人工电磁污染源

分类	设备名称	污染源与部件
放电所致污染源	电力线	由于高电压、大电流而引起静电感应、电磁感应、大地泄漏电流所致
	放电管	白光灯、高压水银灯及其他放电管
	开关、电气铁道、电气设备、发动机	点火系统、发电机、整流装置、放电管
工频辐射场源	大功率输电线、电气设备	污染来源于高电压、大电流的电磁场与电气设备
	无线电发射机、雷达等	广播、电视与通信设备的振荡与发射系统
射频辐射场源	高频加热设备、热合机、微波干燥机	工业用射频利用设备的工作电路与振荡系统
	理疗机、治疗机	医学用射频利用设备的工作电路与振荡系统等
家用电器	微波炉、计算机、电磁炉、电热毯	功率源为主等
移动通信设备	手机、对讲机等	天线为主等
建筑物反射	高层楼群及大的金属构件	墙壁、钢筋、吊车等

2. 对人体的作用机制

通常可将处于电磁场中的生物机体看作介质电容器。介质中含有极性与非极性分子，极性分子在射频电磁场作用下将发生重新排列，这种作用称为偶极子的取向作用。非极性分子在电磁场中可被极化，同样可以产生偶极子的取向作用。由于射频电磁场的方向变化极快，致使偶极子的取向作用迅速变化。在这一过程中，偶极子与周围的分子发生剧烈碰撞而产生大量热能，这就是处于射频电磁场中生物机体产生热效应的基本过程。此外，机体中的电解质因受场力作用发生位移，在高频条件下，在平衡位置上振动发热。机体内的体液多为导体，在不同程度上具有闭合回路的性质，在电磁场作用下，局部发生感应涡流致热。这种能量转化率与场强成正比。射频电磁场辐射强度在一定范围内对人体具有良好作用；而超过一定范围时，则可破坏人体热平衡，有害健康。

电磁辐射对人体的危害程度随波长而异，波长越短，对人体作用越强，微波作用最突出。一般认为，微波辐射对内分泌和免疫系统产生作用：小剂量短时间作用是兴奋效应；大剂量长时间作用是抑制效应。

8.2.3　电磁污染的传播途径及其危害

电磁污染的传播途径主要有两种。①导线传播：当射频设备与其他设备共用一个电源或者它们之间有电气连接时，电磁能量就通过导线进行传播。另外，信号的输入、输出电路，控制电路等也在强磁中"拾取"信号，再将"拾取"的信号进行传播。②空间传播：当电子、电气设备工作时，它会不断地向空间辐射电磁能量。空间辐射又分为两种：一种是以场源为中心，半径为 1/6 波长范围之内的电磁能量的传播，是以感应耦合方式为主，将能量施加于附近的物体或人体上；另一种是在半径为 1/6 波长范围之外的地方，电磁能量的传播是以空间放射方式将能量施加于敏感元件或人的身体上[5]。

电磁污染危害[6,7]主要是对人体健康的危害和对电子设备的干扰。

(1) 对人体健康的危害。

电磁辐射对人体的作用分为热效应和非热效应(分子水平效应)。热效应是指电磁波照射生物体时引起器官加热导致生理障碍或伤害的作用，严重时会产生酸中毒、过度换气、流泪、盗汗、抽搐等症状，如不及时治疗，会危及生命。非热效应是指电磁波照射的生物体发生明显体温上升的生理反应，主要是指电磁波对生物体组织加热之外的其他特殊的生理影响。电磁污染之所以会产生生物效应，是因为生物体本身是一个电位源，每个生物体都有自己的电化学传输系统，体内细胞之间存在着互相联络的电化学小道，如果经常处在高强度电磁场环境中，就会破坏体内生物电的自然生理平衡，使体内生物钟失衡，节奏发生紊乱，从而降低抵抗力，影响身体健康。

(2) 对电子设备的干扰。

许多正常工作的电子、电气设备产生的电磁波能使邻近的电子、电气设备性能下降乃至无法工作，甚至造成事故和设备损坏。例如，深圳机场指挥塔的通信系统曾受到附近数十家无线寻呼台发射的电磁辐射干扰，地对空指挥失灵，机场被迫关闭 2 小时；身体中安装起搏器的人, 只要靠近正在运行的电力变压器、电冰箱等, 就会有不舒服的感觉。目前, 许多电子设备的内部基本电路都工作在低压状态, 如电视机的高频头、视频放大器、计算机主板、CPU 等, 特别是随着半导体技术的发展, 集成电路工作电压越来越低, 有的甚至低于 1V。很容易受到电磁波的辐射干扰, 安全性和可靠性都受到威胁。

8.2.4　电磁污染的防护对策

电磁辐射防护的形式基本可分为两大类: 一类是对辐射采取必要的防护措施, 减少设备电磁场能量的泄漏; 另一类是对工作人员和工作环境采取防护措施[8]。

1. 电磁屏蔽

(1) 单元屏蔽。对电子振荡回路、高频输出变压器、高频输出馈线、工作感应线圈及家用电子设备, 在接地的同时进行屏蔽, 把接地和屏蔽有机结合起来, 可有效限制电磁场的泄漏并降低或消除电子设备的电磁辐射。

(2) 整体屏蔽。整体屏蔽方法有两种: 一是设备整体屏蔽, 采用金属板或金属网制作屏蔽室将微波炉、高频焊接等射频设备屏蔽起来, 有效地降低设备的电磁辐射强度和避免对外部环境构成过大的污染, 操作人员可以通过控制系统在屏蔽体外部控制; 二是屏蔽室操作, 当不能对屏蔽源进行屏蔽时, 应对作业人员进行整体屏蔽, 用金属网或金属板制作六面体的屏蔽室, 作业人员在屏蔽室内进行工作。

2. 吸收防护

在微波场源的周围或需要防护的环境四周设置吸波材料或装置, 可以有效地将微波辐射场强降下来。例如, 在主要辐射直视通道上用功率吸收器等波能吸收装置来降低直视通道方向的微波辐射; 在调机车间设置六面体吸波材料, 防止微波辐射泄漏; 在需要防护的环境外部设置吸波材料, 阻止微波辐射进去。

3. 隔离与滤波防护

对于由传输线路辐射所造成的污染或由线路拾取所造成的信号干扰, 可采取滤波和隔离的方法。

(1) 线路滤波。滤波器是抑制线路干扰与辐射最有效的技术手段之一。在射频设备的电源线或控制线路的引入处装设滤波器, 可防止射频信号的传播。在射频设备的输出端装设恰当的谐波滤波器, 可防止高次谐波的传递。

(2) 线路隔离。将射频电路与一般线路远距离布线, 并且将射频电路屏蔽与接地, 可防止射频电路对一般线路的干扰与耦合。将射频电路与一般电路设计为平衡对称电路, 抵消或减小干扰电压, 与一般线路垂直交叉布线, 可防止线路拾取与传播干扰信号。

4. 距离防护

根据射频近区场场强随距离的加大而迅速衰减的原理, 在条件许可时, 可对工艺进行改革, 实行远距离控制, 利用空间自然衰减而达到防护的目的。在我国, 可采用远距离控制与自动化作业相结合的方法进行有效防护。例如, 采用远距离屏蔽室控制, 可取得良好的效果。

5. 合理设计，匹配输出

一般来说，负载匹配程度越高，电磁泄漏就越小。所以，必须对设备及其工作参数进行合理设计，并采用双层屏蔽，最大限度地减少电磁泄漏。在设备的使用过程中，要适时、准确地改变线圈匝数与线路匹配，使设备处于最佳工作状态。研究表明，对于高低压线路可采取同杆并架，不仅可以降低线下场强，减少工频电磁污染，而且还能节省线路走廊的占用面积，降低综合输电成本。

6. 个体防护

接触电磁波的工作人员，在辐射强度高的场所，要穿防护服、戴防护头盔和防护眼镜，定期进行体格检查，并加强防护意识。同时，要加强体育锻炼，增加维生素的摄入，多饮茶，提高身体素质。

8.3　光污染及其防治

现代照明技术带来了光文化，但是，光源的使用不当或灯具的配光欠佳给环境造成的光污染，正在日益影响着人们的生产和生活，破坏着生态环境。光污染是指因可见光、不可见光进入生态环境，并超过各种生物正常生存所能承受的指数造成生态环境的恶化和危害，从而影响人们正常生产和生活的现象。

8.3.1　光污染概念的界定

狭义的光污染是指干扰光的有害影响，其定义为："已形成的良好的照明环境，由于逸散光而产生被损害的状况，又由于这种损害的状况而产生的有害影响。"逸散光是指从照明器具发出的，使本不应是照射目的的物体被照射到的光。干扰光是指在逸散光中，由于光量和光方向使人的活动、生物等受到有害影响，因此产生有害影响的逸散光[9]。

广义光污染是指由人工光源导致的违背人的生理与心理需求或有损于生理与心理健康的现象，包括眩光污染、射线污染、光泛滥、视单调、视屏蔽、频闪等[10]。广义光污染包括狭义光污染的内容。

8.3.2　光污染的特点与分类

光污染属于物理性污染，它有两个特点[11]：①光污染是局部的，会随距离的增加而迅速减弱；②在环境中不存在残余物，光源消失，污染即消失。

国际上一般将光污染分为3类，即白亮污染、人工白昼和彩光污染。

(1)白亮污染。阳光照射强烈时，城市里建筑物的玻璃幕墙、釉面砖墙、磨光大理石和各种涂料等装饰反射光线，明晃白亮、眩眼夺目。

(2)人工白昼。在夜间，商场、酒店的广告灯、霓虹灯闪烁夺目，令人眼花缭乱。有的强光束甚至直冲云霄，使得夜晚如同白天一样，即人工白昼。

(3)彩光污染。舞厅、夜总会安装的黑光灯、旋转灯、荧光灯及闪烁的彩色光源构成了彩光污染。

除了上述光污染源，太白的纸、光滑的粉墙、电视机、计算机等也会对视力造成危害。汽车排出的 NO_x 在紫外线作用下会产生光化学烟雾，造成更大污染。工业应用的紫外线辐射(电弧、气体放电等)、红外线辐射(加热金属、熔融玻璃、发光硅碳棒、钨灯、氙灯、红外激光器等)都是人工光污染源。核爆炸、熔炉等发出的强光辐射更是一种严重的光污染。

8.3.3 光污染的危害

1. 对人体健康的影响

人体受光污染危害的首先是眼睛。瞬间的强光照射会使人出现短暂的失明。普通光污染可对人眼的角膜和虹膜造成伤害，抑制视网膜感光细胞功能的发挥，引起视疲劳和视力下降。长时间在白色光亮污染环境下工作和生活的人，白内障的发病率高达45%。白亮污染还会使人头晕心烦，甚至发生失眠、食欲下降、情绪低落、身体乏力等类似神经衰弱的症状。长期受到强光和反强光刺激，还可引起偏头痛，造成晶状体、角膜、结膜、虹膜细胞死亡或发生变异，诱发心动过速、心脑血管疾病等。

彩光污染源的黑光灯所产生的紫外线强度远高于太阳光中的紫外线，且对人体有害影响持续时间长。彩色光源让人眼花缭乱，不仅对眼睛不利，而且干扰大脑中枢神经，使人感到头晕目眩，出现恶心、呕吐、失眠等症状。

光污染不仅对人的生理有影响，对人的心理也有影响。在缤纷多彩的环境中待的时间长一些，就会或多或少感觉到心理和情绪上的影响。如果所居住的环境夜晚过亮(如人工白昼)，人们难以入睡，扰乱人体正常的生物钟，就会使人头晕心烦、食欲下降、心情烦躁、情绪低落、身体乏力等，精神呈现抑郁，导致白天工作效率低下，造成心理压力。

2. 对生态的破坏

光污染不仅影响人类，而且也会影响到动植物的生存，产生生态破坏。

"人工白昼"会伤害鸟类和昆虫。鸟类在迁徙期最易受到人工光的干扰。它们在夜间是以星星定向的，城市的照明光却常使它们迷失方向。强光可能破坏昆虫在夜间的正常繁殖过程，一些动物受到人工照明的刺激后，夜间也精神十足，消耗了用于自卫、觅食和繁殖的精力。除此之外，强烈的光照还提高了周围的温度，对草坪和植被的生长不利。紧靠强光灯的树木存活时间短，产生的氧气也少。过度的照明还会导致农作物抽穗延迟、减产等。

3. 增加交通事故

烈日下驾车行驶的驾驶员会遭到玻璃幕墙反射光的突然袭击，造成人的突发性暂时失明和视力错觉，或者使人感到头晕目眩，严重危害行人和驾驶员的视觉功能。眼睛受到强烈刺激极易引起视觉疲劳，导致驾驶员出错，发生意外交通事故。

4. 妨碍天文观测

过度的城市夜景照明会危害正常的天文观测。据估计，如果城市上空夜间的亮度每年以 30% 的速度递增，会使天文台丧失正常的观测能力，这已成为困扰世界天文观测的一个难题。

5. 浪费能源

过度的照明还会大量消耗能源。光污染是由于多余的直射光或反射光进入大气层引起的，这部分光没有照亮人们想要看到的目标物，而是消失在大气层中，因此造成极大的浪费。

8.3.4 光污染的防治

光污染的危害如此之大，其对人体的影响在短时间内又不易被人们所察觉，与其他环境污染相比，光污染很难通过分解、转化和稀释等方式消除或减轻。应根据具体情况，采取以防为主、防治结合的治理方法。

(1) 合理规划，注意控制光污染的源头。

合理的城市规划和建筑设计可以有效地减少光污染。限建或少建带有玻璃幕墙的建筑并尽可能避开居民区。装饰高楼大厦的外墙、装修室内环境及生产日用产品时，应尽量避免使用刺眼的颜色。已经建成的高层建筑尽可能减少玻璃幕墙的面积并避免太阳光反射光照到居民区，应选择反射系数较小的材料，加强城市绿化也可以减少光污染。对夜景照明，应加强生态设计，加强灯火管制。例如，区分生活区和商业区，关闭夜间电影院、广场、广告牌等的照明，减少过度照明，降低光污染和能量损耗。

(2) 优化技术，开发新材料。

优化幕墙构造技术、开发新型玻璃材料可以减少玻璃幕墙产生的光污染。对照明灯具和安装位置应进行优化设计。灯具的评价标准包括照明效率、上方光束比、眩光和节能等。应尽量采用截光型灯具，避免能源浪费。

在工业生产中，应改善工厂照明条件。在有红外线及紫外线产生的工作场所，应尽量采取安全的方法。例如，采用可移动屏障将操作区围住，以防止非操作者受到有害光源的直接照射等。个人防护最有效的措施是保护眼部和裸露皮肤勿受光辐射的影响。佩戴护目镜和防护面罩是十分有效的。

(3) 制定防治光污染的标准和规范。

目前我国防治光污染方面的标准和法规还严重不足，建议参照国际照明委员会 (CIE) 和发达国家有关规定和标准，制定出有关光污染的防治措施和建立监督管理体制，将光污染防治纳入环境保护规划，采取有利于光环境保护的经济、技术政策和措施来防治光的污染。

同时，防治光污染还需由环保部门、城市规划建设部门监督管理。公众则通过举报等方式发挥监督作用。

8.4　热污染及其防治

随着科学技术水平的不断提高和社会生产力的不断发展,工农业生产和人们的生活水平都取得了巨大的进步,这其中大量的能源消耗(包括化石燃料与核燃料),不仅产生了大量的有害及放射性的污染物,还会产生一些水蒸气、热水等污染物,它们会使局部环境或全球环境增温,并形成对人类和生态系统的直接或间接的危害。这种日益现代化的工农业生产和人类生活中排出的废热所造成的环境污染,即为热污染。关于热污染问题,国外早在 20 世纪六七十年代就已经注意到了,并采取了相应的防治措施。但是,在国内,热污染问题尚未得到重视,甚至存在误解。

8.4.1　热污染

热污染是指自然界和人类生产、生活产生的废热对环境造成的污染。热污染通过使受体水和空气温度升高的增温作用污染大气和水体。热污染的主要来源是电力工业冷却水,尤其是采用直流冷却方式的核电厂。现代大型核电厂的热排放问题,就经常性的环境影响而言,远郊放射性排放严重。一台 1000 MWe 的核电机组(轻水堆)有 2000 MWt 的热量散失到环境中。如果采用直流冷却方式,那么绝大部分的热能由循环冷却水携带而进入自然水体[12]。

目前我国商运核电厂采用直流冷却方式排出大量的废热,使受纳水体水温迅速升高,而水温作为重要的水质和生态环境要素,几乎影响水的各种物理、化学和生物化学性质,间接影响各类水生物的生长和繁殖活动。如果温排水的升温作用使受纳水体的水温超过生物的适宜温度,也将直接导致生物的生长受到抑制甚至死亡,对生态环境造成严重影响。

8.4.2　核电站热污染的特点

目前,核电站的热效率较火电站低,通常为 30%～35%,这意味着,在反应堆芯产生的大量热将有 2/3 要排放到环境中去,造成热污染。火电站产生的废热有 10%～15% 从烟囱排出,而核电站的废热则全部从冷却水排出。所以,核电站通过冷却水排出的废热量要比火电站大。一座热效率为 33%、1000MWe 的轻水堆电站,在冷凝器中排出约 2000 MW 的废热。如果冷却水以 50 m^3/s 的流速流经冷凝器,则在冷凝器的出口处水温增高约 10℃。这种冷却水若不进行冷却处理,则将以比原始水温高约 10℃返回水体;而同功率的火电站水温增高约 8℃。所以,核电站对水环境的热污染要比火电站明显。

8.4.3　热污染的危害

1. 危害人体健康

热污染对人体健康构成严重危害,降低了人体的正常免疫功能。高温气候助长了多种病原体、病毒的繁殖和扩散,易引起疾病,特别是肠道疾病和皮肤病。

2. 破坏周围水域生态环境

那些采用直流冷却方式的电厂排出的大量废热，使自然水体水温迅速升高。同时，如果热废水的升温作用使受纳水体的水温超过生物的适宜温度，也将直接导致生物的生长受到抑制甚至死亡，对生态环境造成严重影响[13]。

3. 影响气候并造成大气污染

人类使用的全部能量最终将转化为热，传入大气，逸向太空。这样，使地面对太阳热能的反射率增高，吸收太阳辐射热减少；沿地面空气的热减少，上升气流减弱，阻碍云雨形成；造成局部地区干旱，影响农作物生长。整个地球的热污染可能破坏大片海洋从大气层中吸收 CO_2 的能力，如此恶性循环，会造成全球气候变暖。

人类使用的全部能源最终将转化为一定的热量进入大气环境，这些热量会对大气产生严重影响。进入大气的能量会逸向宇宙空间，在此过程中，废热直接使大气升温。除此之外，生产、生活中排放的废水、废气、废渣形成低压区，吸引着周边地区热量向城市中心汇聚，形成城市的"热岛效应"。

4. 加快水分蒸发并增加能量消耗

水温的升高使水分子热运动加剧，也使水面上的大气受热膨胀而上升，加强了水汽在垂直面上的对流运动，从而导致液体蒸发加快。陆地上的液态水转化为大气水，使陆地上失水增多，这在贫水地区尤其不利。

冷却水水温升高，给许多利用循环水生产的工厂在经济和安全方面带来危害。水温直接影响电厂的热机效率和发电的煤耗、油耗。水温超过一定限度，将严重影响发电机的负荷，成为发电机组安全的巨大障碍[14]。

8.4.4   热污染的防治

人类的生活永远离不开热能，但人类面临的问题是如何在利用热能的同时减少热污染。这是一个系统问题，但解决问题的切入点应在源头和途径上。

(1)在源头上，应尽可能多地开发和利用太阳能、风能、潮汐能、地热能等可再生能源。

(2)加强绿化，增加森林覆盖面积。绿色植物具有光合作用，可以吸收 CO_2，释放 O_2，还可以产生负离子。植物的蒸腾作用可以释放大量水汽，增加空气湿度，降低气温。林木还可以遮光、吸热、反射长波辐射，降低地表温度。绿色植物对防治热污染有巨大的可持续生态功能。具体措施有：提高城市行道树建设水平，加强机关、学校、小区等的绿化布局，发展城市周边及郊区绿化等。

(3)提高热能转化和利用率及对废热的综合利用。例如，热电厂、核电站的热能向电能的转化，工厂及人们平时生活中热能的利用上，都应提高热能的转化和使用效率，把排放到大气中的热能和 CO_2 降到最小量。在电能的消耗上，应使用良好设计的节能、散发额外热能少的电器等。这样做，既节省能源，又有利于环保。另外，产生的废热可以作为热源加以利用，如用于水产养殖、农业灌溉、冬季供暖、预防水运航道和港口结冰等。

(4)提高冷却排放技术水平，如采用冷却塔、建造冷却池、减少废热排放。

(5)有关职能部门应加强监督管理，制定法律、法规和标准，严格限制热排放。

(编写：田嘉伟；审订：陈敏)

习　题

1. 噪声的分类与控制途径有哪些？
2. 分别论述放射性与电磁辐射对人类与环境的危害性。
3. 论述放射性废液处理技术及其技术特点。
4. 光污染的分类及其危害有哪些？
5. 核电厂常用的控制热污染的途径有哪些？并结合运行实例说明。
6. 简述电磁辐射的防治技术
7. 如何处理和处置放射性废物？
8. 什么是热污染？它对环境有什么危害？
9. 在你居住区周围存在哪些光污染？应采取什么措施加以防护或处置？
10. 随着日本福岛第一核电站震后危机迟迟不见缓解，许多国家民众开始担心，核能是否真的如同一些媒体宣传的那样，是一种"清洁干净的未来能源"。这个问题在许多欧洲国家引起了不小的争议。但中国、美国、英国、俄罗斯、意大利等国表示，将继续全面推进核电建设，并大幅度提高核电安全等级。谈谈你对核电发展前景的看法。

参 考 文 献

[1] 马静. 浅议噪声污染与防治[J]. 环境与发展, 2010, 22(4):73-75.

[2] 章莉, 李奇. 核电站主控室的噪声及控制分析[J]. 噪声与振动控制, 2014, 34(3):132-135.

[3] 赵鹏涛, 赵广田. 噪声污染的危害及防治措施[J]. 大众科技, 2011(10):109-111.

[4] 谢辉春, 闵绚. 岭澳核电站灯具更换的电磁兼容性研究[J]. 核电子学与探测技术, 2016(7):734-741.

[5] 党新群, 蒋磊. 浅议电磁辐射与环境污染[J]. 新疆环境保护, 2000, 22(2):115-117.

[6] 张雪峰, 龚志军, 侯小娟,等. 电磁污染的危害和防护[J]. 内蒙古科技大学学报, 2003, 22(2):189-192.

[7] 周志付, 姜若婷, 劳国强,等. 电磁污染及其防护对策[J]. 电力科技与环保, 2005, 21(1):60-62.

[8] 张颖. 关于电磁辐射危害及防护的探讨[J]. 环境与发展, 2011(12):93-94.

[9] 杨春宇, 张青文, 何荣,等. 国内外城市夜间景观照明研究动态[J]. 灯与照明, 2005, 30(2):1-6.

[10] 刘小晖, 向东. 广义光污染[J]. 灯与照明, 2002, 26(6): 11-13.

[11] 王亚军. 光污染及其防治[J]. 安全与环境学报, 2004, 4(1):56-58.

[12] 刘永叶, 刘森林, 陈晓秋. 核电站温排水的热污染控制对策[J]. 原子能科学技术, 2009, 43(s1):191-196.

[13] 刘永叶, 刘森林, 陈晓秋. 核电厂温排水余热综合利用方案设计的初步研究[J]. 电力科技与环保, 2012, 28(2):48-51.

[14] 王亚军. 热污染及其防治[J]. 安全与环境学报, 2004, 4(3):85-87.

第 9 章 废物地质处置

随着经济的发展、人口的增加，城市化进程急剧加快，固体废物产量日益增多，种类日益复杂，固体废物已经引起了诸多社会问题和环境问题。它不仅造成严重的环境污染，而且直接影响到社会稳定和经济的发展。我国作为世界工厂，固体废物的产量更是不容忽视。据统计，2012 年全球固体废物年产量超过 100 亿吨，占地 5.4 亿平方米，固体废物堆存量全球达到 380 亿吨，中国高达 70 亿吨。近几年，我国全年进口 5000 万吨固体废物，其中除了一些可再次利用的资源，巨量的固体废物占用了大量的土地，而且其中的有害物质还可能造成土地和水体环境的污染并危害人类的身体健康，尤其危险固体废物的危害更不容忽视。

放射性废物作为危险废弃物的代表，形式和种类繁多，按物理形态可分为放射性气体、液体和固体废物。按照比活度又可分为高水平放射性废物、中水平放射性废物和低水平放射性废物(以下简称高放、中放、低放废物)。核废物的主要特点是放射性、放射毒性和化学毒性，部分核废物除此之外还具有发热性、易燃易爆性，其中放射性和放射毒性是其最重要的特性，而高放废物比低、中放废物的放射性和放射毒性更强[1]。所以如何安全处理和处置放射性废物已成为进一步开发利用核能的关键和制约核技术迅速发展的瓶颈[2]。面对文明的产物，首先要安全、永久地将核废料封闭在一个密闭坚固的储存罐中，并保证数万年内不泄漏放射性。其次，要寻找一处安全、永久存放核废料的地点。目前公认最好的方法是先在一个稳定地点挖一个数百米深的坑道存放核废料，待将来科学发达了，再寻找更好的方法处理这些"人类杀手"[3,4]。

9.1 生活固体废物处理

伴随着我国城市化的日益加快和居民生活水平的提高，我国废弃物的总量越来越大、种类越来越复杂。大量的固体废物污染环境、危害民众健康，成为不容忽视、亟待解决的环境问题。据统计，全国累积堆存废物量已达 60 亿吨，预计到 21 世纪末，工业废物产生量还将再增加 50%，达到 9 亿多吨。此外，随着城市人口的增加和居民生活水平的提高，生活垃圾的产生量以每年 8%～10%的速度递增，全国城市垃圾产生量已达 1.0 亿吨/年，接近工业发达国家的水平。目前针对废弃物的无害化处理率仅为 6%，许多城市陷入垃圾包围之中，严重损害城市环境卫生，妨碍城市建设可持续发展。

9.1.1 固体废物的分类

固体废物按来源不同可分成两大类：生活固体废物和工业固体废物。生活固体废物，顾名思义，就是人类在日常生活、生产中产生的固体废物，包括城市生活废弃物和农村生活废弃物，如餐厨垃圾、医疗服务中产生的垃圾、污水处理厂中的污泥、农作物废物和禽畜粪便等。工业固体废物是指工业生产过程中排入环境的各种废渣、粉尘及其他废物。由于我国粗放型经济增长模式，在工业快速发展过程中对产生的大量的固体废物的处理、处置已经超过我国的预期，大量的工业固体废物一旦处理不当，必将占用土地资源，并且其中的成分越来越复杂，因此对人类和环境造成严重污染。

生活固体废物俗称垃圾，主要包括食品垃圾、普通垃圾、建筑垃圾、清扫垃圾、危险垃圾。但是不同地方的废物组成是不一样的，因为它的组成依赖于当地的工业、文化、废物管理和当地的气候等条件，由于其组成不同，因此固体废物的处置和处理方法也不同。

9.1.2　生活废弃物对环境的污染

1. 对水体的污染

固体废物进入水体影响水生生物的繁殖和水资源的利用，甚至会造成一定水域中生物的死亡。堆积的废物或垃圾填埋场等，经雨水浸淋，其浸出液和滤液也会污染地表水体，影响水生生物、动植物的生长，降低水质和使用价值；甚至渗入地下含水层导致地下水的污染。其污染物质主要包括有机污染物、重金属和其他有毒物质。

2. 对大气的污染

堆积的固体废物和垃圾中的尘粒随风飞扬、臭气四逸，污染大气，这些粉尘进入大气会降低能见度。此外，气体污染物主要包括甲烷、氨气、二氧化碳、渗滤液中挥发性有机化合物产生的恶臭或有毒气体，由此，可能会暴发传染病。

3. 对土壤的污染

固体废物堆放需要占用大量的土地，目前我国堆积的固体废物占地超过 5 亿平方米，固体废物经雨雪浸湿后渗出的有毒物质进入土壤会杀死土壤中微生物而破坏其生态平衡，改变土壤结构和土质，影响土壤中微生物的活动，妨碍植物生长；有毒物质也能够通过农作物的富集最终经食物链进入人体而危害人类健康。

9.1.3　我国废弃物处理方法及问题

由于生活固体废物的严重污染，世界各国都在积极探讨处理技术和方法。目前城市生活垃圾处理处置技术主要有焚烧、填埋、堆肥与垃圾综合处理。有关资料显示，由于我国城市生活固体废物中无机类物质占 60%～70%，有机类物质比例低，因此我国生活固体废物中填埋占处理量的 80%，堆肥占处理量的 18%，焚烧占处理量的 2%。

1. 卫生填埋

所谓卫生填埋，就是能对垃圾渗滤液和填埋气体进行控制的填埋方式。通常先要进行防渗处理，在填埋场底采用人工衬层，四周采用垂直防渗幕墙并使其与天然隔水层相连接，使填埋场底下形成一个独立的水系，使其不会污染地下水，渗滤液一般通过管道收集后直接处理或送污水处理厂处理。垃圾填埋场气体中含有大量甲烷、二氧化碳及其他微量成分，若不采取收排系统进行处理，则会在填埋场积累，并通过填埋覆盖层或侧壁向场外释放，对周围环境和人类健康造成很大危害。这些气体一般需要通过石笼等收集后燃烧排放或收集后经过净化处理作为能源回收。

在我国绝大多数城市，所谓的卫生填埋，仅仅是简单填埋或直接露天堆放，如此简单的处理不仅占用土地，产生严重的大气、水体和土壤的二次污染，还存在着垃圾爆炸事故的隐患。填埋技术应研究并解决的关键问题有：①场址的选择；②渗漏液与气体的收集；③垃圾压缩压块技术，减少运输压力。

2. 高温堆肥

垃圾堆肥技术按生物发酵方式，堆肥处理可分为厌氧堆肥和好氧堆肥；按垃圾所处的状态，可分为静态堆肥和动态堆肥；按发酵设备形式，可分为封闭式堆肥和敞开式堆肥。较好的方式为动态高温堆肥，但处理成本高，我国大多数城市采用的是静态敞开式堆肥。虽然处理成本低，但堆肥过程无法控制，对周围环境污染较大。处理过程中遇到的问题有：①堆肥技术的改进研究；②适合我国城市生活垃圾特点分选系统和设备研发。

3. 垃圾焚烧

许多固体废物含有潜在的能量，可通过焚烧回收利用。固体废物经过焚烧体积可减少 80%～90%，一些有害的固体废物可通过焚烧破坏其组成结构或杀灭细菌，达到解毒、除害的目的。在我国经济较发达的东部沿海地区，由于人口密度高、土地资源宝贵，越来越多地使用焚烧法处理生活垃圾。直接焚烧是高温和深度氧化的综合过程，存在的问题有：①垃圾成分复杂，各可燃物具有不同的理化性质和燃烧特性，难以保证充分燃烧；②二次污染产生的酸性气体、飞灰等会对环境造成污染；③处理过程中产生的腐蚀性气体会腐蚀炉内金属部件。

9.1.4 我国废弃物存在的现状及建议

我国固体废物总量大，增长速度快，但处理及综合利用水平相对较低，这主要受以下 3 个因素的制约。

1. 我国废弃物现状

首先，我国人口基数大，固体废物产量和堆积量大，且国民对固体废物分类及回收缺乏认识；其次，我国垃圾处理服务供给不足，且垃圾管理体制不够灵活，服务供给主体单一；最后，我国位处发展中国家行列，经济快速发展的同时各种各样的环境问题也凸显出来，虽然近年来国家在环境保护方面的力度不断加大，但仍然无法保证二者的平衡，加上许多企业一味追求经济利益，导致固体废物的产量难以控制，回收利用难度加大。

2. 技术因素

固体废物的处置与资源化技术要求较高，而我国目前固体废物处理方法、综合利用的加工设备、生产工艺等都比较落后，且固体废物处理部门覆盖率不高，这些都严重制约着固体废物处理处置与资源化工程的发展。

3. 政策因素

我国虽然制定了相关环保法规，各级环保机构在固体废物管理中也积累了大量经验，建立了相关的管理体制，但在处理和资源化方面仍缺乏具体细则，且没有强有力的、长期的激励机制和制约措施。

针对我国生活废弃物处理面对的各种问题，在法律方面应完善相关规定，加大环境管理体制建设；在生活消费领域，提倡减少使用一次性用品，普及固体废物处理知识，培养垃圾分类的生活习惯；在技术方面，应借鉴国外固体废物处理先进技术，结合我国实情实施综合治理，注重治理的有效性和可持续性，实现固体废物处理处置产业化、资源化。

9.2 放射性废物地质处置的多重屏障体系

放射性废物的最终处置库的设计应使废物的储存从根本上与生物圈保持长期隔离，如图 9-1 所示。因而在废物管理中，所设计的储存库是为了阻止或减少废物释放的自然过程。通常所说的多重屏障，是指能迟滞或阻止放射性核素从处置单元迁移到周围环境的工程设施或天然物质。而目前被人们广泛接受的地质处置是把放射性废物放置在足够深的地下（通常指 500～1000m）的地质体中，通过建造一个天然屏障和工程屏障相互补充的体系，使放射性废物对人类和环境的有害影响低于审管部门规定的限值。

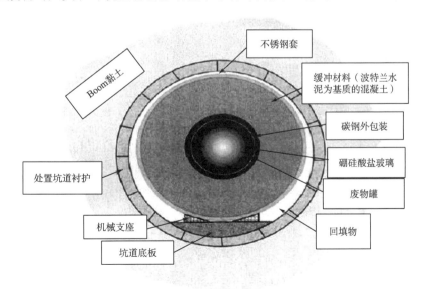

图 9-1　放射性废物处置的多重屏障

9.2.1　人工屏障

通常所说的人工屏障，也称为工程屏障，如高放废物固化体、包容装置（可能还有外包装）、缓冲/回填材料和处置场工程建筑物，这些设施组成了通常所说的近场。近场包括全部工程屏障和最接近工程屏障的一小部分主岩（通常延展几米或几十米），该岩石带受吸收热的影响和废物化学释放影响而产生较大变化。在此区域内，废物体、包容装置、回填材料[5]很严实，都在随时间变化的温度和辐射场的影响下发生相互作用或与地下水发生作用。因此这个区域决定了废物的释放情况。

废物体是阻滞废物中放射性核素向外迁移的第一道屏障。金属或混凝土废物容器是保护放射性废物固化体不过早被周围环境侵蚀、破坏的强有力的机械屏障，包容容器中的混凝土、黏土、沸石、铅金属等材料是阻滞放射性核素迁移的化学屏障和物理屏障。

回填材料是指为了缓解处置库围岩压力对废物容器的作用，封闭处置库围岩与废物容器间的空隙及近场围岩的裂隙，有效地阻滞废物容器泄漏的放射性物质向环境迁移，必须在围岩与废物容器之间填充一种具有合适力学性能和隔湿防腐性能的材料[6]。一般而言，回填材料应满足以下性能要求：①低透水性，能阻止和延缓存放环境水分向废物容器渗透；②低腐蚀性，与废物容器的相容性好；③良好的耐久性，保持较长时间不变性；④经济性，施工时回填材料用量较大，因此回填材料应经济廉价、资源丰富，以降低工程费用[7]。

目前国际上认为比较适合作为回填材料的有膨润土、黏土、沸石、蛭石、玄武岩等碎块或水泥粉末和氧化镁[8,9]。其中，芬兰、西班牙、瑞典、加拿大、日本及我国等以花岗岩为围岩的高放废物处置库设计方案中，倾向于选择膨润土作为回填材料，主要基于膨润土低渗透性及对核素良好吸附阻滞性考虑，此外膨润土是花岗岩介质风化产物之一，两者在地球化学性质上具有相容性。瑞士倾向于用水泥粉末作为回填材料，其原因有两个：一是水泥粉末是碱性材料，与废物储存容器相容性好；二是水泥粉末遇水后结块并硬化，可以降低水渗流速率，延缓其与容器接触。

9.2.2　天然屏障

天然屏障通常是指构成远场的地质体或废物的储存介质、处置介质等，是指核废物处置场周围的主岩和外围土层等，是放射性废物处置体系中最重要的一道天然屏障。用于处置低、中放废物的地质介质主要有围岩及其他的地表松散残积、坡积物；用于处置高放废物的地质介质有盐岩、花岗岩、凝灰岩、黏土岩、玄武岩等岩石[10]。地质体对阻滞废物中放射性核素向生物圈迁移和屏蔽废物的辐射线等起着决定性作用[11]。

远场是近场各种过程的物理化学的巨大缓冲带，它的作用主要是通过控制地下水迁移速率主导的地球化学流量来实现的。

目前，世界各国根据不同的地质条件及不同的社会经济条件，选择了花岗岩、玄武岩、凝灰岩和盐岩等作为高放废物地质处置库的围岩。对这些围岩的各种特性进行了室内研究和地下实验室现场研究，认为各种围岩均有其优缺点，通过增设工程屏障[12]，在这些围岩中均可以建造满足安全要求的处置库。在研究设施方面，地面实验室已成为各国开展高放废物地质处置研究开发的必需和常规手段，开展真实放射性核素迁移实验的装置也在各国逐步完善，开展模拟处置库工程屏障的全尺寸实验设施在美国、瑞典、法国、比利时、日本、韩国已经建成，并获得了举足轻重的成果[13]。

我国国土辽阔，各种围岩种类齐全，花岗岩、黏土岩、盐岩和凝灰岩等均有发育。考虑到我国的地质演化、地质条件、水文地质条件、各种岩性及其组合的特点，以及我国的社会经济等条件，从当前已经掌握的资料来看，我国的高放废物处置库围岩既可以选择花岗岩，也可以选择玄武岩。但是，目前的初步研究工作表明，甘肃北山地区的花岗岩岩体完整、规模较大、裂隙较少，且位于荒无人烟的戈壁干旱地区，可以考虑作为我国高放废物处置库的主攻围岩。

放射性废物地质处置体系的主要功能有以下几个。

(1)物理屏障作用：限制和阻止地下水接近、进入废物处置库；减弱和屏蔽放射性废物发出的 α、β、γ 射线对生态环境的影响。

(2)化学屏障作用：通过化学作用阻滞放射性核素向生物圈迁移。

(3)机械屏障作用：废物容器和回填材料能安全、稳妥地包容废物，吸收巨大的地应力，为处置状态的废物体提供机械支撑。

9.3　适合放射性废物处置的岩土

适合放射性废物的处置库是一个特殊的矿山式深部地下工程，其中所处置的废物为毒性大、放射性强度高，且含有一定热量的放射性废物。为保证废物处置安全，不仅要考虑处置库上百年运行期间的安全，更重要的是要保证在一定的时期内有效圈闭高放废物中的放射性核素，使其与人类的生存环境隔离。做好高放废物地质处置工作，不仅涉及选址、场址评价、地质研究、水文地质研究等大量科学问题，还涉及大量的岩石问题。

9.3.1　放射性废物地质处置介质的特征

目前通过实验研究可知，较理想的放射性废物地质处置介质必须具备以下特性。

(1)岩石的孔隙度较小，含水量较少，并且水的渗透率较低，这是作为地质处置介质应该具备的最重要的性质。这一特性是威胁放射性废物安全的主要因素，也是制约地下水在岩石、土壤中渗透、自由扩散乃至流动的因素。

(2)岩石的裂隙较少。地下水主要是沿岩石的裂隙流动，而岩石的裂隙会随着应力和温度的变化而张合，从而影响地下水的流速。其次，放射性核素经过岩石中迂回曲折的显微裂隙、矿物粒间空隙迁移至生物圈，需要穿越数十千米甚至数百千米。这期间高放废物中的大部分放射性核素和低、中放废物几乎完全衰变至无害。

(3)岩石应该具有良好的导热性、抗辐射性、及时传导、散失废物的衰变热，同时，还应该有较强的离子交换能力和吸附能力，能对迁移到岩石中的核素进行有效的阻滞和吸附固化。

(4)岩石应具备一定的机械强度，便于后期开展构筑地下工程。

(5)岩石的体积应该足够大，这样即使废物中的放射性核素泄漏出来，由于迁移距离较远，因此当其到达生物圈时，也已经衰变成了无害状态。

9.3.2　适合放射性废物处置岩石的特点

（1）盐岩。盐岩是一种潟湖相、内陆盆地蒸发岩，由古代海水或湖水干涸之后，经过复杂的地质运动，在地壳中沉淀成层而形成。我国青海、江苏淮安、四川、湖北应城、江西都有大规模盐岩矿床，以柴达木盆地、江苏淮安最有名。世界上大型矿床还有美国东北部萨莱纳盆地、中部二叠纪盆地、墨西哥湾沿海地区、中亚的费尔干钠盆地和德国萨克森-安哈尔特地区等。盐岩具有以下适宜处置放射性废物的特性。①基本不含水，否则盐岩体将被溶解而荡然无存。盐岩仅存在于干燥的地质环境中。②孔隙度极小（0.5%），水的渗透系数较低（$10^{-12} \sim 10^{-8}$ cm/s），其中盐丘盐岩的渗透率最低。③导热性能良好[热导率为 3.34～6.28 W/(m·K)]。④盐岩对自身中出现的裂隙具有特有的自封闭性的能力，即若盐岩中出现裂隙，裂隙中的过饱和盐分也能自行沉淀并封闭裂隙，因而盐岩中的裂隙存在时间较短。⑤具有一定可塑性。随着温度升高，盐岩的可塑性增大，增强了对裂隙的自封闭能力。同时对放射性核素具有低的吸附能力。⑥易溶于水，只需要向地下注水溶解盐体，便很容易获得所需要的地下处置空间，施工成本低廉，并且具有蠕动性，在盐岩中处置放射性废物后，盐岩能自行封包废物容器而不留任何空间。

虽然针对盐岩做了许多相关工作，但是其岩体还是有诸多不利于放射性废物处置的性质。①当温度过高时，盐岩的热导率会降低。吸收的辐照剂量达到一定的标准后，其内部结构会发生一定变化，抗辐射性能不够理想。②盐岩中的流体包裹体能向热源移动，造成废物容器周围的卤水量增多，废物易被侵蚀，不利于废物衰变释热的传导和散失。

（2）花岗岩。花岗岩是构成大陆上部地壳的基础，且花岗岩的形成过程通常与大陆的构造作用、变质作用和成矿作用密切相关。花岗岩属于酸性岩浆岩中的侵入岩，这是此类中最常见的一种岩石，主要矿物为石英、钾长石和酸性斜长石。花岗岩质地坚硬，强度高、抗风化、耐腐蚀、耐磨损、吸水性低，是一种分布非常广的岩石。花岗岩岩体在我国约占国土面积的 9%，达 80 多万平方千米，尤其是东南地区，大面积裸露各类花岗岩岩体。花岗岩具有以下适宜处置放射性废物的特性。

①分布广，岩体规模一般较大，岩石质地较均一。孔隙度较小（0.5%～0.2%），并且含水量较少。岩石的裂隙广泛地被次生矿物充填。

②新鲜的花岗岩中化学元素和同位素体系基本上保持封闭状态。抗辐照性能较好，受高剂量辐射后，岩石性质不变。

③岩石中的磁铁矿、黄铁矿、绿泥石、黑云母等含 Fe^{2+} 矿物，促使变价放射性核素处于难溶于水的低价状态。

（3）玄武岩。玄武岩是由火山喷发出的岩浆冷却后凝固而成的一种致密状或泡沫状结构的岩石。一般为黑色，玄武岩体积密度为 2.8～3.3 g/cm^3，致密者压缩强度很大，可达300 MPa。玄武岩分布广泛，遍及各大洋和各大洲，主要呈岩被、岩流产出，并经常伴生一些玄武质火山碎屑岩。

我国的玄武岩主要分布在东南地区，如福建大嶂山的玄武岩储存量为 50000 万立方米；河南洛阳市的玄武岩呈大小圆块状，储量大，在地表以下 50 cm 左右分布广泛；安徽明光市玄武岩矿产资源丰富，在皖东地区储量最大[14]。

玄武岩适宜处置放射性废物的特性主要有以下几点。

①玄武岩岩石致密、坚硬，机械强度较大，无蠕变现象。孔隙度较小（＜1%），仅含有少量水。岩石形成的温度较高，热稳定性较好，具有较好的抗辐射性能。

②岩石中的沸石、黏土矿物等次生矿物是放射性核素良好的吸附剂。

（4）凝灰岩。凝灰岩是一种火山碎屑岩，凝灰结构，块状构造。它产于距离火山口较远地带，其组成的火山碎屑物质有 50% 以上的颗粒直径小于 2 mm，成分主要是火山灰。

凝灰岩适宜处置放射性废物的特性主要有以下几点。

①岩石中流纹质火山玻璃和高温硅酸盐矿物与地下水中和后，可生成沸石和黏土矿物，具有极强的离子交换能力和吸附能力。当温度升高时，凝灰岩对放射性废物的吸附能力增强，有利于凝灰岩从高放废物容器周围吸附泄漏出的放射性核素。

②新鲜的凝灰岩的机械强度较大，导热性能较好；而沸石化的凝灰岩吸附能力较强。在地下一定深度，沸石化和未沸石化的凝灰岩混杂在一起，可以构成一个较好的地质处置介质。

③岩石脱玻璃化时生成的石英、长石等矿物，使岩石的机械强度、密度和杨氏模量等增大。

④凝灰岩热稳定性比较好。因此在选择凝灰岩作为高放废物处置库时，应该选择地质结构简单、生成时代较久远的未沸石化凝灰岩分布地段，在其周围、上盘存在沸石化的凝灰岩则更有利。

9.4　低、中放射性废物地质处置

低、中放废物的放射性较低，半衰期较短，基本上不需要考虑衰变热的问题，因此从工程角度来看，低、中放废物处置场并没有很复杂的技术。但是为了确保在 300～500 年安全隔离期内不对民众和环境产生不可接受的影响，还是需要做出很大的努力，包括选择适宜的场地，采取优化的建造、运行和关闭措施，配以适当的关闭监护等。

国际上通行的做法是在地面挖 10～20m 的壕沟，然后建好各种防辐射工程屏障，将密封好的核废料罐放入其中掩埋，一段时间后，这些废料中的放射性废物就会衰变成对人体无害的物质。近地表埋藏处置法是中、低放废物处置的主要方法，占处置总量的 80% 左右。该方法经过几十年的发展，技术已经成熟，安全性也有保障。目前我国已经建成两个中、低放射性废物处置场。

低、中放废物的地质处置方法有陆地浅埋处置法、废矿井处置法、深岩硐处置法、滨海底处置法、海岛处置法等。

9.4.1　陆地浅埋处置法

低、中放废物的陆地浅埋处置是指核废物在地表或地下、具有防护覆盖、有工程屏障或没有工程屏障的浅埋处置，其埋深一般不超过 50m。陆地浅埋的处置形式按照处置单元和采用工程材料不同，可分为简易沟坑浅埋、混凝土壕沟浅埋和工程回固竖井、平巷、浅钻孔处置。

（1）简易沟坑浅埋是在地表挖 1～5m 深的处置沟或坑，将废物容器或无容器废物固化体放置其中，或者将废物直接固化其中，然后用涂层回填、掩埋。此法只在低渗透性的黏土层或降水量非常少的地区效果较好，否则会严重影响处置效果，导致放射性废物泄漏。这种处置方法对场址选择要求较高，所以只有美国、墨西哥、英国、瑞典、南非、巴基斯坦、印度、伊朗、日本等少数国家采用，但有部分已停止运行或关闭。这种近地表简易处置法在世界各国的使用越来越少，这也是世界各国更加重视核废物处置安全性的最好证明。

（2）混凝土壕沟浅埋是在地表挖 2～10m 深的壕沟，使用混凝土或钢筋混凝土加固其底、壁，然后将放置废物容器的固化体堆置在其中，如图 9-2 所示。为防降水或渗透水，构建了排水及监测系统，然后将封装的放射性废物容器堆置其中，最后用土、黏土、沥青、混凝土等充填物覆盖封顶。各国规格不一，长度从几米到几百米，宽度从几米到几十米。通常分隔成几个区，单元式处置。

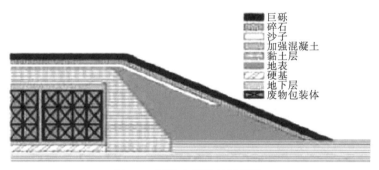

图 9-2　近地表壕沟处置设施

混凝土壕沟浅埋处置效果及安全性较好，被世界各国普遍采用。目前，世界上正在运行的、建设中的及计划建造的废物处置库绝大多数为近地表类似处置设施。法国芒什（Manche）处置场（图 9-3）是以混凝土构筑物、水泥浇筑回填的一体化工程设施，有严格的回填、覆盖和排水设施，是工程近地表处置的典型代表。采用混凝土窑仓，分为两层叠放 8 个大型混凝土废物容器，中间空隙堆放卵石，然后浇注水泥灰浆，铸成一个整体。在其上浇铸盖板，堆放 200L 废物桶，最后盖 1～1.5 m 土层、植被，构成土丘。瑞典和芬兰建在海底的近地表处置库采用穿室构筑物。

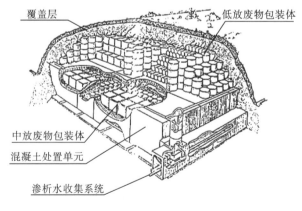

图 9-3　法国芒什处置场示意图

（3）工程回固竖井、平巷、浅钻孔处置是将废物处置在埋深小于 50m 的竖井、平巷、浅钻孔中，并用混凝土或钢筋混凝土加固。通常用来处理放射性较强的废物，如废树脂、废放射源、废过滤器，装满后浇筑水泥灰浆、盖混凝土盖板、加设覆盖层等。印度、加拿大采用这样的设施处置废树脂和废过滤芯等废物。

9.4.2　废矿井处置法

将低、中放废物处置在地下废矿井中，是一种较安全的处置方法，如图 9-4 所示。废矿井[15]一般矿产资源枯竭或接近枯竭已无开采价值，并且会对周围环境造成严重污染。有的废弃矿井坑道及地下采空区会引发地裂缝，甚至地面塌陷危害；废弃矿井井口斜坡地废渣堆积具有诱发滑坡、泥石流等潜在危害；废弃裸露井坑可能引发行人、牲畜误入坠落；含有害成分矿物开采后，可能引起地表水、地下水水质污染，或者雨季引发地下坑道涌水危害等。因而采用废矿井处置法的优点有：①不会占用大片土地，可充分利用矿山原有的竖井、地下采空区等，处置成本较低；②可利用空间大，处置深度较大，安全性较好。

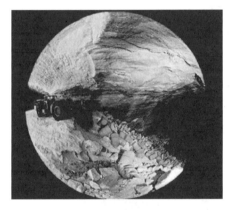 

图 9-4　国外利用盐岩矿坑道和露天废矿井掩埋放射性核废料

9.4.3　深岩硐处置法

低、中放废物的深岩硐处置法，又称为矿山地质处置法，是将该类核废物处置在埋深为 300~500m 的地下人工岩硐中[3]。处置库可分为地面与地下设施，其中地下处置库由中央竖井大厅、竖井、巷道和处置室组成。废物容器在地下处置室中的放置并不完全相同，可以是废物容器放置于处置室或处置巷道中，或者是废物容器置于处置室和处置平巷底板的钻孔中或在处置室支撑岩体的水平处置孔内，但世界上大多数国家采用放置于平巷底板的钻孔中。

美国核废物处置的研究工作始于 20 世纪 50 年代核电商业运行以后，深地质处置被认为是最优先可行的方案。根据选址准则选取 3 个场地，首选尤卡山。按照概念设计，尤卡山处置库由两个运输斜井、两个通风竖井、水平主巷道及水平废物处置巷道组成，处理密度约为每 1000m² 处置 21 吨，分成两组废物处置巷道，处置巷道相互间隔为 22.5m，长度为 250~600m。废物罐为双层结构：外层为非抗腐蚀材料、内层为抗腐蚀材料。

法国的高放废物处置研究始于 20 世纪 50 年代。法国将废物隔离屏障归并成两道，即废物包装和地质屏障。将一般的工程屏障细分为废物包装和工程屏障。废物进行固化处理后，处理过程中产生的裂变产物用玻璃固化，干燥的活化废物则用混凝土或沥青固化。

加拿大的 Lac du Bonnet 花岗岩地下实验室是一个较典型和全面的实验室。开挖后主要进行地质观察、地球物理，以及岩体与地下水对开挖的响应研究工作。

9.4.4　滨海底处置法

低、中放废物的滨海底处置，是瑞典根据本国临海特点设计的，如图 9-5 所示。通过与陆地相连的斜井，将废物处置在波罗的海海底约 60 m 的结晶岩中。其优点是：①不占用陆地土地，远离居民区，距核电站较近，降低了运输成本；②海底岩石的地下水与海水处于压力平衡状态。海底废物库附近地下水的水力坡度极小，避免与地下水的接触。

当瑞典 SFR-1 最终关闭并密封时，储存室和隧道将回填沙子、砾石用水泥浇灌稳定，为岩石提供机械支撑。封闭设施将被周围的结晶岩石和所包围工程屏障(如膨润土和混凝土)保护。屏障的主要目的是防止放射性核素的输送，以防 SFR-1 闭合后来自围岩的地下水。幸运的是，因为地下水压力在海床之下是均匀的，所以围岩中的地下水实际上是不动的。

图 9-5　瑞典最终储存库 SFR

9.4.5　海岛处置法

低、中放废物的海岛处置，是选择几乎无人居住和生活的荒岛或沿大陆架的岛屿和大洋孤岛作为处置场，对低、中放废物进行处置。我国台湾的低、中放废物就采用这种处置方式，另外还有芬兰、巴西等国家也采用这种处置方式。韩国将库罗帕岛作为其第一个放射性废物处置场地，该岛位于韩国西部近海，面积约 1.7 平方千米，岛上仅有 10 个居民。

该处置场于 1996 年开始建造，2001 年建成，建造费用约 8.8 亿美元。

9.5　尾矿与废渣处置

世界各产铀国在铀矿冶生产的初期对环境保护认识不足，没有采取妥善的废物处理、处置和环保措施，一些国家曾不同程度地发生过铀矿矿渣废物的人为误用事件及铀尾矿库事故，造成对环境的污染，引起了公众和有关国际组织的高度重视。尾矿是指筑坝拦截谷口或围地构成的，用以堆存金属或非金属矿山进行矿石选别后排出尾矿或其他工业废渣。

9.5.1　铀尾矿和铀废渣的处置

铀尾矿是铀矿石经破碎、水冶后残留的无用物料，这是一种特殊的低放固化体废物，其主要特性有：①体积和数量十分庞大，其中含有大量酸、碱等化学物质；②具有松散性、流动性、强导热性、反光性和透水性。

铀废石、尾矿介质中放射性核素及有害化学物质含量如表 9-1 所示。

表 9-1　铀废石、尾矿介质中的有害物质

名称	废石	尾矿（粗砂）	尾矿（细泥）	一般岩石
铀/(mg/kg)	5~210	72~650	170~740	0.1~4.5
镭/(kBq/kg)	0.25~12.36	5.77~24.1	11.5~48.1	0.18~1.41
钍/(kBq/kg)		11.1~24.1	55.5~66.6	
总 α/(kBq/kg)	4.19~25.9	15.5~52.9	74~92.5	1.29~2.17
SO_4/%	2.48	0.24	15.9	
NO_3/%		0.7	0.7	0.35~0.75
Mn/%		0.12	1.9	<0.03
Fe/%		1.83	3.18	
F/%		0.23	1.27	
Cl/10^{-6}		0.28	0.88	

因此对铀废渣、尾矿需要用特殊的方法处置。国际上一般将其列为低放固体废物。目前各国主要采用尾矿库地面储存方法处置铀尾矿以与环境暂时隔离[16]，其技术比较成熟，安全性好。此外，还在研究采用废井回填处置技术或地下岩硐回填技术与生物圈隔离。

铀尾矿的地面储存处置是在人烟稀少地段，选择周围地势稍高、中央稍低洼封闭干涸湖、塘或低地，将铀尾矿堆放其中，最后在表面覆盖一定厚度的土、碎石，并且种植植被。

铀废渣是指铀矿床中品位低于工业可利用品位、比活度高于豁免量的含铀岩石。该类废石既不能被工业利用，又不能任意堆砌，构成一类低放固体废物。我国对铀矿石的比活度豁免量规定为小于 2×10^4 Bq/kg。对于其处置主要是地面堆积和地下采空区回填。地面

堆积与铀尾矿处置十分相似，而地下采空区回填既消除了铀废矿对环境的污染[17]，又解决了采空区的安全性问题。

9.5.2　铀尾矿对生态环境的危害

（1）铀废石含铀及铀系全部衰变子体。铀尾矿含矿石中铀系全部衰变子体和水冶后残余的铀，几乎 99% 以上的 ^{230}Th 及 ^{226}Ra 都集中在尾矿中。其母体核素半衰期都相当长，如 ^{238}U 为 $4.47×10^9$、^{230}Th 为 $7.7×10^4$，它们将长期衰变释放氡及长寿命个体 ^{210}Bi，对环境构成长期潜在的辐射危害。

（2）铀尾矿中的非放射性元素对环境的污染较重。例如，黄铁矿是铀尾矿中含量较高的重矿物，最多可达 15%，其尾矿呈酸性，增高了铀尾矿中有害元素的淋出率。

（3）在运输、堆放铀尾矿过程中向环境中排放的有害粉尘、挥发性有机物，在冶炼过程中加入的酸性和碱性物质。

9.5.3　我国铀尾矿与废矿治理现状

我国铀矿床工业类型多，规模小而分散，矿体形态复杂，矿化不均匀，品位低，埋藏条件多变，造成了矿山开拓工程量大[18]，采矿贫化率高，目前水冶加工流程类型复杂，矿石处置量大，三废产出率高[19]，由此决定了我国铀矿冶设施在退役治理方面具有如下特点。①分布与影响范围广。我国铀矿山和水冶厂分布在全国 14 个省区 30 多个地县，其废石场和尾矿库等固体废物堆存场地约 200 处。这些地区人口密度较大、年平均气温较高、雨量充沛，铀矿冶企业与村庄相邻，与当地居民的生活密切相关。②放射性危害与化学污染同时并存。在铀矿冶废物中除了存在大量放射性核素，还存在大量非放有害化学物质，如废水、废渣中含有锰、铁、氟、氯、硫酸根、硝酸根等有害物质。它们随着废水、废渣的流失和扩散，将对环境造成一定的污染。③铀矿冶退役治理受自然和社会影响因素多。由于铀矿冶废物量庞大，因此不能用处理高放废物的方法进行固化隔离处置，只能采取就地覆盖，进行隔离和稳定化的处置。我国南方地区受雨水淋浸和冲刷严重，在西北干旱地区，风沙大，暴雨山洪袭击严重。由于铀矿冶设施所处地区的自然和社会因素复杂，因此退役环境整治方案的确定必须因地制宜。

9.6　高放废物地质处置

高放废物通常指乏燃料后处理产生的高放废液及其固化体，准备直接处置的乏燃料及相应放射性水平的其他废物，如乏燃料后处理第一次循环萃取的溶液或随后萃取循环的浓缩废物。通常具有放射性水平高、辐射效应强、含有核素寿命长、生物毒性大等特点。因此，高放废物的处理与处置是核废物管理中最为重要、也最为复杂的难题。

9.6.1 高放废物的性质及来源

高放废液通常是指放射性水平高、辐射效应强、含有的核素寿命长、生物毒性大的放射性液体废物。它含有乏燃料中几乎全部的非挥发性裂变产物，未被回收的铀和钚，以及大部分其他超铀核素。在溶剂萃取分离阶段去污循环中，乏燃料中大于 95% 的裂变产物和绝大多数其他核素进入硝酸萃余液中，使其几乎成为高放废液唯一的来源。另外，二、三循环萃余液的浓缩液也将作为高放废液处理。

放射性废物[20]分类系统[21]如图 9-6 所示，高放废液的比活度大于 $4.0×10^{10}$ Bq/L。

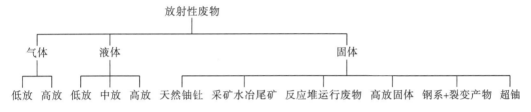

图 9-6　放射性废物分类系统

核电站的运行必须考虑燃料供应和乏燃料处理等问题，核电的建设和发展更需要配套的核燃料循环设施来支持。因此，在大力建设核电站的同时，应高度重视相关的核燃料循环问题的研究。目前，国际上核燃料循环方式主要有"一次通过"（once-through-cycle）的开路循环和"后处理燃料循环"（reprocessing fuel cycle）的闭式循环两种方式。

（1）"一次通过"方式，是将乏燃料作为废物直接处置的开路循环。由于乏燃料中包含了所有的放射性核素，要在处置过程中衰减到低于天然铀矿的放射性水平，将需要 10 万年以上。因此，这种开路循环方式对环境安全有着极大的长期威胁。此外，"一次通过"方式对铀的利用率不到 1%。

（2）"后处理燃料循环"，即为了充分利用铀资源，通过后处理将乏燃料中的铀和钚提取出来再制成燃料返回反应堆的闭路循环中。

我国属于铀资源贫乏国家，为充分利用铀资源，保证我国核工业的可持续性发展，确定了核燃料闭路循环的技术路线。将反应堆卸出的乏燃料经冷却、溶解后，再进行后处理，从而达到以下目的。①使毒性大而且易于挥发、容易造成环境污染的放射性核素衰变掉。②出堆时占辐照核燃料绝大部分放射性的短寿命核素衰变，从而大大减少后处理时的放射性，这不仅降低了后处理过程的防护费用，而且对于水冶后处理过程来说，还将减少辐射对有机试剂的降解破坏作用。③对辐照铀燃料来说，让短寿命的中间生成核素 ^{239} 镎衰变为 ^{239} 钚；对辐照钍燃料来说，让 ^{233} 镤衰变为 ^{233} 铀，从而更完全地回收生成的核燃料。

9.6.2 高放废物地质处理

核电是一种安全、清洁、经济、高效的能源，自 20 世纪 50 年代第一座核电站建成以来，越来越受到人们重视。核电与其他工业一样，也会产生不可处置的废物，按照放射性水平分为高、低和中放废物。废物的处置方法可分为地质处置法和非地质处置法。对于高放废物处置，曾有"太空处置""深海沟处置""冰盖处置""岩石熔融处置"等多种方案。经过多年的研究和实践，目前被普遍接受的可行方案是深部地质处置，即把高放废物埋在距离地表 500～1000m 的地质体中使其永久与人类的生存环境隔离。埋藏高放废物的地下工程称为高放废物处置库，采用的是多重屏障系统设计思路，即把乏燃料或玻璃固化块储存在废物罐中，外面包裹缓冲材料，再向外为围岩。一般把废物体、废物罐和缓冲回填材料称为工程屏障，把周围的地质体称为天然屏障。

1. 地质处置法

(1) 深岩硐处置法。

高放废物的深岩硐处置是将固化高放废物处置于地下超过 500m 的人工深岩石中。深岩硐处置法隔离放射性核素是基于多重屏障的概念，由废物体、废物包装容器和回填材料组成的人工屏障，由岩石与土壤组成的天然屏障。

地面设施包括办公大楼、废物容器包装车间、废物储存库、车库、其他废物处置设施、竖升降机操作室、通风系统、污水处理系统等。

地下处置库由中央竖井大厅、竖井、巷道和处置室组成。废物容器在地下处置室中的放置并不完全相同，处置方式有 3 种：①将废物容器堆放在处置室、巷道中，废物容器之间的空隙充填黏土、沥青、混凝土等；②将废物容器堆放在处置室或处置平巷底板的处置孔中，钻孔一般垂直于底板；③将废物容器堆放在处置室之间支撑岩墙的水平处置孔内。高放废物深岩硐处置的优点有：①处置安全性能比较好，废物不受地表环境的影响；②处置深度大，对生物圈的环境影响极小；③不占用较大面积的土地，这种方法对于工业发达、人口稠密的国家来说，具有巨大的吸引力；④处置容量大，处置库服役时间长，但是耗资巨大，处置技术复杂。

(2) 岩石熔融处置法。

岩石熔融处置就是将高放射性废液注入数千米深的硐室，利用衰变热熔化周围地质介质并使废物和熔融的岩石混合成一体，经冷却后变为岩石固化体，从而达到永久隔离废物的目的。其主要缺陷是放射性废物长期释放的不确定性和废物中核素一旦释出的不可控性。岩石熔融处置高放废物的主要优缺点有：①对废液无须进行固化处理，处置技术简单，处置成本较低；②对地下 2000～3000m 深处岩石中地下水的运动规律不能准确测定，并且难以确定高放废液与岩石是否完全溶解。除此之外，从地下抽汲放射性析出水，是一项复杂的技术，后期处理过的废液属于二次废物。

(3) 深海床处置法。

高放废物深海处置是选择底部沉积物为黏土的深海区，将高放废物容器置入深海(4000～6000m)底部黏土沉积物深处(20～30m)，借助海底未固结黏土和海水永久隔离放射性废物。该方法与低、中放废物海洋投弃的区别是：后者将废物容器投弃在海底沉积物表面，一般得不到海底沉积物屏障的保护。

将高放废物放入海底沉积物中的方法有 19 种，其中最常用的方法是以下 4 种：①自由落体法：将包容高放废物的特殊金属容器，用处置船将其运输到处置海域，投入海中，通过容器自身的重量穿过海水，自由落入海底未固结黏土中；②绞车沉降法：将高放废物容器包装后，在船上通过绞车将高放废物定向放置在海水中一定深度，靠容器自重自由落体沉入海底；③钻孔法：采用船只钻孔设备在海底钻取钻孔，然后将高放废物容器放置在海底钻孔中，最后用岩石碎块、黏土、水泥等回填材料封闭；④沟埋法：用船只采用水平钻孔设备在海底 50～200m 深处钻取水平沟槽，然后将高放废物容器堆放在水平沟槽的黏土中。

高放废物深海处置具有的优点：海洋面积约占地球总面积的 71%，绝大部分海底无矿床资源，可供选择的废物处置库地址的海域较多，处置安全性较好，对陆地上的居民影响小；海洋处置不会受到陨石撞击的威胁，一次性处置成本较低，操作技术简单。

2. 非地质处置法

(1) 冰层处置法。冰层处置是把高放废物放置于南极或北极冰盖，由于废物本身产生热量融化冰层，废物桶最后沉到冰层底部，因此是被永久隔离的一种处置方法。

(2) 核嬗变处置法。高放废物的核嬗变处理，也称为"核灰化"处理，这是利用核反应装置(加速器、核反应堆、受控热核反应等)使核废物中的长寿命超铀核素受中子诱发活化、裂变生成短寿命同位素或稳定同位素，借此将高毒性废物转变为低毒性或无毒性核废物。高放废物核嬗变处理锕系元素的步骤：①将待处理高放废液浓缩数倍，暂存 4～5 年，使其冷却降低放射性活度；②对经过暂存的浓缩废液再度浓缩，部分脱硝，继而通过化学沉淀分离出部分裂变产物；③从残留液中化学萃取 U、Np、Pu 等。

核嬗变处置对消除长寿命的危害性核素直接有效，但是过程十分复杂，处理周期长、成本昂贵，在处理过程中又将产生新的裂变产物和二次废物。

9.6.3 国外高放废物地质处置动向

1. 美国

美国核废物处置的研究工作始于 20 世纪 50 年代核电商业运行以后，深地质处置被认为是最优先可行的方案。在 20 世纪六七十年代，一直进行着高放废物地质处置的选址工作。

美国在内华达州尤卡山还花费了数亿美元建造地下研究设施，于 2002 年批准了尤卡山场址和建库计划。场地特性评价是一个内容十分丰富和复杂、耗资巨大的工作，因此其计划制订是十分重要的。在尤卡山的特性评价计划制订中采用了基于问题求解策略的顶-底系统法。迄今为止，美国对尤卡山核废物处置库的特性评价已取得了突破性进展，进行了各种地上与地下试验。

2. 瑞典

瑞典是世界上研究核废物处置技术最积极的国家之一，计划将本国产生的低、中放射性废物处置在斯堪的纳维亚结晶岩中。瑞士在 20 世纪 80 年代初便详细拟订了各类核废物深部地质处置计划。瑞典根据本国临海特点，选择了滨海底处置法。通过与陆地相连的斜井，将废物处置在波罗的海海底约 60m 的结晶岩中。其优点是：①不占用陆地土地，远离居民区，并且核电厂大多建于沿海地区，降低了运输成本；②海底岩石的地下水与海水处于压力平衡状态，海底废物库附近地下水的水力坡度极小。运动速度也极小，避免与地下水的接触。

滨海底处置方法在处置废物后，将储存室和隧道用沙子、砾石、水泥浇灌稳定，为岩石提供机械支撑。而封闭设施将被周围的结晶岩石和所包围工程屏障保护。屏障的主要目的是防止放射性核素的输送，以防闭合后来自围岩的地下水。幸运的是，因为地下水压力在海床之下是均匀的，所以围岩中的地下水实际上是不动的。

3. 俄罗斯

核工业早期，苏联对核废物的处置没有给予足够的重视，最早曾直接排入江河；随后，对中、低放废物采用排入封闭水体，高放废物储存于容器中；1957 年，发生了高放储存容器的爆炸。此后，液体废物被排入深层含水层中，但这违反了 IAEA 的要求。在玛亚克（Mayak）地区，由于不具备排入深层地下水中的条件，因此废物排入开放的水库中，随后在 1967 年的旱季引起了大范围的污染。

考虑到现实的社会和经济条件、核废物的数量和形式、未来核废物的进一步积累、核废物的储存条件，俄罗斯正在积极地使自己成为一个乏燃料储存和处置国。2001 年，俄罗斯通过了允许进口外国乏燃料的法案，俄罗斯总统也签署了该法案使其成为法律，并组建了专门审批和监督乏燃料进口的委员会。2003 年，俄罗斯建议将位于莫斯科以东 7000 km 的克拉斯诺卡缅斯克（Krasnokamensk）作为一处乏燃料处置库场址，那里已建有铀矿和矿石加工厂。此外，位于东西伯利亚的 Chits 地区也是一处潜在的场址。在建成处置库之前，进口的乏燃料将先被运往临时储存库。

4. 其他欧洲各国

波兰从 1982 年开始研究将高放废物处置在本国东部、二叠系盐岩中。意大利拟采用深钻孔处置中、高放废物，处置地点初步选在塑性黏土层中，曾在西西里黏土岩中建造了一个地下实验室，以用来研究规模化深处置技术。芬兰从 1986 年开始对乏燃料处置库进行野外地质调查，在 3 年中总共预选 101 处库址，在 2000 年最终选定奥尔基洛托（Olkiluoto）核电站的花岗岩为处置场址。2012 年开始建设，预计第一个高放废物处置库于 2020 年建成并投入运营。德国的高放废物拟处置在盐丘陵废盐矿中，于 1995 年开始扩建。加拿大高放废物为后处理乏燃料，拟在安大略省花岗岩中建成处置库和地下室。加拿大高放废物深岩硐处置库共有两种处理模型：①将高放废物处置在处置室底板孔中；②将未被固化的乏燃料直接堆放在地下处置库中，随后用厚 1m 以上的回填材料将废物容器封闭，通风 20 年以上，最后将处置室回填封闭。

5. 印度和日本

印度在片麻岩和花岗岩内确定了 4 个高放废物处置库址，建立了一个废矿井地下实验室。日本对高放废物拟采用深海床处置方法和深岩硐处置方法，计划选择深处置地质主要岩石为花岗岩、泥岩—页岩—砂岩层体系；已在相应的废矿井和花岗岩地下实验室中进行了实验研究；日本北部地区是考虑的处置库选择场的所在地。

9.6.4　我国高放废物处置研究进展

1. 我国高放废物处置库研究过程

我国高放废物地质处置研究工作于 20 世纪 80 年代中期起步。30 多年来，在选址和场址评价、核素迁移、处置工程和安全评价等方面均取得了不同程度的进展。鉴于高放废物地质处置涉及的学科多、技术难度大、研究周期长且需长时间的技术储备，中国核工业集团公司于 1986 年成立了"高放废物深地质处置研究专家协调组"，该组专家来自核工业北京地质研究院、核工业北京工程设计研究院、中国原子能科学研究院和中国辐射防护研究院等（表 9-2），并且提出 DGD 计划——地质处置研究发展计划。该计划以高放废物玻璃固化体和超铀废物及少量重水堆乏燃料为处置对象，以花岗岩为处置介质，采用深地质处置技术路线，目标是在 2030—2040 年建成一座国家处置库。可分为如下 4 个阶段。

表 9-2　核素迁移相关研究

单　位	介质对象	核　素	主要研究内容或效果
中国原子能科学研究院	花岗岩、玄武岩、凝灰岩、页岩，以及辉锑矿和硫锑矿等花岗岩	混合裂片和 ^{99}Tc、^{125}I ^{85}Sr、^{134}Cs	吸附性能（凝灰岩、页岩吸附 Cs、Nb、Zr 强，Cs 中等，花岗岩差）吸附分配比
中国辐射防护研究院	亚黏土、轻亚黏土、砂岩、花岗岩、黄土等	Sr 和 Cs ^{134}Cs、^{144}Ce	吸附分配比
复旦大学	花岗岩、紫色页岩、凝灰岩、火山岩、黏土	^{90}Sr、^{137}Cs、^{60}Co	吸附特性
北京大学	石灰岩、花岗岩、砂岩、混凝土	^{78}Eu、^{125}I、^{78}Se、^{125}I	测定扩散系数 pH、固液比对吸附影响，吸附等温式
清华大学	土壤	^{80}Sr、^{134}Cs	核素浓度，pH、其他离子存在于对 K_d 的影响；用微分分析技术研究核素吸附于土壤微观组成，颗粒吸附特性
核工业北京地质研究院	膨润土	Np 和 Am	
北京大学	腐殖酸	UO_2^{2+}、Cu^{2+}、Ni^{2+}、Co^{2+}	研究络合作用 UO_2^{2+}＞Cu^{2+}＞Ni^{2+}＞Co^{2+}＞Sr^{2+}
中国辐射防护研究院	腐殖酸	Sr^{2+}、^{60}Co、^{134}Cs	腐殖酸对核素在黄土中迁移的影响
中国原子能科学研究院	腐殖酸	^{239}Pu	腐殖酸还原六价钸动力学研究

(1) 第一阶段：技术准备阶段（1986—1995 年）。

(2) 第二阶段：地质研究阶段或选址与场址评价阶段（1995—2010 年）。

(3) 第三阶段：现场实验阶段或地下实验室与示范处置阶段（2010—2025 年）。

(4) 第四阶段：处置库建造阶段（2025—2040 年）。

核工业北京地质研究院等单位开展了高放废物处置库场址预选研究，在对华东、华南、西南、内蒙古、西北和新疆 6 个预选区进行初步比较的基础上，重点研究了西北甘肃北山地区，在地质调查和水文及工程地质条件、地震地质特征等研究基础上，施工了 6 个深钻孔和 8 个浅钻孔，获得了深部岩样、水样和相关资料，初步掌握了场址特性评价。在工程方面，研究了内蒙古高庙子膨润土作为缓冲/回填材料的性能，以及低碳钢、钛及钛合金等材料在模拟条件下的腐蚀行为。在核素迁移方面，建立了模拟研究试验装置及分析方法。在安全评价方面，初步进行了一些调研。总体来说，我国高放废物地质处置研究工作，特别是在选址和场址特性评价方面取得了一定进展，但还处于研究工作的前期阶段，距完成地质处置的阶段目标任务还相差甚远。

2. 我国高放废物适合的处置方法

我国国土辽阔，各种围岩种类齐全，花岗岩、黏土岩、盐岩和凝灰岩等均有发育。考虑到我国的地质演化、地质条件、水文地质条件、各种岩性及岩性组合的特点、岩石的分布及我国的社会经济等条件，从当前已经掌握的资料(图 9-7)可知，我国的高放废物处置库围岩既可以选择花岗岩，也可以选择黏土岩。但是，目前的初步研究工作表明，甘肃北山地区的花岗岩岩体完整、规模较大、裂隙较少，且位于荒无人烟的戈壁干旱地区，可以考虑作为我国高放废物处置库的主攻围岩之一，应当继续对北山地区深入开展工作。

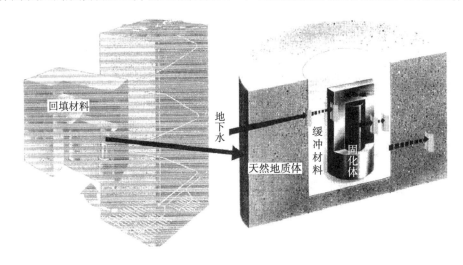

图 9-7　中国高放废物处置方案

(1)北山预选区深部岩石物理力学性能研究。

初步确定了甘肃北山作为高放废物深埋处置重点研究区域。北山地区地貌为低山丘陵区，相对高差较小，地势低缓，为典型内陆干旱性气候，大部分为干旱戈壁或基岩裸露的低山。该区位于北山南带中段，大地构造位置处于塔里木板块东端，属二级大地构造单元塔里木地台和北山古生代褶皱带的衔接部。在稳定的地质环境中，工程地质、岩体力学及现场渗流特性等的确定与描述是高放废物深埋处置可行性研究中关键的基础数据，而岩体力学性质取决于岩石本身的物理力学性质、岩体中的结构面及岩体的赋存环境；岩体作为高放废物的地质隔离体系，其水力学性质决定其能否安全、有效地处置高放核废物。因此，研究岩体力学与渗流特性对高放废物处置具有重要意义。

岩石力学性质：①似斑状二长花岗岩的单轴抗压强度和内摩擦角稍大于英云闪长岩单轴抗压强度和内摩擦角，岩石在单轴压缩条件下呈脆性破坏，单轴抗压强度一般大于80MPa；②浅部岩石均匀性差，300m 以下岩石均匀性好，强度高；③浅部似斑状二长花岗岩单轴抗压强度较低，而弹性模量、抗拉强度和抗剪切强度均较高；④300m 以下似斑状二长花岗岩岩石均匀，单轴抗压强度和弹性模量均较高；⑤英云闪长岩岩性不均匀，由浅至深，其物理力学指标和弹性模量均有所增大；⑥随着围压增大，其三轴抗压强度增大，塑性变形也增大，破坏时应变显著增大，弹性模量和泊松比均增大。

岩石物理性质：从钻孔内自上至下采取了不同深度具有代表性的似斑状二长花岗岩和英云闪长岩样品，对所取样品进行了详细的室内物理力学特性研究。通过量积称重法和吸水性试验，得出如下结果：似斑状二长花岗岩和英云闪长岩均具有低吸水率和低孔隙率的特性，岩石致密等较高。岩石声波试验结果表明，似斑状二长花岗岩实测声波波速离散性比英云闪长岩的波速要小，说明似斑状二长花岗岩的均匀性比英云闪长岩好。深部岩石比浅部的泊松比高，而深部动弹性模量则比浅部的动弹性模量要低，这说明浅部岩石均匀性差，300m 以下岩石均匀性好。总之，甘肃北山预选区岩石均具有高密度、低含水量、低吸水率和低孔隙率的特性，而且岩石非常致密。

通过现场节理调查、地应力及高压压水试验和室内岩石力学试验，研究了高放废物处置库甘肃北山预选区岩体力学和渗流特性：①甘肃北山预选区钻孔的岩石均具有高密度、低含水量、低吸水率和低孔隙率的特性，岩石非常致密。②浅部岩石均匀性差，300m 以下岩石均匀性好。英云闪长岩岩性不均匀，300m 以下似斑状二长花岗岩岩石均匀，单轴抗压强度和弹性模量较高。③测孔的最大水平主应力为 17.52 MPa，最小水平应力为 11.12 MPa，属中等应力区。④岩体的渗透系数为 $10^{-7} \sim 10^{-5}$ cm/s，属低渗透性岩体。⑤岩体节理以陡倾角的剪节理为主，节理倾向分布可用正态函数有效地拟合，而开度可用负指数函数有效地拟合。⑥编制的渗透张量计算和节理三维模拟程序可较好地反映岩体的渗透性质和节理的三维分布。

(2) 黏土材料在高放废物处置库工程中应用的探索。

回填和封闭地下放射性废物处置库的潜在重要性，引起了世界上不同研究机构对膨胀黏土材料作为工程屏障进行广泛的研究。这些被放置于地下环境中的材料必须具有多种互补的特性：不透水性、充填所有孔隙的膨胀能力、传热能力和对大多数有毒放射性核素的阻滞能力。然而，人们多注意到水力和机械性能而很少考虑到黏土工程屏障的主要特征，这已在黏土回填材料的许多综合研究中表述过。20 世纪 80 年代，放射性核素的扩散性在不同压缩程度的膨润土扩散容器中进行过试验。这些试验通常与批式吸附试验有关，为了独立地确定从扩散系数中派生出来的阻滞系数，出现许多问题和差异。许多国家描述了黏土工程屏障的扩散/阻滞整体特性，应把下列问题逐步评价：①矿物组分的单个吸附性能、精密实验和离子交换现象的内在模拟；②复杂系统内离子交换性能的相加性，多相吸附性能模拟，天然材料的有效性；③有代表性物理化学条件下的受控扩散实验。综合这一系列方法，开发地球化学过程是活泼的并逐渐比较好地阻滞放射性核素在高放废物处置库工程中的应用是十分有必要的。

(3)考虑花岗岩和黏土岩作为高放废物处置库围岩的可行性。

世界各国根据不同的地质条件及不同的社会经济条件,选择了花岗岩、黏土岩、凝灰岩和盐岩作为高放废物地质处置库的围岩。对这些围岩的各种特性进行了室内研究和地下实验室现场研究,认为各种围岩均有其优缺点,通过增设工程屏障,在这些围岩中均可以建造满足安全要求的处置库。考虑到我国国情、岩石的分布、渗透性质和节理的三维分布,以及我国的社会经济等条件,从当前已经掌握的资料来看,我国的高放废物处置库围岩既可以选择花岗岩,也可以选择黏土岩。但是,目前的初步研究工作表明,甘肃北山地区的花岗岩岩体完整、规模较大、裂隙较少,且位于荒无人烟的戈壁干旱地区,可以考虑作为我国高放废物处置库的主攻围岩之一。

9.7 选 址 要 素

处置库的选址是选择一个能够有效隔离放射性核素的场址,使处置废物不受人类活动和自然过程的影响,实现高放废物与人类生活圈长期安全隔离。选址不是要选择最佳场址,而是寻求一个满足要求的场址。实际上,最佳场址是难觅的,也是不可多得的。

9.7.1　国际原子能机构选址规范

国际原子能机构于 1981 年拟定了放射性废物深部地质处置库选址和建造时应遵循的技术原则:①处置库所在地区的区域地质构造应较简单,地质构造较稳定,无地震、火山、断裂等突发性事件发生。②拟选取的处置库埋深要使废物处置体系不受地表风化、侵蚀、地面抬升等自然作用的影响,处置库埋深应大得足以使地面的辐射剂量小于限值。③应预测今后 10 万年间当地气候变化可能对处置体系造成的不利影响。④放射性废物处置主岩应有足够大的延伸范围,以对废物安全处置提供可靠的天然屏障。⑤对在选址期间钻取的钻孔、坑道等,在废物处置结束后应严密回填、封闭,以防废物中的有害物质向地表迁移。库址区在现在及可预见的将来应无可供开采的地下资源。⑥应选择吸附性较强的岩石作为处置主岩,以增强对放射性核素迁移的阻滞能力。废物处置主岩应具有较好的抗热性、抗辐射性。⑦在设计地下处置库时,应考虑到当各工程屏障失败后,应采取何种措施阻滞废物中的放射性核素向生物圈迁移。

在此基础上,国际原子能机构于 1982 年提出了深部地质处置库场址选址的标准:①地形。②大地构造和地震强度。③地下条件。处置地段深度;岩层的厚度和展布、连续性、均匀性和地层纯度;上覆层、下覆层和侧翼岩层的性质和展布。④地质构造。倾向或倾斜;断裂与节理;底辟作用。⑤围岩的物理和化学性质。渗透率、孔隙率、溶解度和分散性;气液包裹体;岩石的力学和塑性特点。⑥水文和水文地质。地表的起伏、形式和容量;地下水的流量、容量和化学成分。⑦地质和工程的简略条件。场地地区和缓冲地段;已有钻孔和山地工程;勘探钻孔、竖井、平巷和土方工程;废石处置;处置库运行的安全和稳定性。

9.7.2　欧盟推荐的处置库选址标准

在所有欧盟国家中，选址标准仅以导则形式出现，表 9-3 所示为欧盟的选址标准。根据"放射性废物管理计划"，欧洲委员会正在准备有关处置库选址标准建议条款[22]的文件。该文件涉及地下处置库及近地表处置库两种构想。文件只提到一般选址原则，而量化标准将分别取决于各处置系统的安全评价。

处置库选址过程委员会在草案的结论中提到了以下基本要求：①没有或有很少地下水存在；②有利的水化学条件，具有较小形成穿过该处置区域水道的可能性；③有利的岩石构造，岩石具有良好的长期稳定性；④岩石具有较好的抵抗由温度变化带来的压力，较少的采矿活动。

表 9-3　欧盟的选址标准

标准类型	标准	限制值	注释
岩石的物理性质	离子吸附能力	高	数值取决于岩石的特性
	热行为	高	
	渗透性	低	
	地质力学特性	好	好的力学性质、高塑性
	溶解性	数值取决于岩石的特性、厚度	
岩层	盐岩	>200m	
	黏土岩	>100m	
	结晶岩	≥500m	
	均一性、连续性	越高越好	很少或没有裂隙 很少或没有相变
地质状态	地表	取决于岩石的特性	远离水源
	岩层最低深埋	200～300m	
	地下水运动	非常缓慢	
	上覆岩石的吸附特性	高	
	地热状态	无强的正异常	
	地震烈度	小于 6 度	
	构造活动	构造简单，缓慢活动	

9.7.3　美国处置库选址要求

美国的核废物处置库选址导则制定较早，于 1984 年 2 月提出，并于 1985 年开始实施。美国处置库选址主要考虑如下因素。

(1) 场地规模。场地应位于可使废物与生物圈充分地隔绝，并有足够的面积建立处置库的地区。①处置库应建在足够深的地下，以使人类活动和自然过程不受影响；②选定作为围岩的地质体应具有足够的厚度及广度，以容纳处置和回填材料，并对周围环境不产生影响。

(2) 水文地质。场地水文地质条件应具有阻碍、隔绝和吸附废物的功能。①场地的水文地质状态应具有能降低地下水与废物的接触和阻止核素从废物库向生物圈迁移的功能；②场地的水文状态应具有可模拟性，且其现在及将来均对处置库运行不产生威胁；③场地的水文地质条件应具有可允许建造处置库和竖井的条件，且处于相对密封状态；④场地水文地质条件应具有即使处置库基地岩石发生溶解，也不会影响处置库的正常使用的功能。

(3) 地球化学。场地应选在地球化学条件具有阻碍、隔绝和吸附废物的地区。场地应具有即使核素、岩石、地下水及机械部件之间发生化学反应，也对处置库运行不产生影响的性质。

(4) 地质特征。场地应选在地质条件具有阻碍、隔绝和吸附核废物的地区。①场地地质条件应能承受由于废物与岩石之间发生作用而产生的地应力、化学条件，以及热和放射性强度的变化；②场地的地质条件应满足在地下开掘、处置库运行和关闭过程中不对人造成放射性危害的要求。

(5) 构造环境。场地应选择在构造作用影响可接受范围内的地区。①场地的第四纪断层应可鉴别，并对处置库系统不产生影响；②场地所在地区的第四纪火山活动应可鉴别，并对系统不产生影响；③场地应位于即使长期地连续上升或下降，但对系统没有影响的地区；④库址所在地区的最大震级及地震活动应对处置库系统不产生影响。

(6) 人类活动的影响。①场地土地利用的历史清楚，且过去的土地利用不会影响到处置库的运行；②库址应位于联邦政府拥有绝对所有权的地区。

(7) 地表特征。库址及其周围地区的地表特征及状态应可通过工程措施调节，并对处置库运行及系统功能不产生有害影响。①库址地区的地表水特征应对处置库运行不产生影响；②库址地区的地表、地形特性应对处置库不产生有害影响；③库址地区因气候变化而产生的作用应可通过工程措施弥补，并不对处置库运行产生有害影响；④由于附近工厂、交通及军事工业所产生的对库址的影响，应可通过工程措施而弥补。

(8) 人口。库址应位于能最大限度地降低对居民产生威胁的地区。①库址应位于远离居民区、人口密度较低的地区；②库址应选择在能将由于废物运输及处置库运行而产生的对民众危害降低到可接受水平的地区。

(9) 环境保护。库址选择应考虑到对环境的潜在影响，包括空气、土地利用及周围环境状态。①库址选择应适当地考虑对环境的潜在影响；②库址应选择在能尽量降低对空气、水、土地利用等产生影响的地区；③库址选择应考虑正常及极端的环境状态。

(10) 社会、经济影响。库址选择应适当考虑由于建库而对该地区社会及经济而产生的影响。①由于建库和运行而对附近地区产生的不利的社会和经济影响应能通过移民和其他补偿手段来调节；②库址应选在处置库产生的辅助设施不会对民众产生影响的地区。

9.7.4 法国处置库选址准则

法国从场地稳定性、水文地质、力学与热特性、地球化学、最小深度、地下资源等方面考虑并推荐了相应的标准。在此标准下，法国的国家放射性废物管理局最终选择了在 Meuse/Haute-Marne 场址的 Callow-Oxfordian 泥岩开展大量的研究工作。该地层在 100 km^2 的区域内十分均匀，深 450 m，平均厚度为 130 m。调查研究证明了岩层的均匀性，并且其中没有大的不连续性，为 1.5 亿年期间几乎未受变动的黏土岩层，具有极低的渗透性、极低的含水量、良好的机械性能、良好的滞留能力，无对流，周围的蓄水层含水分不太多。在选址过程中收集下列资料：地质环境、自然变化、水文地质、人类活动、建造和工程条件、废物运输、环境保护、土地利用、社会影响。

9.7.5　我国高放废物地质处置库选址要求

2002 年我国的国家技术监督局发布了《放射性废物管理规定》(GB 14500—2002)，提到处置库和处置场在选址时应考虑如下基本要求：①地质构造简单、稳定，岩性均匀，面积广，岩体厚，有较好的吸附和阻滞核素迁移性能；②水文地质条件简单，地下水位较深，无影响地下水长期稳定的因素；③工程地质状况稳定，距地表水和饮用水源有一定距离，人口密度低、开发前景小，没有重要的自然和人文资源；④尽可能远离飞机场、军事试验场地和危险品仓库。

我国前期的场址选择主要以花岗岩为主要的围岩类型，但考虑到高放废物处置是一项极其复杂的系统工程，也是涉及当今经济社会和今后几万年甚至上百万年人类可持续发展的重大问题，要求在最终确定处置库场址之前，能够提出可供选择和对比的多个预选场址和多种岩石类型[23]。从国外研究经验和国内前期研究成果来看，花岗岩和黏土岩是高放废物地质处置库建设最适合的围岩。在 IAEA 推荐的普通标准和其他国家(法国、瑞士、比利时等)对选择处置库场址的已有经验，提出我国场址选址的基本标准。在场址选择中考虑的问题主要有以下几方面。

(1)社会、政治、经济条件。①远离居民区，位于人口密度低的区域；②无潜在资源，已有的采矿活动较少；③不影响附近地区的社会、经济发展；④公众及地方行政部门的态度；⑤无风景旅游区、饮用水源地保护区、极具考古价值区；⑥不存在对处置库安全造成影响的军事试验区；⑦交通便利、水电供应便利的地区；⑧不与土地使用和环境利益发生冲突。

(2)自然地理。①气候条件：降水量、蒸发量、长期气候变化；②地表水文条件；③地形地貌：较平坦、稳定；④选区地理位置：易于废物运输。

(3)岩层。①足够的深度、厚度(>200m)及足够大的延伸范围；②均一性、连续性越高越好；③产状尽量平缓；④岩石的力学性能良好，具有良好的长期稳定性，能较好地抵抗由温度变化带来的压力；⑤具有较好的抗热性、抗辐射性、吸附性、较低的渗透性；⑥具有简单的构造学、几何学特性。

(4)地质条件。①区域地质构造简单、稳定，无地震、火山、断裂等突发性事件发生；②地下水流速小，甚至接近于静止状态；③地壳中无低速层及强的地热异常带；④上覆岩层的吸附性越高越好。

我国高放废物地质处置库选址工作始于 1985 年，重点考虑了当时的核工业战略布局、核废物的来源、后处理厂的分布、人口分布密度、各类资源及其潜在资源、经济现状和前景等因素，从全国区域筛选入手，通过资料收集和综合对比分析，初步筛选了六大预选区，即甘肃(北山)预选区、华南预选区、新疆预选区、内蒙古预选区、华东预选区和西南预选区。在此工作的基础上，经过进一步资料收集、现场踏勘和对比分析，在前述 6 片地区中筛选了 21 个地段供进一步研究。候选围岩有花岗岩、凝灰岩、火山杂岩、花岗闪长岩、页岩和泥岩等。

30 多年以来，在经费投入非常有限、技术经验缺乏和选址标准与相关管理规定缺乏的条件下，高放废物地质处置库选址研究工作取得了重要进展，初步确立花岗岩处置库选址和场址评价技术方法，对甘肃北山预选区的 3 个重点预选地段进行了初步对比评价。这些工作和成果为开展下一阶段选址工作打下了坚实基础。

9.8 选址工作程序

开发处置库是一个长期的系统化的过程，一般需要经过基础研究、处置库选址和场址评价、地下实验室研究、处置库设计、建设和关闭等阶段。选址和场址评价是高放废物处置库建设的第一个基础性、关键性研究内容。考虑到处置库中的废物是毒性大、半衰期长的废物，要求处置库的寿命至少要达到 1 万年，这一要求是目前任何工程所没有的。因此，处置库的选址[24]程序及其性能评价就极为复杂。

9.8.1 美国高放废物处置程序

美国高放废物地质处置的建议是由美国科学院 1957 年提出来的。地质处置计划由能源部负责执行[25]。目前内华达州尤卡山 (Yucca mountain) 是唯一的候选场址，开展研究的时间已近 20 年，现已完成场址可行性评价报告及环境影响评价报告的初稿。尤卡山场地的围岩类型是凝灰岩，该场地的突出特点是包气带的厚度大，可达 700m。这是其他国家目前的场址所不具备的。该场地地表特征是戈壁和荒漠，降雨量小。自然条件十分有利于高放废物的地质处置。

美国把处置库建造过程分为 5 个阶段：①场地推荐；②场地的特征评价；③处置库场地的选择和批准；④领取场地执照和处置库建造设计的审批；⑤处置库的建造。现已完成的主要工作包括地表地质调查、钻探勘察、坑道勘察、地下实验室研究等。

9.8.2 瑞士高放废物研究程序

瑞士高放废物地质处置项目由放射性废物处置合作总署负责。其处置库选址工作始于 20 世纪 80 年代初[26]。处置库建造之前的地质特征研究计划分 3 个阶段：第一阶段是远景围岩的地面区域研究，包括地震研究和深钻孔调查等；第二阶段是对远景场址区进行更为详细的地面调查；第三阶段是地下研究，包括通往未来处置库深度的竖井和地下实验室的建设。

目前选址第二阶段的工作仍在进行中，而第三阶段的工作也有一部分在进行中。所选场址位于瑞士北部的花岗岩地区，深度 2000 m 以上的深钻已施工了 7 个，取得了大量的深部地质环境资料。

9.8.3 我国高放废物处置库选址研究进展

我国高放废物处置库选址工作始于 1985 年，主要由核工业北京地质研究院负责。整个选址工作分为 4 个阶段，即全国筛选、地区筛选、地段筛选和场址筛选[27]，并且在筛选过程中应该考虑两个因素：社会因素和自然因素。

(1) 全国筛选 (1985—1986 年)：根据拟定的选址标准，在全国范围内初步筛选了 5 片地区，即西南地区、广东北部地区、内蒙古地区、华东地区和西北地区。初步收集了各区的社会经济资料和地质资料，并进行了综合对比。

(2)地区筛选(1986—1989 年)：在前阶段工作的基础上，在前述 5 片地区中又进一步选出了 21 个地段供进一步工作。在西南地区选择了 3 个地段，即汉王山、中坝和汉南地区，岩性为页岩和花岗岩。在广东北部地区选择了两个地段，即佛冈花岗岩和九峰花岗岩体。在内蒙古地区选择了泊尔江海子和大宝力兔两个地段，围岩为花岗岩。在西北地区选择了甘肃北山地区的 6 个地段和饮马场北山地段，岩性为花岗岩和泥岩。

(3)地段筛选(从 1989 年至今)：选址工作要集中在西北地区进行。具体研究了甘肃北山及其邻区的地壳稳定性、构造格架、地震地质特征、水文地质条件和工程地质条件等，还运用地球物理测量方法和遥感地质方法研究了该区的地壳稳定性。初步结果表明，甘肃北山地区是一个非常有前景的适宜最终处置高放废物的地区[28]。

从 1999 年开始，开展了实质性的地段筛选工作，即在甘肃北山地区开始对 3 个重点地段开展平行性评价工作[29]，包括 1∶5 万地质填图和钻探工作。在诸多因素[30]中，地质因素是一个重要的方面。根据大量资料及多年研究证明，北山地区为地壳稳定区，其理由是：①从区域大地构造特征及其演化历史来看，北山位于塔里木板块内，属加里东—海西期褶皱带，中生代以来，地壳稳定上升，现代地壳运动微弱；②区内重力等值线和莫霍面等深线宽缓疏松，水平梯度变化小，说明区内不存在活动的岩石圈断裂带；③从区域地震活动性来看，历史上区域内较强地震都发生在河西走廊及祁连山地区，据资料记载，预选区历史上最大震级小于 4。总之，研究工作表明，甘肃北山地区具有十分有利的条件，即建设高放废物处置库的有利地区。

9.9 地下实验室

地下实验室全称为地下研究实验室，它是模拟地下高放废物处置库而建立起来的地下实验研究工程，其目的是对高放废物处置库预选场址进行可行性研究。地下实验室研究，既是建库工作的重要预演，又是评定处置库场址是否适宜的最为重要的环节，它是建库可行性论证的重要组成部分。因此，通过地下实验室研究工作，要收集建库所需的各种资料、参数，研究参数测定的方法和仪器，研究工程施工的技术方案，进行废物处置预演和进行人员的培训等工作。

9.9.1 美国尤卡山地下实验室

美国高放废物和乏燃料处置库(尤卡山处置库)围岩为凝灰岩，1995 年完成处置库专设安全设施主巷道施工，于 1997 年开展地下试验研究。由于种种原因，尤卡山处置库[31]工程自 2009 年起一直处于停滞状态。尤卡山处置库的工程屏障包括废物包装容器、防滴罩和摆放巷道的内底，如图 9-8 所示。摆放巷道的回填作为工程屏障的一种备选设计方案，回填材料拟选压碎的凝灰岩、膨润土，以及膨润土和砂的混合材料等。废物包装容器为双层同心圆筒设计。内筒材料为不锈钢，外筒材料为耐腐蚀的镍基合金，外层耐腐蚀材料保护内层结构不受腐蚀，内层结构为较薄的外层提供支撑。

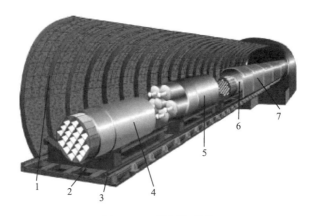

图 9-8　工程屏障系统

1—钢套；2—支撑梁；3—起重轨道；4—废物包；5—混合废物包；6—沸水堆废物包；7—防滴罩

9.9.2　芬兰昂加洛地下实验室

芬兰的核废物地质处置研发工作始于 1978 年，根据其自身的国情，选择出一条具有特色的处置技术路线，即选址—特定场址地下试验室—处置库[31]。选址研究于 1983—2000 年间实施；1994 年核能法令修正案规定所有的核废物都在芬兰储存、处理和最终处置，并初步确定在奥尔基洛托(Olkiluoto)岛基岩的 400～700m 深处建设处置库[32]。而特定场址地下实验室昂加洛(ONKALO)正是位于 Olkiluoto 岛，ONKALO 地下实验室于 2004 年开始建设，2014 年完成。芬兰高放废物的处置采用多重屏障原则，仿效瑞典 IBS-3 处置方案(图 9-9)，最终处置设施分两部分：处置库地表封装厂和地下基岩处置部分。

ONKALO 地下实验室地下处置设施占地根据处置乏燃料数量的不等分为两种情况。地下实验室工程整体开挖 340000 m³，巷道和竖井总长 9.5 km。主巷道长 5 km，斜坡道坡度 1∶10，断面尺寸为 5.5m×6.3m；3 个竖井直径分别为 3.5 m、4.5 m 和 3.5 m，处置库最终建成时(处置 12000t U 乏燃料)，废石总量将达到 2080000m³。

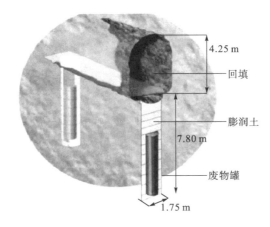

图 9-9　芬兰高放废物处置系统示意图

9.9.3　瑞典阿斯波地下实验室

瑞典处置库位于地下约 500 m 深的花岗岩中。深地质处置库包括地面设施、出入通道（竖井或坡道）、地下中央区域处置区等组成部分。瑞典处置库[32]可接收的废物为乏燃料，外包容器由两部分组成，即铸铁支撑和铜外壳。在乏燃料处置孔周围是缓冲材料，采用 MX-80 作为缓冲材料的参考材料。膨润土和碎石混合料用于回填乏燃料处置区的巷道、岩洞和其他地下硐室，如图 9-10 所示。

瑞典的阿斯波（Aspo）地下实验室围岩为花岗岩，螺旋式斜坡道深入地面以下 460 m，从事地球科学、天然屏障和工程屏障等方面的研究。与处置工艺相关的试验主要包括开挖试验、处置机具测试、处置技术试验、回填与封塞试验、原型处置库试验和容器回取等试验项目。

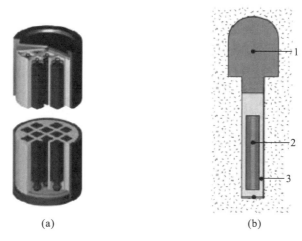

(a)　　　　　　　　　　　(b)

图 9-10　瑞典的处置容器和处置孔剖面

(a)处置容器；(b)处置孔剖面

1—回填材料；2—容器；3—缓冲材料

9.9.4　法国地下实验室

法国地下实验室位于 Meuse/Haut Marne 省[32]，地质条件为 Callovo-Oxfordian 泥岩岩层，地下实验室深度为 445～490m。在地下实验室进行了 30 种试验设计，如高放废物处置试验、水平巷道密封试验、封塞试验等。

法国的深地质处置库由地上设施和地下处置库构成，处置库深度为 400～600m。采用竖井或斜坡道作为处置库进出通道形式。法国需要处置的废物分为三大类，即 B 类（长寿命放射性废物）、C 类（玻璃固化体）和乏燃料。

B 类废物采用水平巷道的处置硐室，硐室长约为 250m，直径约为 12m，硐室出口采用混凝土和膨润土密封，如图 9-11 所示。

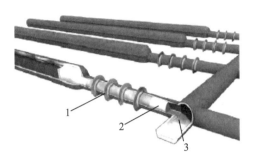

图 9-11 法国 B 类废物处置硐室的封闭

1—膨润土封塞；2—混凝土封塞；3—巷道

C 类废物采用水平巷道处置，用膨润土塞子和混凝土塞子密封，如图 9-12 所示。乏燃料处置布置与 C 类废物相似，但需要在乏燃料处置容器周围填充膨润土。

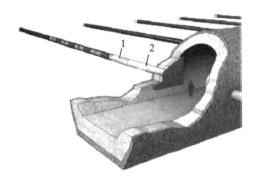

图 9-12 法国 C 类废物处置巷道的封闭

1—膨润土；2—混凝土

9.9.5 日本瑞浪地下实验室

日本瑞浪(Mizunami)地下实验室[32]位于花岗岩地区，深度为 1000 m。处置库地下设施包括交通隧道、连接巷道、主巷道、处置巷道和处置坑等。处置库的最大深度为 1000m 的硬质岩石或 500 m 的软质岩石，主要处置高放废物和超铀废物。

处置库的工程屏障系统包括高放废物体、碳钢外包装容器和缓冲材料，对处置库进行回填和密封。日本瑞浪实验室试验主要包括裂隙岩石研究、全尺度安装验证试验、可替代缓冲材料试验、原型处置库试验、塞子密封、处置设备验证试验等。

9.10 安全处置评价

大多数有核国家已考虑将地质处置作为高放废物处置的优选方案，废物形式可以是高放废物玻璃固化体或乏燃料。高放废物地质处置研究虽已有几十年的历程，但尚未有一个真正的高放废物地质处置库投入运行。高放废物处置的研究包含两个方面：一是处置技术的研究和改进；二是高放废物处置系统的长期性能和安全评价。由于高放废物处置巨大的时间和空间跨度，使后者显得更困难。

处置场的安全评价是为定量预测处置系统的性能,对处置场运行期间[33]及将来关闭之后的人类受辐照剂量和环境影响做出评价[34]。通常是安全分析与预测[35]建立放射性废物处置库的可能后果，然后将这些后果与可接受标准化进行比较，作为判断的参考准则。

9.10.1　美国玄武岩高放废物安全评价

美国曾对在玄武岩中高放废物处置进行了系统而深入的工作。研究的玄武岩岩体[36]位于美国西北部华盛顿州的汉福特基地，该处置设施的概念设计，如图 9-13 所示。

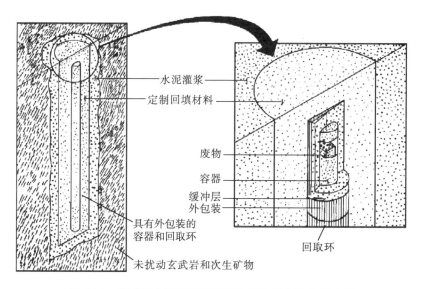

水泥灌浆

定制回填材料

废物

容器

缓冲层
外包装

具有外包装的
容器和回取环

回取环

未扰动玄武岩和次生矿物

图 9-13　玄武岩中高放废物处置设施的概念设计示意图

美国核管理委员会规定要求：废物包具有 1000 年的寿命；在 1000 年后，每年的释放量不大于 10^{-5}Bq；从处置库到生态环境至少有 1000 年的迁移时间；释放满足 EPA(美国环境保护署)限值。假定依据断裂景象来计算核素在排放点的浓度[37]。在该景象条件下假定：①在含水层的释放为瞬时释放；②地下水流速为 20m/a；③排放距离为 25 km；④在含水层内平衡吸附和沉流通过计算来确定关键核素，并根据美国核管理委员会 10CFR20在排放点的最大容许浓度进行分析。此外，还假定在近场没有沉淀。为了符合最大容许浓度要求，核素的容许释放率必须小于 10^{-3}Bq。

9.10.2　比利时 BOOM 高放废物安全评价

高放废物处置库将位于比利时摩尔(Mol)附近的核能研究中心(SCK/CEN)场址[36]。处置库位于 BOOM 黏土层中 220 m 深处。图 9-14 所示为其概念设计示意图。该处置库将建造两个竖井，每个竖井与一个主巷道相通，共有两个主巷道，两条巷道相互平行，相距 400 m。

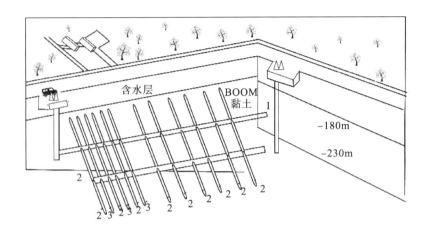

图 9-14 处置库的概念设计示意图

1—主巷道；2、3—分别为高放与中放废物巷道

通过近场计算、远场确定性计算和远场随机性分析，证明 BOOM 黏土是一种有效的废物处置屏障。大多数核素在黏土屏障的迁移过程中可以衰变到可忽略的水平。对于处置的高放废物，其中只有极少量的易迁移核素。在此基础上，建议今后加强以下工作内容。

(1)研究优选性。①近场。在工作之初，就要系统考虑和设计，以获得近场评价所需的大量的参数。②地圈。评价以进一步证实黏土屏障的有效性。因此应进一步加强核素在黏土中的迁移研究，获得更准确的数据和进行模式验证，特别是针对关键核素。③生物圈。生物圈模式的不确定性会对最后剂量估算的不确定性产生相当大的影响，应研究是否有可能降低这类不确定性。

(2)最优化。最优化是辐射防护的基本准则，因此在今后的安全分析中要引入最优化。这将意味着非技术因素的考虑。

(3)方法学。放射性废物处置性能评价的重要方面是其完整性，这就是说应对所有景象进行分析，另外还要注意性能评价的时间范围。

(4)可信性。评价的可信性可以通过以下方面得以加强：①计算机程序的检验；②软件的质量保证技术；③模式有效性验证。

9.10.3 瑞典花岗岩高放废物安全分析

在瑞典核燃料和废物管理公司(Swedish nuclear fuel and waste management company, SKB)的乏燃料处置研究中，作为 KBS-3 乏燃料处置库的备选方案[36]，对名为 WPC 的处置方案进行了系统研究。WPC 的概念设计示意图如图 9-15 所示。

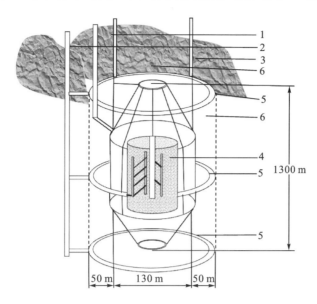

图 9-15　WPC 的概念设计示意图

1—运输竖井；2—通风竖井；3—开挖和回填主竖井；4—膨润土、砂屏障；5—水力隔离笼；6—水力隔离笼钻孔

WPC 处置库概念设计中，处置库部分直径为 180 m，高为 300 m，该设施的顶部距地面约为 200 m。在处置库的中央部分为一竖井，竖井分 16 层构筑容器巷道。每一层有 12 个容器巷道，这些巷道由中央竖井以与平面呈 30°辐射状散开。这样使各容器巷道间能维持足够的距离。每一容器巷道内放置两个乏燃料容器。乏燃料放置在中央，周围由未扰动岩石包围，其次为膨润土、砂混合回填。在处置库关闭后，处置库内温度将超过 100℃，但不超过 150℃。

对于近场，基本上包括废物包、缓冲回填层和与处置库相连的基岩部分。由于处置库结构的不同，近场各部分的空间次序也有一定差别，因此形成了不同的高放处置源项释放模型。远场是指从处置库到生态圈的部分。这一部分的性能是场址本身确定的，是场址特性相关的和自然存在的，是人工无法改变的。在远场的研究中只能是如何提高对它的认识，而不是去改变它。

在高放废物处置中，生态圈的性能行为与人类的活动密切相关。对于长期评价，其不确定性在于人类活动的长期变迁。

9.10.4　我国高放废物安全评价

高放废物处置是当前国际上放射性废物管理的难点问题之一，《放射性污染防治法》和《放射性废物安全管理条例》已明确规定我国对高放废物实施集中的深地质处置。《核电中长期发展规划》和《核安全与放射性污染防治"十二五"规划和 2020 年远景目标》提出我国要在 2020 年建成高放废物地质处置地下实验室[38]，目前尚处于建设中，比计划有所延迟。目前，我国高放废物处置安排了多项研究工作，主要包括北山预选场址的特性调查、处置库和地下实验室的初步设计、镎、钚等核素的化学行为。当前上述研究都已取得了进展，初步建立了安全评价技术框架体系，如图 9-16 所示。

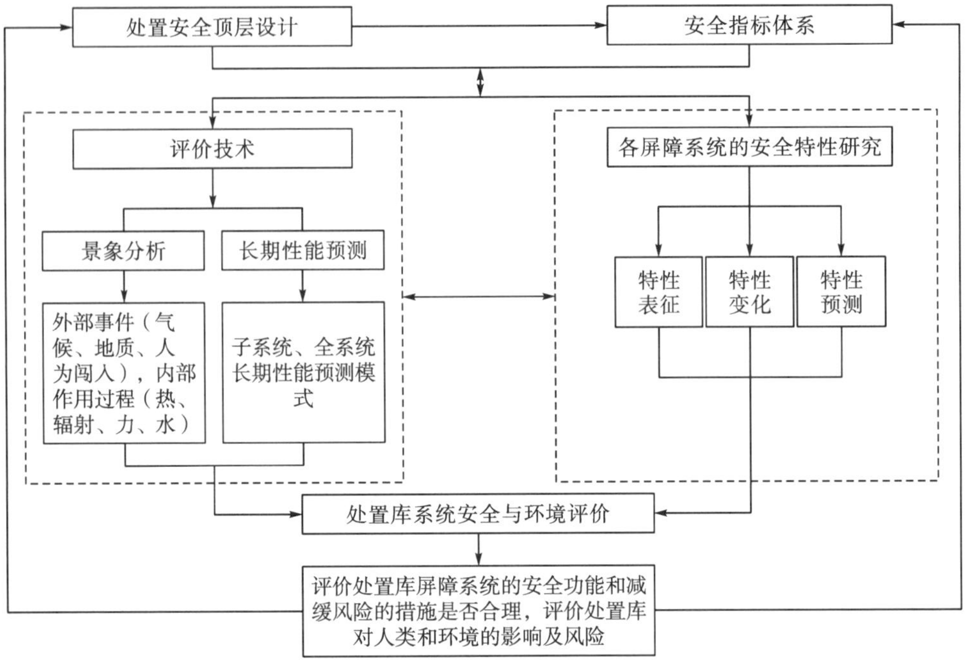

图 9-16　初步安全评价技术框架体系

安全评价准则是高放废物地质处置的指导性文件，安全评价工作一般包括如下步骤：①评价目标、安全要求和性能评价原则的确定；②资料的获得及处置系统的描述；③处置系统及其要素行为的概念模型与数学模型的建立与试验；④有关景象的识别与描述，建立概念模型和数学模型的评价；⑤评价可靠性的分析；⑥评价结果与法规及安全要求进行比较，判定是否满足安全目标。

1. 对安全评价模式开发的要求

一般来讲，可以将模式化工作分为以下 3 个层面。

(1)核心模式：用于研究模拟处置系统中每个组分的行为和相互作用的各方面详细问题，如容器腐蚀的详细模式、缓冲材料性能演化模式、裂隙中地下水流的复杂模式。

(2)模拟模式：运用已了解的系统信息，来预测系统整体或某些组分在未来的可能演化景象。

(3)后果分析模式：运用已经界定的系统未来的行为信息，来估算可能的放射性核素释放随时间的变化及其放射性影响。

要建立安全评价模式，首先要对处置库屏障系统进行系统的分析，考虑处置系统相关的影响因素，并对影响因素进行筛选，形成评价的景象，然后以核素迁移为主线，进行适当的简化，建立评价模式，并对模式进行求解并与相关标准进行对照。

2. 安全目标与安全原则

地质处置的安全目标是：把经过整备的高放废物封隔在深部的地质处置库内，使其与生物圈长期隔离，以确保被释放和迁移到生物圈的放射性核素对人类和环境的影响处于可接受的低水平，并极大地降低人员无意闯入的可能性。就处置目标而言，不仅涉及对当代人和当前环境的保护，也涉及对后代和未来环境的保护，因此高放处置是一种多目标、多因素的决策，而不能只考虑个别因素。

参照其他国家制定的目标值，如日本规定辐射剂量的目标值应与海外监管组织规定的数值比较；评价的时间尺度方面，鉴于我国处于地质处置库选址与概念设计的初级阶段，以及处置系统长期演化、废物管理政策、代际公平和社会伦理概念的极大不确定性，根据各国的具体实践，建议对处置库在关闭后 1000 年以内的安全性以设定的剂量目标进行定量分析。

3. 安全评价及评价指南

安全评价要求根据场址表征结果、废物特性、设计数据和数学模型，编制定性的和定量的论据。安全评价的结果反过来又为开发处置系统的决策提供必需的内容。为使安全评价结果获得信任，要求作为安全评价依据的假设和判断是可靠的，并且是便于与利益相关方沟通的[14]。

在安全评价中，数学模型输出的有效性应针对下述不确定性来考虑：模型输入数据的不确定性；模型不同部分的假设的不确定性；整个模型各部分之间接口的假设的不确定性；与诸处置系统长期演变有关的不确定性。这些不确定性都应通过灵敏度和不确定性分析加以研究，而且还要辅以其他信心建立的方法，并酌情辅以专家判断。

(1) 目标的确定。在建立一个深地质处置库的过程中，安全评价起着主要作用，并且还可用于多种目的。由于这些不同的用途可能要求不同的分析详细程度和具有不同的数据需要，或者要求把评价结果提供给不同的相关人士，如技术专家和普通民众，安全评价的目标应按具体的用途清楚地加以规定。

(2) 数据要求。所要求的数据的数量和质量，取决于评价的目的。营运者应谨慎地制订数据获取计划，保证目标的实现是经济有效的。

(3) 系统的确定。深地质处置系统的描述需要下述有关信息：废物特性、处置库设计和场址特性、废物处置系统概念模型开发的依据、可能行为的景象和放射性核素潜在迁移途径的评价。

(4) 环境影响评价。安全评价过程的下一个阶段是后果分析涉及输运和照射模型的建立及应用，以评价从处置库的释放对人和环境的潜在影响。用模块系统法模拟放射性核素通过所选环境途径的可能释放和向人类的转移是很有帮助的。它将保证能够用单个子模型进行检查，帮助了解如何确定估算的剂量。

(5) 不确定性。一般来说，在深地质处置的安全评价中应考虑两个主要的不确定性来源。一个是模型反映真实系统的程度。这种不确定性与模型的输入有关，即与处置系统的描述、场址特性、处置库的工程特性和它们与环境的相互作用，以及建模本身有关。另一个是不确定性与设施及其环境的长时期演变的不可预测性有关。

(6) 灵敏度分析。为了确定深地质处置设施的预计行为是怎样和多大程度上取决于所用的概念模型、模型适用的景象和作为模型输入来描述系统的参数的变化，应该对系统进行分析。如果结果对初始条件和边界条件是敏感的，那么必须收集更大范围的数据，包括从场址得到的经修正的测量结果。

4. 信心建立

安全评价为废物处置库建立过程中合理的和技术上可靠的决定提供依据。科学家、监管部门、决策部门和其他利益相关方[39]，都应信任安全评价提供的资料、见解和结果。

(1) 模型的验证、校核和确认。安全评价依据的是处置库及其天然环境的模型。这些模型用来模拟系统的演变，显示多种景象的后果。建模工作包括建立概念模型和数学模型，以及开发相应的计算机程序或其他计算方法。

(2) 安全评价的外部同行审查。在科学活动中，对结果有效性的信任在很大程度上取决于外部同行审查的结论。与安全评价有关的科学工作和结果，应在公开的出版物中公布。

(3) 其他考虑。由于深地质处置库的安全评价包括一些假设的未来事件和它们的后果，因此并不希望具体的预测会变成现实。唯一的实际目标是：基于对所有适当证据包括专业判断和建立数学模型的评价，使处置库将在可接受的范围内运作的安全保证达到合理程度。

总之，我国高放废物地质处置安全评价技术研究目前尚处于起步阶段，对安全评价的关键技术，如景象分析技术、安全特性演化试验和预测技术、建模技术需要加快研究进度。

（编写：李生涛；审订：陆春海）

习　　题

1. 简述放射性废物地质处置的整个过程。
2. 理想的放射性废物地质处置介质应具有哪些特性？请举例说明。
3. 简述主要的几种放射性地质处置的方法。
4. 处置库的选址需要考虑哪些方面？
5. 安全评价一般的步骤有哪些？
6. 简述我国对于高放废物处置研究的进展。
7. 简述生活固体废物的种类和组成，并说明固体废物对人类生存环境会造成什么样的危害。
8. 为什么放射性地质处置需采用多重屏障体系？该体系有何优点？
9. 简述放射性废物的分类，并指出其相对应的处置方式。
10. 放射性废物地质处置的选址要素及工作程序是什么？简述建立地下实验室的必要性。

参 考 文 献

[1] 徐国庆. 今日的尤卡山计划和多重屏障系统的新概念[J]. 世界核地质科学, 2008, 25(4):242-244.

[2] 郭志锋. 国际核废物处置方案的发展[C]. 放射性废物处理处置学术交流会论文集, 2007.

[3] 刘平辉, 管太阳, 王勇. 陆地中低放核废物地质处置的发展与现状[J]. 东华理工大学学报(自然科学版), 2000, 23(3):229-234.

[4] 王尔奇, 张天祝, 徐广震, 等. 我国核设施退役和放射性废物治理现状[J]. 铀矿冶, 2013, 32(3):158-160.

[5] 赵维霞, 王青海, 刘艳, 等. 放射性废物地质处置回填材料隔湿防腐性能研究[J]. 环境科学与技术, 2009(B066): 78-82.

[6] 温志坚. 中国高放废物深地质处置的缓冲材料选择及其基本性能[J]. 岩石矿物学杂志, 2005, 24(6):583-586.

[7] 侯芳, 阳泽雄. 高放废物地质处置的研究进展[J]. 科协论坛, 2009(12):127-128.

[8] 孙发鑫, 陈正汉, 边诚, 等. 高放废物地质处置缓冲/回填材料研究进展综述[J]. 重庆建筑, 2012, 11(10):47-49.

[9] 钱丽鑫. 高放废物深地质处置库缓冲材料[D]. 上海: 同济大学, 2007, 1-196.

[10] Yoshida H, Aoki K, Semba T, et al. Overview of the stability and barrier functions of the granitic geosphere at the Kamaishi Mine : relevance to radioactive waste disposal in Japan[J]. Engineering Geology, 2000, 56(1-2):151-162.

[11] Brooks R H, Corey A T. Hydraulic Properties of Porous Media [M]. Montréal: McGill-Queen's University Press, 1964.

[12] 刘月妙. 高放废物处置库工程屏障用粘土材料研究综述[J]. 世界核地质科学, 1999 (3):247-252.

[13] Agency N E . Radioactive Waste Management, Stability and Buffering Capacity of the Geosphere for Long-term Isolation of Radioactive Waste:Application to Crystalline Rock[J]. Sourcecode Energie Nucléaire, 2009(2): 305-306.

[14] 贾福海, 秦志学, 韩子夜. 对我国新生代玄武岩地下水的初步认识[J]. 中国地质, 1988(3): 22-24.

[15] Stein J S, Freeze G A, Brady P V, et al. Deep borehole disposal of high-level radioactive waste [J]. Mrs Proceedings, 2009, 1475.

[16] Hornung R W. Health effects in underground uranium miners[J]. Occupational Medicine, 2001, 16(2):331.

[17] Tomasek L, Rogel A, Tirmarche M, et al. Lung Cancer in French and Czech Uranium Miners: Radon-Associated Risk at Low Exposure Rates and Modifying Effects of Time since Exposure and Age at Exposure[J]. Radiation Research, 2008, 169(2):125-137.

[18] Basu A J, Zyl D J A V. Industrial ecology framework for achieving cleaner production in the mining and minerals industry[J]. Journal of Cleaner Production, 2006, 14(3): 299-304.

[19] Giurco D, Cohen B, Langham E, et al. Backcasting energy futures using industrial ecology[J]. Technological Forecasting & Social Change, 2011, 78(5): 797-818.

[20] 张红见, 刘森林. 放射性废物分类的依据[J]. 中国原子能科学研究院年报, 2011:269-271.

[21] 罗上庚. 对放射性废物分类的探讨[J]. 原子能科学技术, 1986, 20(5): 561.

[22] Gupalo T A, Novikov E A. Full-scale study of rock mass for validation of long-term safety of geological radioactive waste isolation [J]. Gornyi Zhurnal, 2015, 154(5): 77-83.

[23] 郭永海, 王驹, 金远新, 等. 世界高放废物地质处置库选址研究概况及国内进展[J]. 工程地质学报, 2000, 8(1): 63-67.

[24] 罗上庚. 地下实验室——高放废物地质处置的重要研究设施[J]. 辐射防护, 2003, 23(6):366-371.

[25] 郭永海, 王驹, 金远新. 世界高放废物地质处置库选址研究概况及国内进展[J]. 地学前沿, 2001(8): 327-332.

[26] 张建平, 王琳. 世界高放废物地质处置及 R&R 研究进展[J]. 能源研究与管理, 2015(2):46-51.

[27] 王驹, 陈伟明, 苏锐, 等. 我国高放废物地质处置研究[J]. 原子能科学技术, 2004, 38(4):339.

[28] Witherspoon P A. Geological problems in radioactive waste isolation - second worldwide review[J]. Escholarship University of California, 1991, 33(4):388-395.

[29] 陈伟明, 王驹, 赵宏刚, 等. 甘肃北山旧井地段高放废物处置库深度初步探讨[J]. 岩石力学与工程学报, 2007, 26(s2): 3966-3973.

[30] 苏锐, 程琦福, 王驹, 等. 我国高放废物地质处置库场址筛选总体技术思路探讨[J]. 世界核地质科学, 2011, 28(1):45-51.

[31] 贝新宇, 陈璋如. 国外高放废物地质处置库地下实验室环境监测与影响评价浅析[J]. 世界核地质科学, 2017, 34(3):234-237.

[32] 赵焕梅, 李昶, 杨球玉, 等. 我国高放废物深钻孔处置概念及处置工艺初步设想[J]. 工业建筑, 2018, 48(4):28-31.

[33] 李金轩, 钱七虎, 罗嗣海, 等. 高放废物地质处置系统安全评价及其指标体系[J]. 岩石力学与工程学报, 2004, 23(7):1193-1197.

[34] 张自禄. 高放废物地质处置库安全评价景象研究进展[J]. 世界核地质科学, 2016, 33(1):55-62.

[35] Kimura H, Takahashi J, Shima S, et al. Methodology of Safety Assessment and Sensitivity Analysis for Geologic Disposal of High-Level Radioactive Waste [J]. Journal of Nuclear Science & Technology, 2012, 32(3): 206-217.

[36] 范智文, 谷存礼. 一些国家高放废物地质处置安全评价介绍[J]. 辐射防护, 1997, 17(4):309-317.

[37] Helton J C, Hansen C W, Sallaberry C J. Uncertainty and sensitivity analysis in performance assessment for the proposed repository for high-level radioactive waste at Yucca Mountain, Nevada [J]. Procedia - Social and Behavioral Sciences, 2010, 2(6): 7580-7582.

[38] 李洪辉, 赵帅维, 刘建琴, 等. 高放废物地质处置安全评价初步思考[J]. 世界核地质科学, 2014, 31(1): 435-439.

[39] 李洪辉, 赵帅维, 贾梅兰, 等. 高放废物地质处置安全评价准则研究[J]. 核科学与工程, 2016, 36(3): 313-322.

第10章 环境监测

10.1 概述

10.1.1 环境监测的发展

环境监测(environmental monitoring)是指通过对影响环境质量因素的测定，确定环境的质量及其变化趋势。环境监测的过程一般为接受任务、现场调查和收集资料、监测计划设计、优化布点、样品采集、样品运输和保存、样品的预处理和分析测试、数据的处理、环境质量的综合评价等[1]。随着人们对环境保护的日益重视和科技水平的不断进步，全球各国的环境监测技术都得到了极大的进步。环境监测的发展经过了 3 个主要阶段：第一个阶段是已发生的典型污染事故的调查监测阶段，也称为被动监测阶段；第二个阶段是污染源监督性监测阶段，也称为主动监测阶段；第三个阶段是以环境质量监测为主的阶段，也称为自动监测阶段[2]。

1. 被动监测

环境污染问题自古以来就存在，但直到 20 世纪 50 年代才作为一门学科来研究。最初的典型环境污染事故主要是由化学毒物所造成的，由于环境污染物通常处于痕量级水平(mg/kg、µg/kg)甚至更低，且其流动性和变异性大，又涉及空间分布和时间的变化，为了能够详细了解环境污染物对环境的破坏程度，对分析的灵敏度、准确度和速度等都提出了极高的要求，即环境监测的发展间接促进了分析化学等学科的发展。这一阶段称为污染监测阶段或被动监测阶段。

2. 主动监测

环境监测学科发展到 20 世纪后期时，人们逐渐意识到影响环境质量的因素并不仅仅是化学毒物，其他如物理因素、生物因素等都会作用于环境，其中物理因素包括噪声、光、电磁辐射、振动、热、放射性等。最终的环境质量判断依据也由单纯的生物监测向生态监测发展，即在时间和空间上对特定局域范围内的生态系统组合体的类型、结构、功能和其组成要素进行系统的观测和测定，以此来了解、评价和预测人类活动对该生态系统的影响，为能够合理利用自然资源和改善生态环境提供科学依据。同时，环境监测的手段从化学手段发展到物理、生物等手段，其分析方法从点污染发展到了面污染及局域性的立体化监测[3]。这一阶段称为目的监测阶段或主动监测阶段。

3. 自动监测

随着环境监测技术的发展和监测范围的不断扩大，总体的监测质量有了质的进步，但由于采样手段、频率、数量，以及分析速度和数据处理速度等的限制，仍然做不到及时地监测环境质量的变化并做出准确的预测，更不能及时根据监测结果发布采取应急措施的指令。在 20 世纪 70 年代左右，针对监测时种种条件的限制，发达国家相继建立了连续自动监测系统，即利用计算机分析污染态势和浓度分布等，可做到在极短时间内观察到空气、水体等的污染情况，并预测和预报未来该地区的环境质量，并且可在污染程度接近或超过环境标准时及时发布应急指令。这一阶段称为污染防治监测阶段或自动监测阶段[4]。

10.1.2　环境监测的目的与分类

1. 环境监测的目的

环境监测的目的是准确、及时、全面地反映环境质量现状及发展现状和发展趋势，为环境管理、污染源控制、环境规划等提供科学依据[5]。具体包括以下几个方面：①根据环境质量标准，评价环境质量；②根据污染特点、分布情况和环境条件，追踪寻找污染源，提供污染变化趋势，为实现监督管理、控制污染提供依据；③收集本底数据，积累长期监测资料，为研究环境容量、实施总量控制、目标管理、预测预报环境质量提供数据；④为制定环境法规、标准，以及环境规划、环境污染综合防治对策提供科学依据，并全面监视环境管理的效果；⑤为保护人类健康，保护环境，合理使用自然资源，制定环境法规、标准、规划等服务。

2. 环境监测的分类

按照监测介质对象分类，环境监测可分为水质监测、空气监测、土壤监测、固体废物检测、生物监测、生态监测、噪声和振动监测、电磁辐射监测、放射性监测、热监测、光监测、卫生(病原体、病毒、寄生虫)监测等。

按照监测目的分类，又可分为监视性监测(又称为例行监测或常规监测)、特定目的监测和研究性监测等，具体如下。

监视性监测是对环境要素的污染现状及污染物的变化趋势进行监测，以达到确定环境质量或污染现状、评价污染控制措施效果和衡量环境标准实施情况等目的。

特定目的监测是为完成某种特定任务而进行的应急性的监测，是不定期、不定点的监测，包括污染事故监测、仲裁监测、考核验证监测和咨询服务监测。污染事故监测是发生污染事故特别是突发性的环境污染事故时所进行的应急监测，这种监测是为了确定环境质量或污染状况、评价污染控制措施效果和衡量环境标准实施情况。仲裁监测主要针对污染事故纠纷、环境法律执行过程中所产生的矛盾进行监测。考核验证监测一般包括环境监测技术人员的业务考核、上岗培训考核、环境监测方法和污染治理项目竣工验收监测等。咨询服务监测是为政府部门、科研机构、生产单位所提供的服务性监测。

研究性监测(又称为科研监测)是针对特定目的的科学研究而进行的监测。例如，环境中有毒有害的痕量或超痕量污染物的分析方法研究及污染调查；复杂样品、干扰严重样品的监测方法研究；环境监测中的标准分析方法的研究、标准物质的研制等。

10.1.3 环境监测的特点及原则

1. 环境监测的特点

环境监测就其对象、手段、时间和空间的多变性、污染组分的复杂性等,其特点主要有以下几个方面。

(1) 环境监测的综合性。

环境监测的综合性表现在:①监测手段包括化学、物理、生物、物理化学、生物化学及生物物理等一切可以表征环境质量的方法;②监测对象包括空气、水体(江、河、湖、海及地下水)、土壤、固体废物、生物等客体,只有对这些客体进行综合分析,才能确切描述环境质量状况;③对监测数据进行统计处理、综合分析时,需考虑该地区的自然和社会各个方面的情况,因此,必须综合考虑才能正确阐明数据的内涵。

(2) 环境监测的连续性。

环境污染应开展长期、连续性的监测,才能从大量的数据中揭示其变化规律,并预测其变化的趋势,且数据样本越多,监测周期越长,预测的准确度就越高。

(3) 环境监测的追溯性。

环境监测包含现场调查、监测方案的制订、优化布点、采样、样品运送和保存、分析测试和数据处理、综合评价等环节,是一个复杂而又有联系的系统。其中,任何一个环节出现差错会对最终的数据准确性产生影响,为保证监测结果的准确度,需要建立相应的量值追溯体系予以监督,以确保每一个工作环节和监测数据都是可靠的、可追溯的[6]。

2. 环境监测的原则

在环境监测中,由于人力、监测手段、经济条件、仪器设备等的限制,因此不可能无选择地监测分析所有的污染物,即应根据具体的需要和可能,并坚持以下原则。

(1) 选择监测对象的原则。

①在实地调查的基础上,针对污染物的性质(如物化性质、毒性、扩散性等),选择那些毒性大、危害严重、影响范围大的污染物。

②对选择的污染物必须有可靠的测试手段和有效的分析方法,从而保证能获得准确、可靠、有代表性的数据。

③对监测数据能做出正确的解释和判断。如果该监测数据既没有标准可循,又不能了解对人体健康和生物的影响,则会使监测工作陷入盲目。

(2) 优先监测原则。

环境中存在的污染物质种类繁多,因此只能有重点、有针对性地对部分污染物进行监测和控制。也就是说,确定一个筛选原则,从而筛选出潜在危害性大、在环境中出现频率高的污染物作为监测和控制的对象。经过优化选择的污染物称为环境优先污染物,简称优先污染物,而这种对优先污染物进行的监测称为优先监测[7]。

从世界范围来看,美国是最早开展环境优先监测的国家。早在 20 世纪 70 年代中期,美国就在《清洁水法》中就明确规定了 129 种优先污染物,其后又增加了 43 种空气优先污染物。欧洲共同体在 1975 年提出的《关于水质的排放标准》的技术报告中列出了"黑名单"和"白名单"。"中国环境优先监测研究"也提出了"中国环境优先污染物黑名单"，包括 14 个化学类别共 68 种有毒化学物质，其中有机物占 58 种。

10.1.4　环境标准

标准化和标准的实施是现代社会的重要标志，所谓标准，是经公认的权威机构批准的一项特定标准化工作成果，它通常是以一项文件，且规定一整套必须满足的条件或基本单位来表示。环境标准是标准中的一类，是为了保护人类的健康，防治环境污染，合理利用资源，促进经济发展，依据环境保护法和有关政策，对有关环境的各项工作所做的规定。

环境标准是我国环境保护法体系中一个独立的、特殊的、极为重要的组成部分。我国的环境标准体系包括国家环境保护标准、地方环境保护标准和国家环境保护行业标准。其中，国家环境保护标准包括国家环境质量标准[8]、国家污染物排放标准、国家环境监测方法标准、国家环境标准样品标准和国家环境基础标准 5 类。

地方环境保护标准包括地方环境质量标准和地方污染物排放标准两类，地方环境保护标准可在本省(市、区)所辖地区内执行。在标准的执行关系上，地方环境保护标准的执行要优于国家环境保护标准。

行业排放标准是针对特定行业的生产工艺、排污状况及对污染控制技术的评估和成本分析，并参考国外相关法规和典型污染达标案例等综合情况而制定的污染物排放控制标准。综合排放标准和行业排放标准在执行方面不交叉执行，在有行业排放标准的情况下优先执行行业排放标准[9]。

10.2　大气环境监测

10.2.1　大气污染基本知识

1. 大气污染源

随着工业及交通运输业等的不断发展，特别是化石能源的大量使用，产生的大量有毒物质改变了大气的正常组成，从而引起了大气的污染。大气污染源可分为自然源和人为源两种。自然源是指由于自然现象引起的大气污染，如火山爆发和森林火灾产生大量二氧化碳、灰尘、热辐射等。人为源是指由于人类的生产和生活活动造成的，是空气污染的主要来源，主要包括工业企业排放的废气、交通运输工具排放的废气和室内空气污染源 3 种[10]。

在工业企业排放的废气中，排放量最大的是以煤炭和石油为燃料，在燃烧过程中排放的粉尘、SO_2、NO_x、CO、CO_2 等。交通运输工具排放的废气当属汽车所占比例最大，且多集中在城市地区，对空气质量特别是城市的空气质量影响较大。室内空气的污染直接威胁到人们的身体健康，且据测量值显示，室内污染物的浓度高于室外污染物浓度的 2～5 倍。

2. 大气污染物的类型

空气中的污染物有数千种，根据污染物的形成过程，可分为一次污染物和二次污染物。一次污染物是从污染源直接排出的大气污染物，如颗粒物、二氧化硫、一氧化碳、氮氧化物、碳氢化合物等。二次污染物是指一次污染物在空气中相互作用或它们与空气中的正常组分发生反应所产生的新污染物。常见的二次污染物有硫酸盐、硝酸盐、臭氧、醛类(乙醛和丙烯醛等)、过氧乙酰硝酸酯(PAN)等。一般来说，二次污染物的毒性比一次污染物大。

由于各种污染物的物理、化学性质各不相同，形成的过程和气象条件也不同，因此污染物在大气中的存在状态也不尽相同，一般按其存在状态可分为分子状态污染物和粒子状态污染物。

分子状态污染物是指常温常压下以气体或蒸气形式分散在空气中的污染物质。常见的有二氧化硫、氮氧化物、一氧化碳、氯化氢、氯气、臭氧等。粒子状态污染物又称为气溶胶状态污染物或颗粒污染物，是指分散在空气中的微小液体和固体颗粒。根据大气中的颗粒物的大小，可分为飘尘、降尘和总飘浮微粒。

3. 大气污染的危害

大气污染会对人体健康和动、植物产生危害，对各种材料产生腐蚀损害。大气污染对人体和动物健康的危害可分为急性作用和慢性作用。急性作用是指人体受到污染空气的侵袭后，在短时间内即刻表现出不适或中毒症状的现象，如伦敦烟雾事件、洛杉矶光化学烟雾事件等。慢性作用是指人体在含低浓度污染物的空气长期作用下，对人体产生了慢性危害，主要危害途径是通过呼吸道污染物黏膜接触，症状主要有眼、鼻黏膜刺激，引起慢性支气管炎、哮喘、肺癌及因生理机能障碍而加重高血压、心脏病等。

大气污染对植物的危害可分为急性、慢性和不可见 3 种。急性危害是指在高浓度污染物的作用下短时间内造成大量危害，常常使得农作物产量显著降低，甚至枯死。慢性危害是指在低浓度污染物作用下长时间内造成的伤害，会直接影响到植物的正常发育，有时出现危害症状，但大多数症状都不明显。不可见危害是指只造成植物生理上的障碍，使植物生长在一定程度上受到抑制，但从外观上一般看不出症状。

大气污染还会对各种材料产生腐蚀损害，能使某些物质发生质的变化，如 SO_2 能腐蚀金属制品及皮革、纸张、纺织制品等使其变脆，光化学烟雾能使橡胶轮胎龟裂等。

10.2.2　大气污染监测方案的制订

制订空气污染方案首先需要根据监测目的进行调查研究，收集必要的基础资料，再经综合分析确定监测目的，设计布点网格，设定采样频率、采样方法和监测技术，建立质量保证程序和措施，提出监测结果报告要求及进度计划等。

1. 监测目的

通过对大气中主要污染物进行定期或连续的监测，判断大气质量是否符合我国大气质量相关标准或未来环境规划目标的要求，为大气质量状况评价提供依据。为研究大气质量的变化规律和发展趋势、开展空气污染的预测预报、研究污染物迁移转化情况提供基础资料。为政府环境保护部门执行环境保护法规、开展空气质量管理及修订空气质量标准提供依据和基础资料。

2. 调研及资料搜集

(1)污染源分布及排放情况。

将污染源类型、数量、位置及排放的主要污染种类、排放量和所用原料、燃料及消耗量等都调查清楚。考虑到监测点布设时的不同，应将高烟囱排放的较大污染源与低烟囱排放的小污染源区别开。同时，也应将交通运输污染较重和有石油化工企业地区的一次污染物和由光化学反应产生的二次污染物区分开。

(2)气象资料。

大气污染物的扩散、迁移和一系列的物理、化学变化在很大程度上都与当地当时的气象条件有关，故收集监测区域的风向、风速、气温、气压、降水量、日照时间、相对湿度、温度垂直梯度等资料尤为重要。

(3)地形资料。

地形对当地的风向、风速和大气稳定度等都有影响，故地形资料也是监测大气环境时考虑的重要因素。

(4)土地利用和功能分区情况。

监测区域内不同功能区的污染状况是不同的，如工业区、商业区、混合区、居民区等，在设置监测网格时必须分别考虑。

(5)人口分布及人群健康状况。

环境监测的目的是维护自然环境的生态平衡，保护人体的健康。因此，监测区域内的人口分布、居民和动、植物受大气污染的危害情况及流行性疾病等资料，对环境监测方案的制订和分析判断监测结果都非常有用。

3. 监测布点方案

(1)采样点应设在整个监测区域的高、中、低3个不同污染物浓度的地方。

(2)采样点周围应开阔，环境状况应相对稳定且无局部污染源。

(3)采样点附近无强大的电磁干扰，周围应有稳定可靠的电力供应，有合适的车辆通道以便通信线路的安装和检修。

(4)采样点的设置应根据监测区域的不同情况而做到疏密有别。

(5)采样高度应与监测目的相对应。对于手工间歇采样，其采样口离地面的高度应为1.5～15m；对于自动监测采样，其采样口或监测光束离地面的高度应为3～15m；对于道路交通的污染监测点，其采样口离地面的高度应为2～5 m。在建筑物上安装监测仪器时，监测仪器的采样口离建筑物墙壁、屋顶等支撑物表面的距离应大于1m。

(6)采样点数目应根据监测范围大小、污染物的空间分布特征、人口分布及密度、气象、地形及经济条件等因素综合考虑。

(7)污染监测点的具体设置原则根据监测目的由地方环境保护行政主管部门确定[11]。

4. 布点方法

监测区域内监测点总数确定后,可采用统计法、模拟法、经验法等进行监测站的布设,统计法适用于已积累了多年监测数据的地区,是指根据城市空气污染物分布在时间和空间上变化的相关性,通过对监测数据的统计处理,对现有的监测点进行调整,删除监测信息重复的监测点[12]。模拟法是指根据监测区域污染源的分布、排放特征、气象资料,应用数学模型预测污染物的时空分布状况,并以此来布设监测点。经验法是大气监测最常用的方法,特别是对尚未建立监测网或监测数据积累少的地区,需要凭借经验确定监测点的位置,而其具体方法包括以下几种。

(1)功能区布点法。

功能区布点法多用于区域性常规监测,可先将监测区域划分为工业区、商业区、居民区、工业和居民混合区、交通稠密区、清洁区等,再根据具体污染情况和人力、物力条件,在各功能区设置一定数量的采样点。

(2)网格布点法。

网格布点法是将监测区域划分为若干个均匀网状方格,采样点设在两条直线的交点处或网格中心。网格大小根据污染源强度、人口分布及人力、物力条件等确定。若主导风向明显,下风向设采样点应多一些,一般约占采样点总数的 60%。对于有多个污染源,且污染源分布较均匀的地区,常采用这种布点方法。它能够较好地反映污染物的空间分布,若网格划分得足够小,可直接将监测结果绘制成污染物浓度空间分布图。

(3)同心圆布点法。

同心圆布点法主要用于多个污染源构成的污染群,且大污染源集中的地区。布点时先找出污染群的中心,以此为圆心作若干个同心圆,再从圆心作若干条放射线,将放射线与圆周的交点作为采样点。不同圆周上的采样点数目不一定相等或均匀分布,常年主导风向的下风口比上风口应多设一些采样点。

(4)扇形布点法。

扇形布点法适用于孤立的高架电源,且主导风向明显的地区。布点时以点源所在的位置为顶点,主导风向为轴线,在下风向区域作出一个扇形区作为布点范围。扇形区的顶角角度一般为 45°,也可以更大一些,但一般不能超过 90°。采样点设在扇形区内距点源不同距离的若干弧线上。每条弧线上设 3~4 个点,相邻两点与扇形顶点连线的夹角一般为 10°~20°。同时,在监测时应在上风向设置对照点。

10.2.3　大气污染的测定

1. 气态和蒸气态污染物的测定

(1)二氧化硫的测定。

二氧化硫是主要空气污染物之一,是大气污染例行监测的必测项目。SO_2 是诱发支气管炎等疾病的原因之一,特别是当它与烟尘等气溶胶共存时,可加重对呼吸道黏膜的损害。

测定空气中的 SO_2 常用的方法有分光光度法、紫外荧光光谱法、电导法、库仑滴定法和气相色谱法。其中，紫外荧光光谱法和电导法主要用于自动监测[13]。

(2)氮氧化物的测定。

空气中的氮氧化物以多种形态存在，其中一氧化氮和二氧化氮是主要存在形态，为通常所指的氮氧化物。氮氧化物是引起支气管炎、肺损伤等疾病的有害因素，测定空气中 NO、NO_2 常用的方法有盐酸萘乙二胺分光光度法、化学发光分析法、原电池库仑法及定电位电解法。盐酸萘乙二胺分光光度法采样与显色同时进行，操作简便，灵活度高，是目前国内外普遍采用的方法。

(3)一氧化碳的测定。

一氧化碳是空气中主要污染物之一，人体吸入 CO 易使人产生缺氧症状。中毒较轻时，会出现头痛、疲倦、恶心、头晕等感觉；中毒较重时，则会发生心悸、昏迷、窒息甚至造成死亡。测定空气中的 CO 的方法有非分散红外吸收法、气相色谱法、定电位电解法、汞置换法等。其中，非分散红外吸收法常用于自动监测。

(4)臭氧的测定。

臭氧是最强的氧化剂之一，它是空气中氧在太阳紫外线的照射下或在闪电的作用下形成的。目前测定空气中臭氧的方法有硼酸碘化钾分光光度法、靛蓝二磺酸钠分光光度法、化学发光分析法和紫外吸收法[14]。其中，化学发光分析法和紫外吸收法多用于自动监测。

(5)氟化物的测定。

空气中气态氟化物主要有氟化氢和少量的氟化硅和氟化碳。空气中氟化物的测定方法有分光光度法、离子选择电极法等。离子选择电极法是目前广泛采用的方法，具有简便、准确、灵敏和选择性好等优点。

(6)硫酸盐化速率的测定。

排放到空气中的 SO_2、H_2S、H_2SO_4 蒸气等含硫污染物，经过一系列的氧化演变和反应，最终形成危害最大的硫酸雾和硫酸盐雾。这种演变过程的速率称为硫酸盐化速率。它的测定方法有二氧化铅—重量法、碱片—重量法、碱片—离子色谱法和碱片—铬酸钡分光光度法等。

(7)总挥发性有机物的测定。

总挥发性有机物是指室温下饱和蒸气压超过 133.32 Pa 的有机物，如苯、卤代烃等，具有较强的毒性和刺激性，甚至还有致癌作用。测定总挥发性有机物通常采用气相色谱法，将采样吸附管加热，解析挥发性有机物，待测样品随惰性载气进入毛细管气相色谱仪。在测定过程中，用保留时间定性，用峰高或峰面积定量。

2. 颗粒物的测定

环境空气颗粒物污染的表征指标主要由总悬浮颗粒物、可吸入颗粒物、自然沉降量 3 个部分组成[15]。

(1)总悬浮颗粒物。

总悬浮颗粒物是指飘浮在空气中的固体和液体颗粒物的总称，其颗粒的粒径为 0.1～100 μm。它不仅包括被风扬起的大颗粒物，也包括烟雾及污染物相互作用产生的二次污染物等极小颗粒物，总悬浮颗粒物的测定常采用滤膜捕集—重量法。

（2）可吸入颗粒物。

一般将空气动力学当量直径小于或等于 10 μm 的颗粒物称为可吸入颗粒物，又称为飘尘。可吸入颗粒物可直接通过人的咽喉进入气管、支气管和肺泡，对人体的健康影响极大，是室内外环境空气质量的重要监测指标。常见的测定方法有重量法、压电晶体法、β 射线吸收法及光散射法等。

（3）自然沉降量。

自然沉降量是指在空气环境条件下，单位时间靠重力自然沉降落在单位面积上的颗粒物质量，也称为灰尘自然沉降量，简称降尘。自然沉降量主要取决于自身质量和粒度大小，但风力、降水、地形等自然因素也起到一定的作用。因此，把自然沉降和非自然沉降区分开是十分困难的。降尘量常用重量法测定，有时还需要测定降尘中的可燃性物质、可溶性和非水溶性物质、灰分及某些化学组分。

3. 降水监测

大气降水监测的目的是了解在降雨（雪）过程中从空气降落到地面的沉降物的主要组成，以及某些污染组分的性质和含量，为分析和控制空气污染提供依据。降水采样点的设置数目应视研究目的和区域具体情况确定，且采样点的位置要兼顾城区、农村或清洁对照区，要考虑区域的环境特点，如气象、地形、地貌和工业分布等。同时，也应避开局部污染，保证四周无遮挡雨、雪的高大树木或建筑物。

4. 污染源监测

空气污染的发生源主要来自工业企业、生活炉灶和交通运输等方面，污染源可分为固定污染源和流动污染源。固定污染源又可分为有组织排放源和无组织排放源，有组织排放源是指烟道、烟囱及排气管等，无组织排放源是指设在露天环境中的无组织排放设施或无组织排放的车间、工棚等。流动排放源是指极具移动性的机动车、火车、拖拉机、飞机和轮船等交通运输工具，其排放的废气中含有二氧化碳、碳氢化合物、氮氧化物和烟尘等污染物。

污染源监测包括监督性监测和研究性监测两种。监督性监测是定期检查污染源排放废气中的有害物质含量是否符合国家规定的大气污染物排放标准的要求。研究性监测是对污染源排放污染物的种类、排放量、排放规律进行监测，有利于查清空气污染的主要来源，研讨空气污染发展的趋势，制定污染控制措施，改善环境空气质量。

10.3　水　质　监　测

10.3.1　水体及水体污染

1. 水资源现状

水体是河流、湖泊、沼泽、冰川、海洋及地下水的总称，不仅包括分布于地球水圈中的水，也包括水中的悬浮物、底泥及水中生物。水是人类赖以生存的主要物质之一，随着世界人口的不断增长和工农业生产的迅速发展，一方面用水量快速增加；另一方面由于污染防治不力，水体污染日益严重，使得淡水资源更加紧缺。我国属于贫水国家，人均占有淡水资源远远低于世界多数国家，因此加强水资源的保护十分迫切。

2. 水体污染

当污染物进入水体后先会被稀释，随后进行一系列复杂的物理、化学变化和生物转化，如挥发、絮凝、水解、络合、氧化还原及微生物降解等，使污染物浓度降低，该过程称为水体自净。当进入水体的污染物含量超过了水体的自净能力后，就会导致水体的物理、化学和生物特性发生改变和水质恶化，从而影响水的有效利用，危害人类的健康[16]。

根据污染物质及其形成污染的性质，水体污染可分为化学型污染、物理型污染和生物型污染 3 种主要类型。化学型污染是指随废水及其他废弃物排入水体的酸、碱、有机和无机污染物造成的水体污染。物理型污染包括色度和浊度物质污染、悬浮固体污染、热污染和放射性污染。生物型污染是指随生活污水、医院污水等排入水体的病原微生物造成的污染[17]。

10.3.2　水质监测方案制订

水质监测是指为了掌握水环境质量状况和水系中污染物的动态变化，对水体中的各种特性指标取样、测定，并进行记录或发出信号的程序化过程。

1. 监测对象及目的

水污染监测可分为环境水体监测和水污染源监测。环境水体包括地表水和地下水，水污染源包括工业废水、生活污水、医院污水等。其监测目的可分为以下几个方面。

(1)对江、河、水库、湖泊、海洋等地表水和地下水中的污染因子进行经常性监测，以掌握水质现状及其变化趋势。

(2)对生产、生活等废水排放源排放的污水进行监视性监测，掌握污水排放量及其污染物浓度，评价是否符合排放标准，为污染源管理提供依据。

(3)对水环境污染事故进行应急监测，为分析判断事故原因、危害及制定对策提供依据。

(4)为国家政府部门制定水环境保护标准、法规和规划提供有关数据和资料。

(5)为开展水环境质量评价和预测、预报及进行环境科学研究提供有关数据和资料。

(6)对环境污染纠纷进行仲裁监测，为判断纠纷原因提供科学依据。

2. 水污染调查及水样采集

在制订监测方案之前，应尽可能完备地收集监测水体及所在区域的有关资料，主要包括：①水体的水文、气候、地质、植被和地貌资料；②水体沿岸城市分布、工业布局、污染源及其排污情况、城市给排水情况等；③水体沿岸的资源现状和水资源的用途，饮用水源分布和重点水源保护区，水体流域土地功能及近期使用计划；④水体的生物和沉积特征；

⑤历年水质监测资料。

水样的采集必须具有代表性，要合理安排采样时间和采样频率，确保能反映出水质在时间上的变化规律。在地面常规监测中，为了掌握水质的变化，最好能够做到一个月采一次水样。一般常在丰水期、枯水期、平水期每期采样两次。如果受到某些条件限制，至少也要在丰水期和枯水期各采样一次。对于工业废水监测，为了采取具有代表性的水样，应间隔一定的时间采集与生产周期变化相一致的水样。对于不同的水样有着不同的采样方法，如地表水样的采集可利用船只、桥梁、索道和涉水采样法，废水样品一般使用采水器采样，地下水采样利用监测井内抽水设备完成等。

3. 水样的保存及预处理

水样保存的目的是尽可能使水样的成分保持稳定不变，其主要是减缓微生物、化学作用及水中组分的挥发和吸附损失。水样保存的常用方法有冷藏或冷冻保存法和加入化学试剂保存法两种。冷藏或冷冻保存法的作用是抑制微生物的活动，减缓物理挥发和化学反应速率。加入化学试剂保存法包括加入生物抑制剂、调节水样 pH 和加入氧化剂或还原剂 3 种主要方法。

采集的水样往往组分复杂，且多数污染组分含量低，所以需要在分析测定之前对水样进行预处理。水样的预处理包括悬浮物的去除、水样的消解和待测组分的富集与分离。悬浮物去除的方法有自然澄清法、离心沉降法和过滤法，多采用的是 0.45 μm 的滤膜过滤法。水样消解的目的是破坏水中的有机物，并将各种价态的金属氧化成单一的高价态，以便之后对水样的测定。测定水样中某些组分含量低于测定方法测定下限时，需要对该组分进行富集与分离。富集与分离的方法主要有气提、顶空、蒸馏、萃取、吸附、离子交换和共沉淀法[18]。

4. 水质监测分析方法

正确选择监测分析方法是获取准确结果的关键因素之一，其选择的原则是灵敏度和准确度能够满足测定要求，且方法成熟，抗干扰能力好，操作简便。我国对各类水体中不同污染物质的监测分析方法分为 3 个层次。

(1)国家或行业标准方法：成熟性和准确度好，是评价其他监测分析方法的基准方法，也是环境污染纠纷法定的仲裁方法。

(2)统一分析方法：已经经过多个单位实验验证，但仍然不够成熟，可在使用中不断完善，为上升为国家标准方法创造条件。

(3)等效分析方法：与以上两种分析方法的灵敏度、准确度具有可比性的分析方法，或者一些先进的新方法，但必须经过方法验证和对比试验。

按照监测分析方法所依据的原理，用于监测无机污染物的方法主要有化学分析法、原子吸收光谱法、分光光度法、电感耦合等离子体原子发射光谱法、电化学法、离子色谱法等。用于测定有机污染物的监测分析方法主要有气相色谱法、高效液相色谱法、气相色谱—质谱法等。测定水和废水污染因子的方法有生物监测法、放射性监测法和污染物监测等。

10.3.3 物理指标检验

1. 水温

水温是重要的水质物理指标，水的许多物理化学性质与水温都有着密切的关系。水温主要受气温和来源等因素的影响。一般来说，地表水的水温随气温变化而变化，而地下水和深层水的温度比较稳定。地表水的温度随季节、气候条件而有不同程度的变化，一般为 $0.1 \sim 30 ℃$。地下水的温度比较稳定，一般为 $8 \sim 12 ℃$。工业废水的温度与生产过程有关。饮用水的温度在 $10 ℃$ 比较适宜。对于水温的测定应在现场进行，且水温的测量对水体的自净、热污染判断及水处理过程的运转控制等都具有重要的意义。常用的水温测量仪器有水温计、颠倒温度计和热敏电阻温度计，且测量仪器应定期校验核对。

2. 臭味和异味

受到污染的水体往往会伴有臭味和异味，其主要来源于工业废水和生活污水中的污染物、天然物质的分解、残留化学试剂等。无臭、无异味的水虽然不能保证没有污染物，但有利于使用者对其的信任。对臭味和异味的测定方法有定性描述法和臭阈值法，其中臭阈值法是目前常用且可靠的测定方法。

3. 电导率

电导率是指一定体积溶液的电导，即在 $25 ℃$ 时面积为 $1 cm^2$，间距为 $1 cm$ 的两片平板电极间溶液的电导，其单位为 mS/m 或 $\mu S/cm$。电导率的大小受溶液浓度、离子种类及价态和测量方法的影响。水中溶解的盐类均以离子状态存在，具有一定的导电能力，因此电导率可以间接地表示出溶解盐类的含量(含盐量表示水中各种溶解盐类的总和)，是水的纯净程度的一个重要指标。水越纯净，含盐量越少，电阻越大，电导度越小，电导率的大小等于电阻值的倒数。

4. 外观指标

色度、浑浊度、透明度和悬浮物都是水质的外观指标。环境水体着色的主要来源是工业废水，有颜色的水会减弱水的透光性，影响水生生物的生长和观赏价值。水体色度的测定方法有铂钴比色法、分光光度法和稀释倍数法。

铂钴标准比色法：用氯铂酸钾 (K_2PtCl_6) 和氯化钴 $(CoCl_2 \cdot 6H_2O)$ 配制的混合溶液作为色度的标准溶液，规定 1 L 水中含有 2.491 mg K_2PtCl_6 及 2.00 mg $CoCl_2 \cdot 6H_2O$ 时，即 Pt 的浓度为 1 mg/L 时所产生的颜色为 1 度。测定水样时，将水样颜色与一系列具有不同色度的标准溶液进行比较或绘制标准曲线在仪器上进行测定。由于氯铂酸钾太贵，一般用重铬酸钾和硫酸钴，称为铬钴比色法。必要时应辅以稀释倍数法，即在比色管中将水样用无色清洁水稀释成不同倍数，并与液面高度相同的清洁水做比较，取其刚好看不见颜色时的稀释倍数者，即为色度。

浑浊度是指水中悬浮物对光线透过时所产生的阻碍程度，一般仅适用于天然水和饮用水。浑浊度是一种光学效应，表现出光线透过水层时受到的阻碍的程度，与颗粒的数量、浓度、尺寸、形状和折射指数等有关。以不溶性硅(如高岭土、漂白土等)在蒸馏水中所产生的光学阻碍现象为基础，规定 1 mg/L 的 SiO_2 所构成的浑浊度为 1 度。浑浊度单位为 JTU，1 JTU=1 mg/L 的白陶土悬浮体。现代仪器显示的浑浊度是散射浑浊度单位 NTU，也称为 TU。1 TU=1 JTU。对于水体浑浊度的测定，主要方法有目视比浊法、分光光度法、浊度仪法等。

透明度是指水体的澄清程度，当水体中存在悬浮物和胶体时，水体的透明度就会降低。悬浮物含量是水中可以用滤纸截留的物质重量，是一种直接数量。悬浮物是水质的基本指标之一，表明的是水体中不溶解的悬浮和漂浮物质，包括无机物和有机物。悬浮物对水质的影响在阻塞土壤孔隙，形成淤泥，阻碍机械运转。悬浮物能在 1~2 小时内沉淀下来的部分称为可沉固体，此部分可粗略地表示水体中悬浮物的量。生活污水中沉淀下来的物质通常称为污泥；工业废水中沉淀的颗粒物则称为沉渣。

透明度的测定方法有铅字法、塞氏盘法、十字法等。水样经过滤后留在过滤器上的固体物质烘干至恒重后得到的物质称为悬浮物，包括不溶于水的泥沙和各种污染物、微生物及难溶无机物等。常用的过滤器有滤纸、滤膜、石棉坩埚等，悬浮物是环境监测中的必测指标。

10.3.4　化学水质指标

1. pH

水的 pH 是指水中氢离子浓度的负对数，表示为 $pH=-\lg[H^+]$。pH 有时也称为氢离子指数，由水中氢离子的浓度可知水溶液是呈碱性、中性或是酸性。由于氢离子浓度的数值往往很小，在应用上很不方便，因此就用 pH 来作为水溶液酸、碱性的判断指标。而且，氢离子浓度的负对数值恰好能表现出酸性、碱性的变化幅度的数量及大小，这样应用起来就十分方便。并因此得到：中性水溶液，$pH=-\lg[H^+]=-\lg10^{-7}=7$；酸性水溶液，pH<7，pH 越小，表示酸性越强；碱性水溶液，pH>7，pH 越大，表示碱性越强；一般天然水体的 pH 为 6.0~8.5。pH 测定可用试纸法、比色法、电位法。试纸法虽然简单，但误差大；比色法用不同的显色剂进行，比较不方便；电位法用一般酸度计。

2. 硬度

水中有些金属阳离子同一些离子结合在一起，在水被加热的过程中，由于蒸发浓缩，容易形成水垢，附着在受热面上而影响热传导，因此把水中这些金属离子的总浓度称为水的硬度。致硬金属离子有：①钙、镁离子；②铁、锰、锶等二价阳离子；③铝离子、三价铁离子。

按阴离子可分为碳酸盐硬度和非碳酸盐硬度。

(1)碳酸盐硬度：由钙镁的碳酸盐、重碳酸盐等形成，可经煮沸而除去，即暂时硬度。

$$Ca(HCO_3)_2 = CaCO_3\downarrow + CO_2\uparrow + H_2O$$

(2)非碳酸盐硬度：由钙、镁的硫酸盐、氯化物等形成，不受加热的影响，即永久硬度。

$$总硬度=钙硬度+镁硬度=碳酸盐硬度+非碳酸盐硬度$$

硬度的单位有：mmol/L、mg/L（以 $CaCO_3$ 计）；（法国度）10mg/L 的 $CaCO_3$；（德国度）10mg/L 的 CaO。

3. 碱度

碱度是指水中能与强酸发生中和作用的物质总量，即水接受质子的能力。这类物质包括各种强碱、弱碱和强碱弱酸盐，以及有机碱等。

天然水中的碱度主要有 CO_3^{2-}、HCO_3^-、OH^-、$HSiO_3^-$、$H_2BO_3^-$、HPO_4^-、HS^- 和 NH_3 等。其中，CO_3^{2-}、HCO_3^-、OH^- 是主要的致碱度阴离子。

碱度的测定方法：用中和滴定法进行。用酚酞为指示剂测得的碱度为酚酞碱度 P。用甲基橙为指示剂测得的碱度为甲基橙碱度，或称为总碱度 T。从酚酞变色到甲基橙变色之间的，所用去的 H^+ 的物质的量为 M，则总碱度 $T=P+M$。pH 与碳酸盐：pH$>$10，$T=$氢氧化物碱度；8.3$<$pH$<$10，$T=2[CO_3^{2-}]+[HCO_3^-]$；4.5$<$pH$<$8.3，$T=[HCO_3^-]$；pH$<$4.5，$T=0$，单位为 mg/L。

4. 酸度和游离 CO_2

酸度是指水中能与强碱发生中和作用的物质总量。总酸度包括：①强酸：HCl、HNO_3、H_2SO_4 等；②弱酸：CO_2、H_2CO_3、H_2S 及有机酸；③强酸弱碱盐：$FeCl_3$、$Al_2(SO_4)_3$ 等；总酸度$\neq$氢离子浓度。测定方法：中和滴定法。

5. 酸根和碱金属

硫酸根 SO_4^{2-}：水垢的重要阴离子，可转化成 H_2S 恶臭和腐蚀现象。

氯离子 Cl^-：海水达到 18000mg/L，一般淡水数十到数百毫克/升；超过 500～1000mg/L 时有明显的咸味。

硝酸根 NO_3^-：主要来源于有机物的生物降解。

碱金属离子 Na^+、K^+：其盐类是溶于水的。它们的特性相近，常常合在一起测定。对水质影响不是很显著，反映水中的含盐量。

6. 铁和锰

铁在水中以二价铁和三价铁的各种化合物形式存在。地表水中，铁以三价铁形式存在，可形成氢氧化铁沉淀或胶体微粒。地下水中，铁以二价铁的形式存在，可达数十毫克/升。沼泽水中铁可能以有机铁的形式存在，易生成沉淀或锈斑、水垢组成物。

锰常与铁伴随，许多表现与铁相似。在饮用水中比铁的危害性大。在水中以二价锰的形式存在。有机锰会使水质变坏，带有异味，其测定方法为比色法。

7. 硅酸和硫化氢

天然水中硅酸含量为 6～120mg/L，且地下水比地表水中多。硅酸的存在形态为单分子的正硅酸 $H_4SiO_4[Si(OH)_4]$，可电离成 $SiO(OH)_3^-$、$SiO_2(OH)_2^-$ 等。在高浓度、低 pH 时，可聚合为多核络合物、高分子化合物以至胶体微粒，它是水垢的主要离子，且难以去除。

硫化氢浓度达 1mg/L 时就有明显的臭味。油田地下水中可能含有大量的硫化氢,且对混凝土和金属产生侵蚀破坏作用,测定方法为碘量法。

8. 溶解氧、化学需氧量和耗氧量

常温下水中氧的饱和量为 4～14mg/L,而海水中的含氧量为淡水的 80%,用碘量法或仪器测定法进行。

化学需氧量是指在一定严格的条件下,水中各种有机物质与外加的强氧化剂($K_2Cr_2O_4$、$KMnO_4$)作用时所消耗的氧化剂量,以氧(O)的 mg/L 表示。

按氧化剂的不同,可分为重铬酸钾耗氧量[习惯上称为化学耗氧量(chemical oxygen demand,COD)]和高锰酸钾耗氧量[习惯上称为耗氧量(oxygen consumption,OC)]。

①重铬酸钾耗氧量[化学耗氧量(COD)]。在强酸性条件下,加热回流两小时(有时加入催化剂),使有机物质与重铬酸钾充分反应,可将水中绝大多数有机物质氧化,但对于苯、甲苯等芳香烃类化合物较难氧化。

②高锰酸钾耗氧量[耗氧量(OC)]。不能代表水中有机物的全部含量,一般水中不含氮的有机物质在测定条件下易被高锰酸钾氧化,而含氮的有机物就难分解。一般用于测定天然水和含容易被氧化的有机物的一般废水。

9. 生化需氧量和总需氧量

生化需氧量(biochemical oxygen demand,BOD)是指在人工控制的一定条件下,使水样中的有机物在有氧的条件下被微生物分解,在此过程中消耗的溶解氧的 mg/L 数。BOD越高,反映有机耗氧物质的含量也越多。目前多数国家采用 5 天(20℃)作为测定的标准时间,所测结果称为 5 天生化需氧量,以 BOD_5 表示。BOD 包括不含氮有机物和含氮有机物中碳素部分。BOD 不如 COD 彻底,BOD_5 只是一部分生化需氧量,所以 BOD_5 比 COD要低得多。

总需氧量即在特殊的燃烧器中,以铂为催化剂,在 900℃高温下使一定量的水样气化,其中有机物燃烧变成稳定的氧化物时所需的氧量,结果以氧(O)的 mg/L 表示。测定时间只需 3 分钟,可自动控制进行,快捷简便。测定结果比 BOD 和 COD 更接近于需氧量,一般认为是真正的有机物完全氧化的总需氧量。

10. 总有机碳和灼烧减量

在 900～950℃高温下,以铂为催化剂,使水样气化燃烧,有机碳即氧化成 CO_2,测量所产生的 CO_2 量,在此总量中减去碳酸盐等无机碳元素含量,即可求出水样中的 TOC(注意,需去除无机碳的干扰)。因为只考虑有机碳,排除了其他元素,所以仍不能直接反映有机物的真正浓度。

灼烧减量是测定有机物含量的最简单、最原始的方法。常用于含有机物量多的废渣。把样品在 105℃下烘干去掉水分,称重后用 600℃灼烧,然后称量得到减量,以此代表有机物。

10.3.5 放射性废水指标

在处理和操作放射性物料的过程中产生的具有放射性的废水称为放射性废水。单位体

积放射性废水中的放射性活度称为放射性活度浓度，单位用 Bq/L 表示。单位质量放射性废水中的放射性活度称为比活度，单位通常用 Bq/kg 表示。

原子核衰变通常放出 3 种类型的射线，即 α 射线、β 射线和 γ 射线。《生活饮用水标准检验方法　放射性指标》(GB/T 5750.13—2006)中规定了饮用水中总 α、总 β 活度作为辐射卫生标准限值(α 限值为 500 Bq/m³；β 限值为 1 kBq/m³)，水中低水平总 α、总 β 测量设备要求为 A 类计量器具。

10.4　噪 声 监 测

10.4.1　声音和噪声

当物体在空气中振动时，周围空气发生疏密交替变化的振动并向外传播，当振动频率为 20～20000Hz 时，作用于人耳的鼓膜而产生的感觉称为声音。人类生活在一个声音的环境中，可以通过声音进行交流和沟通，但有些声音会给人类生产生活带来危害，人们把这些无规律的或随机的不被人们生产生活所需要的声音称为噪声。噪声可能是由自然现象产生的，也可能是由人类活动造成的。它可能是杂乱无章的声音，也可能是和谐的声音，只要它超过了人们生产生活和社会活动所允许的程度，或者在某些时候和某些情绪条件的影响之下都可以称为噪声。

噪声的主要危害有损坏听力、干扰人们的正常工作、睡眠、诱发疾病、干扰人们正常的社会交流，强噪声甚至会影响设备的正常运行和造成建筑物的损坏。噪声对人听力的损伤是累积性的，在强噪声环境下工作一天，只要噪声不是过强，事后只会产生暂时性的听力损失，可以经过休息恢复听力。如果长期处在强噪声环境下，会对人的听力产生永久性损失。

10.4.2　噪声监测参数及量度

1. 频率、波长和声速

声源在 1 秒内振动的次数称为频率，而振动一次所经历的时间称为周期，频率和周期互为倒数。频率低于 20 Hz 的称为次声，而频率高于 20000 Hz 的称为超声。沿声波传播方向振动一个周期所传播的距离，或者在波形上相位相同的相邻两点之间的距离称为波长。1 秒内声波传播的距离称为声波速度，简称声速。声速的大小与传播声音的介质和温度有关，常温下声速约为 344 m/s。

2. 声功率、声强和声压

声功率是指在单位时间内，声波通过垂直于传播方向某指定面积的声能量，在噪声监测中声功率是指声源总声功率。

声强是指在单位时间内，声波通过垂直于声波传播方向单位面积的声能量。

声压是由于声波的存在而引起的压强增值。声波是空气分子有指向、有节律的运动，声波在空气中传播时形成密集和稀疏的交替变化，所以压强增值是正负交替的。通常所讲的声压采用取均方根值的方式，常称为有效声压。

3. 分贝、响度和响度级

日常生活中的声音若以声压表示，由于其变化范围非常大，因此可达 6 个数量级以上。同时，由于人的听觉对声信号强弱刺激反应不是线性的，而是呈对数比例关系的，因此采用分贝来表达声学量值，其符号为 dB。

从噪声的定义上可以看出，噪声包括客观的物理现象和主观感觉两个方面。响度是指人耳判断声音由轻到响的强度等级概念，它不仅取决于声音的强度，还与其频率和波形有关。响度的单位为 sone，1 sone 的定义是声压级为 40 dB，频率为 1000 Hz，且来自听者正前方的平面波的强度。

响度级的概念是建立在两个声音的主观比较上的，响度级数值大小的定义是 1000 Hz 纯音的声压级。任何其他频率的声音，当调节 1000 Hz 纯音的强度使其与这个声音一样响时，这个 1000 Hz 纯音的声压级值就被定为这一声音的响度级数值。利用与基准声音比较的方法，可以得到人耳听觉频率范围内一系列响度相等的声压级与频率的关系曲线，这一曲线称为等响曲线。

10.4.3　噪声测量仪器及标准

噪声测量仪器测量的内容主要是噪声的强度，即声场中的声压，至于声强、声功率则较少直接测量。其次测量的是噪声的特征，即声压的各种频率组成成分。噪声测量仪器主要有声级计、声级频谱仪、录音机、记录仪和实时分析仪等。声级计是声学测量中最常用的基本仪器，按照一定的频率计权和时间计权测量声音的声压级。声级计可用于环境噪声、机器噪声、车辆噪声及其他各种噪声的测量，也可以用于电子学、建筑声学等测量。噪声测量中如果需要进行频谱分析，通常将精密声级计外接倍频程滤波器。记录仪是将噪声音频信号随时间的变化记录下来，从而对环境噪声做出准确评价。记录仪能将交变的声谱电信号做对数变换，整流后将噪声的峰值、均方根值和算术平均值表示出来。实时分析仪是一种数字式谱线显示仪，能把测量范围的输入信号在短时间内同时反映在一系列信号通道显示屏上，通常用于较高要求的研究、测量。

10.4.4　城市环境噪声监测

城市环境噪声监测包括城市区域环境噪声监测、城市交通噪声监测、功能区噪声监测、城市环境噪声长期监测和城市环境中扰民噪声源的调查测试等。测量时传声器应该加风罩以避免风噪声的干扰，同时也应保持传声器的清洁。铁路两侧区域环境噪声测量，应避开列车通过的时段。在城市环境噪声监测中，测量时间可由当地人民政府按当地习惯和季节变化划定[19]。

1. 网格测量法

将普查测量的城市某一区域或整个城市划分为多个等大的正方形网格，网格要完全覆盖被普查的区域。测量时应分别在昼间和夜间进行，在规定的测量时间内，每次每个测点测量 10 分钟的等效声级。将测量到的等效声级按照相应规则进行分级，并用不同的颜色或阴影线表示每档等效声级，绘制在覆盖监测区域或城市的网格上，用于表示区域或城市的噪声污染分布情况[20]。

2. 定点测量法

在标准规定的城市建成区中，优化选取一个或多个能代表某一区域或整个城市建成区环境噪声平均水平的测点，并进行 24 小时连续监测。利用网格测量法测出每小时的等效声级，并按时间排列以得到 24 小时的声级变化图，用于表示某一区域或城市环境噪声的时间分布规律。

10.5 辐射环境监测与放射性水平评价

随着放射性物质在能源、医学、国防、科研、民用等领域的应用不断扩大，辐射环境监测与放射性水平评价已成为环境保护工作中重要的组成部分。在大量放射性物质的影响下，环境中的放射性和辐射水平会远远高于天然本底值，危害到人类和其他生物的健康状况。

10.5.1 放射性和辐射

1. 放射性

自然界中存在的核素包括稳定核素和不稳定核素，不稳定核素的原子核会自发地转变为另一种原子核或另一种状态，该过程会伴随发出一些射线。天然放射性是指天然存在的放射性核素具有自发放出射线的特性，包括宇宙射线、地球表面的放射性物质、空气中存在的放射性物质及地表水中含有的放射性物质。人工放射性是指通过人工制造的放射性核素具有的放射性，包括核爆炸产生的放射性物质，工农业、医学、科研等部门的排放废物及放射性矿的开采和利用。

研究表明，原子核自发地放射出的射线，主要由 α 射线、β 射线和 γ 射线 3 种成分组成。α 射线的电离能力较强，在磁场或电场中能够发生偏转。α 射线的穿透能力很弱，用一张普通的纸就可以挡住。β 射线的电离能力比较弱，但也会在磁场和电场中偏转，其偏转方向与 α 射线相反。β 射线的穿透能力较好，可穿过几毫米厚的铝板。γ 射线是一种不带电的中性粒子，其穿透能力很强，可以穿过几十厘米厚的铝板。除了上述的 3 种射线，还有 X 射线、中子等。

2. 辐射

辐射是一种特殊的能量传递方式，通常可分为粒子辐射和电磁辐射两类。粒子辐射包括 α 射线、β 射线和各种核反应或放射性核素释放的高速带电粒子及中子等。电磁辐射包括可见光、红外线、紫外线、X 射线及 γ 射线等。辐射一般是指上述物理现象，即波动能量或微观粒子束本身，有时也指一种物理过程，如太阳辐射是指太阳向周围辐射的过程。

一般来说，辐射通常是指电磁辐射[21]。

10.5.2 辐射污染

1. 辐射的作用过程

辐射是指某种物质发出的粒子或波，按其电离能力分为电离辐射和非电离辐射。电离辐射是对生物产生危害的主要成分，即受照物质的性质会发生各种变化，其中有物理学的、化学的、生物学的。辐射的作用过程主要有以下两种。

(1)直接作用：电离辐射照射活细胞时，通过电离和激发与生物大分子 DNA 直接发生作用，直接导致细胞的损伤。

(2)间接作用：电离辐射和细胞内环境成分通过电离与激发发生作用，产生自由基经扩散后与 DNA 作用，导致细胞的损伤。

无论是电离辐射与 DNA 分子的直接作用还是产生的自由基与 DNA 分子的间接作用，都可以造成 DNA 分子的单链断裂或双链断裂。单链断裂细胞可以自行修复，双链断裂可造成错误修复，甚至造成细胞的死亡。

2. 随机性效应和确定性效应

电离辐射作用于人体时，可能造成器官或组织的损伤，表现出辐射对人体健康有害的各种生物效应，这些有害效应可分为以下两类。

(1)随机性效应：指辐射效应发生的概率与剂量的大小有关的效应，不存在剂量阈值。对于随机性效应，即使很小的剂量，也有导致该效应发生的危险，尽管发生的概率也很低。

(2)确定性效应：有明确的剂量阈值，在阈值以下不会见到有害效应，但当达到剂量阈值时，有害效应一定会发生，且辐射效应的严重程度取决于所受剂量的大小。确定性效应主要针对大剂量、大剂量率的急性照射，一般主要是事故照射。

3. 辐射的作用效果

若电离辐射造成 DNA 分子的双链断裂使细胞损伤，其中体细胞死亡将造成功能障碍，而生殖细胞死亡将造成不孕。辐射还会有致突作用，即会使细胞发生变异。细胞突变是细胞的遗传特征以不连续的跳跃形式发生了突然变异，其化学本质是 DNA 结构的变化，体细胞突变可诱发癌症，生殖细胞突变可导致遗传效应。

10.5.3 辐射监测参数

1. 衰变常量和活度

衰变常量 λ 的大小决定了衰变的快慢，它只与放射性核素的种类有关。因此，它是放射性原子核的特征量。衰变常量 λ 是在单位时间内每个原子核的衰变概率，这就是衰变常量的物理意义。因为 λ 是一个常量，所以每个原子核不论何时发生衰变，其概率都是相同的。这意味着，每个原子核的衰变是独立无关的。每一个原子核到底何时衰变，完全是偶然性事件，但偶然性事件也具有必然性。以大量的原子核作为整体来说，其衰变表现出指数衰减规律。

放射性活度 A 即单位时间内有多少核发生了衰变,其专用单位为贝可(用符号 Bq 表示),1 贝可即每秒一次衰变。放射性活度和放射性核数具有相同的指数衰减规律,活度越大则其放射性核数衰变数目越大。对于一个放射源或放射性物质,除它们的总活度之外,人们还常常关心单位质量的放射性活度,或者单位体积的放射性活度。对于固态放射源或放射性物质称为比活度,对于液态或气态的放射源或放射性物质称为活度浓度。

2. 吸收剂量、比释动能和照射量

吸收剂量是指当电离辐射与物质相互作用时,用来表示单位质量的受照物质吸收电离辐射能量大小的物理量。严格定义为电离辐射沉积在某一无限小体积元中物质的平均授予能除以体积元的质量。吸收剂量的专用单位为戈瑞,用符号 Gy 来表示。

比释动能是指不带电粒子与物质相互作用时,在单位质量的物质中产生的带电电离粒子的初始动能的总和。严格定义为不带电电离粒子在无限小体积元内释出的所有带电电离粒子的初始动能之和的期望值,除以该体积元的质量。比释动能的专用单位与吸收剂量的单位相同,都是用 Gy 表示。

照射量是指 X 射线或 γ 射线在单位质量的空气中击出的全部次级电子完全被阻停时,在空气中产生一种符号的带电粒子的总电荷量。在空气中小体积元中的照射量就是该小体积元中碰撞比释动能的电荷当量。

10.5.4 放射性监测

1. 监测对象及内容

放射性监测按照监测对象可分为现场监测、个体剂量监测和环境监测。现场监测即对放射性物质生产或应用单位内部工作区域所做的监测,个体剂量监测即对放射性专业工作人员或大众做内照射和外照射的剂量监测,环境监测即对放射性生产和应用单位外部环境,包括空气、水体、土壤、生物、固体废物等所做的监测。

在环境监测中,主要测定的放射性核素有 α 和 β 放射性核素,这些核素在环境中出现的可能性较大,且其毒性也较大。对放射性核素的具体测量内容有放射性强度、半衰期、射线种类及能量,以及环境和人体中放射性物质的含量、放射性强度、空间照射量或电离辐射量。

2. 放射性监测方法

环境放射性监测方法有定期监测和连续监测[22]。定期监测的一般步骤是采样、样品预处理、样品总放射性或放射性核素的测定。连续监测是在现场安装放射性自动监测仪器,实现采样、预处理和测定自动化。对环境样品进行放射性测定和对非放射性环境样品的监测过程相同,也是经过样品采集、样品预处理、选择适宜方法与仪器进行测定 3 个过程。

(1)样品采集。

放射性沉降物包括干沉降物和湿沉降物,主要来源于大气层核爆炸所产生的放射性尘

埃，小部分来源于人工放射性颗粒物。对于放射性干沉降物样品可用水盘法、黏纸法、高罐法采集，而湿沉降物除了上述方法，还可用离子交换树脂采集器采集。

放射性气溶胶包括核爆炸产生的裂变产物、各种人工放射性物质，以及氡、钍的衰变子体等天然放射性物质。这种样品的采集常用滤料阻留法，其原理与大气中颗粒物的采集相同。对于水体、土壤、生物样品等的采集与普通非放射性样品所用方法基本一致[23]。

(2)样品预处理。

对样品预处理的目的是将样品处理成适于测量的状态，将样品的欲测核素转变为适于测量的形态并进行浓集，以去除样品中的干扰核素。常见的样品预处理方法有衰变法、共沉淀法、灰化法、电化学法、有机溶剂溶解法、蒸馏法、溶剂萃取法、离子交换法等。环境样品经上述方法分解和对欲测量放射性核素分离、富集、纯化后，有的已成为可供放射性测量的样品源，有的尚需用蒸发、悬浮、过滤等方法将其制备成适于测量的样品源。

(3)核辐射探测器。

核辐射探测的目的是采用各种方法来探测核辐射的类型、数量等。为了探测不同的射线及不同的测量要求，需要选用不同的探测器。核辐射探测器工作原理基于粒子与物质的相互作用，当粒子通过某种物质时，这种物质就吸收其一部分或全部能量而产生电离或激发作用，并将其转变为各种形式的直接或间接地为人们感官所能接受的信息。最常用的主要有气体探测器、半导体探测器和闪烁探测器 3 种，如图 10-1 所示。气体探测器是利用射线在气体介质中所产生的电离效应，闪烁探测器是利用射线在闪烁物质中产生的发光效应，而半导体探测器是利用射线在半导体中产生的电子和空穴[24]。

(a)气体探测器　　　　　(b)闪烁探测器　　　　　(c)半导体探测器

图 10-1　常用的核辐射探测器

3. 放射性防护与监测标准

自然环境中的宇宙射线和天然放射性物质构成的辐射统称为天然放射性本底，它是判定环境是否受到放射性污染的标准。为了防止放射性污染对人体的辐射损伤和保护环境，各国都制定了放射性防护标准。我国现行的相关标准主要有《放射性废物管理规定》（GB 14500—2002）、《电离辐射防护与辐射源安全基本标准》（GB 18871—2002）、《职业性外照射个人监测规范》（GBZ 128—2016）、《电磁环境控制限值》（GB 8702—2014）、《放射性物质与特殊核材料监测系统》（GB/T 24246—2009）等。

10.6　环境监测质量保证

10.6.1　质量保证及其意义

环境监测的对象范围极为广泛,成分复杂、多变且不易测量,特别是对于大规模的环境监测而言,常常需要多地、多实验室的共同测量。因此,为了保证监测所得的数据满足一定的准确性和可比性,需要建立一个科学的环境监测质量保证程序。环境监测质量主要是指监测结果的准确度和精密度,也包括测量与分析方法、仪器的灵敏度、处理数据的合理性及整个监测计划所需时间、财力、精力和预期所得利益之间的最优化设计。

环境监测质量保证是一种保证数据的准确、精密、代表性、完整性和可比性的重要手段,是科学管理实验室和监测系统的有效措施,涵盖了环境监测全过程的质量管理行动,包括制订质量保证的任务和计划;规定相应的监测系统,如采样方法、样品处理及保存方法、仪器设备的选择和校准,器皿的选择,试剂、溶剂和基准物质的选用,统一测量方法,数据的记录、处理和正确阐述;编写有关文件、指南、手册,进行监测人员的技术培训等诸多方面。

环境监测质量保证可分为质量控制和质量评价两个方面,且其整体工作是一项十分复杂系统的工作,它要求环境监测人员有完整的监测概念理论,熟悉全部的监测程序,对于分析系统有着扎实的误差理论知识,对环境监测过程有着良好的实际操作能力。

10.6.2　环境监测质量控制

环境监测质量控制是指为达到监测计划所定的监测质量,对整个监测过程或部分环节采用的控制方法,其目的是确保监测数据具有准确性、精密性、完整性、代表性和可比性这 5 个方面良好的质量特征。表 10-1 所示为环境监测质量控制在各个环节的控制重点。

表 10-1　环境监测质量控制重点

监测系统保证	质量控制要点	质量控制目的
采样点环节	(1)监测目的系统的控制 (2)监测点位点数的优化控制	空间代表性、可比性
采样环节	(1)采样次数和采样频率的优化 (2)采样工具、方法的统一	时间代表性、可比性
运储环节	(1)样品的运输过程控制 (2)样品固定保存控制	可靠性、代表性
样品前处理环节	(1)回收率的控制 (2)预处理浓集系数、分离度的控制	准确性、可靠性
分析测试环节	(1)分析方法准确性、精密度、检测范围的控制 (2)分析人员素质和实验室质量的控制	准确性、精密性、可靠性、可比性
数据处理环节	(1)数据整理、处理和精度检验的控制 (2)数据分布、分类管理制度的控制	可靠性、可比性、完整性、科学性
综合评价环节	(1)信息量和成果表达的控制 (2)结论完整性、透彻性及预期对策的控制	真实性、完整性、科学性、适用性

环境监测质量控制是环境监测质量保证体系的重要组成部分，包括实验室内部质量控制和实验室外部质量控制两部分。实验室内部质量控制是实验室自我控制分析质量的常规程序，能够反映分析质量的稳定性如何，以便于人员及时发现存在的异常情况，并采用相应的校正措施。实验室外部质量控制通常由常规监测以外的中心监测站或其他有经验的人员来执行，以便于对实验室内部分析人员的数据质量进行独立分析，对分析人员进行实际的考核。通过实验室外部质量控制，各分析人员和实验室可以从中发现自身或实验室存在的系统误差等，并判断该误差是否对最终分析结果产生本质的影响，以便及时纠正实验室监测过程中某些环节存在的错误，提高整个监测过程的分析质量。

目前，对于实验室内部质量控制的研究日趋成熟，逐渐形成了一些比较成熟的质量保证程序、措施和方法，而对实验室外部质量控制的研究还未深入。实验室外部质量控制主要存在两个方面的难点：一是在进行环境监测时，由于实际工作的限制，一个人不可能进行整个监测过程的测量，而不同的人员操作之间就必然存在着系统误差。即便是同一个人着手整个监测过程，由于布点、采样、分析方法和最优化的考量，仍存在着一定的系统误差，因此只能将误差尽量控制在合理的范围内。二是环境监测存在不均匀性、不稳定性、含量高低和组成的不可预知性，难以确保环境监测质量控制达到误差允许的范围之内。

由于实验室内部和外部质量控制都有难点存在，因此要求在环境监测全过程中严格进行质量控制。例如，采样计划的设计应确保能获得代表性的样品，采样点的布设、采样方法、样品的包装、储运都要严格遵循标准的程序及方法。室内分析测量的质量控制措施包括采用标准的分析测量方法，对空白样、检测限、校准曲线、准确度等的控制，以及标准参考物质、质量控制样品的使用和实验室间的分析测量对比。同时，还应有统一的数据记录、复审和检查程序，以及对监测人员资质的考核和对监测机构的认证。

10.6.3　环境监测质量评价

环境监测质量评价是对环境素质优劣的定量评述，它按照一定的评价标准和评价方法，确定、说明和预测一定区域内人类活动对人的健康、生态系统和环境的影响程度。它是研究人类环境质量的变化规律，对环境要素或区域环境性质的优劣进行定量描述的科学，也是研究、改善和提高人类的环境质量的方法和途径的科学。其中，评价方法又可分为权威方法、标准方法、统一方法和等效方法 4 种。

权威方法一般是指物理量的绝对测量方法，这种方法要求监测人员具有扎实的理论基础，能进行系统误差分析。利用权威方法，能得到精密度高、稳定性好及准确度高的独立物理量参数。

标准方法包括国家标准、等效的国际标准和国内外权威机构颁布的方法，该标准都经过实验验证，且具有良好的精密度和准确度，可用于高准确度的监测过程。

统一方法是指在监测过程中经过实践而建立起来的一整套统一、实用、能够普遍适用的方法。

等效方法是在某些特定地区或区域环境的监测时，建立起来的与标准方法或统一方法等效的方法，该方法需经有关技术主管部门核准后采用。

　　环境监测质量评价可根据不同的要素分为各种不同的环境监测质量评价。通常而言，可分为实验室内质量评价和实验室间质量评价。

　　实验室内质量评价是对实验室人员水平和能力的综合评价，一般对参与环境监测的实验室每年进行一到两次的考核评价，考核结果采用评分制或指数评定制进行评价。

　　实验室间的质量评价一般建立于大规模的环境监测过程，由于该监测过程有多个实验室参与，为了保证最终的监测质量，实验室间的质量评价尤为重要。实验室间的质量评价建立在实验室内质量评价的基础上，由中心实验室将同样质量的样品分发给各实验室，各实验室采用统一的分析方法，在规定的时间内完成分析测定和数据处理，并按照规定的程序上报监测结果，中心实验室依据相关规定对各实验室进行监测质量评价。

（编写：司明强、王启光；审订：陈敏）

习　　题

1. 环境监测的定义及目的和意义是什么？
2. 简述环境监测的分类。
3. 环境标准的意义有哪些？
4. 大气污染的危害主要有哪些？
5. 大气污染检测方案的要点有哪些？
6. PM 2.5 和 PM 10 是什么？危害体现在哪里？
7. 水质监测方案制订的要点是什么？主要监测指标有哪些？
8. 简述噪声的危害和监测。
9. 简述辐射监测和放射性水平评价方法。

参 考 文 献

[1] 奚旦立, 孙裕生. 环境监测[M]. 4 版. 北京: 高等教育出版社, 2010.

[2] 高华, 杜艳雷. 环境监测与环境监测技术的发展[J]. 科技资讯, 2011(15): 154-154.

[3] 刘卫根, 荣宗根, 柳诚, 等. 浅析我国环境监测技术的现状及未来发展[J]. 资源节约与环保, 2015(12): 96-96.

[4] 蔡同锋, 张艳艳. 环境自动监测技术综述[J]. 污染防治技术, 2010(3): 87-90.

[5] 綦丽莉. 浅论环境监测与环境影响评价的关系[J]. 环境保护与循环经济, 2011, 31(7): 74-75.

[6] 许雄飞, 李瑶, 刘桢, 等. 浅析监测数据在环境应急事件污染源追溯中的应用[J]. 环境与可持续发展, 2018(1): 86-88.

[7] 刘达璋. 环境优先污染物的研究及其在海洋环境监测中的应用[J]. 海洋环境科学, 1992(4): 86-92.

[8] Bai Y, Niu H, Wen X. The strategy study on the development and innovations of Chinese environmental monitoring: A comparison study [J]. Procedia Environmental Sciences, 2012, 13: 2458-2463.

[9] 裴晓菲. 我国环境标准体系的现状、问题与对策[J]. 环境保护, 2016, 44(14): 16-19.

[10] 曾凡刚. 大气环境监测[M]. 北京: 化学工业出版社, 2003.

[11] 田俊灵. 大气环境监测优化布点研究[J]. 中国高新技术企业, 2017(9): 103-104.

[12] Bespalov V I, Gurova O S, Samarskaya N S. Main Principles of the Atmospheric Air Ecological Monitoring Organization for Urban Environment Mobile Pollution Sources [J]. Procedia Engineering, 2016, 150: 2019-2024.

[13] Sugimoto N. Atmospheric environment monitoring system based on an earth-to-satellite Hadamard transform laser long-path absorption spectrometer: a proposal [J]. Applied Optics, 1987, 26(5): 763-764.

[14] 环境保护部. 环境空气 臭氧的测定 紫外光度法：HJ 590-2010[S]. 北京：中国环境科学出版社, 2010.

[15] 李明, 张永勇, 侯立安. 我国室内空气细颗粒物污染现状与防控对策[J]. 环境工程技术学报, 2018(2): 117-128.

[16] 黄先玉, 刘沛然. 水体污染生物检测的研究进展[J]. 环境工程学报, 1999(4): 14-18.

[17] 李青山. 水环境监测实用手册[M]. 北京：中国水利水电出版社, 2003.

[18] 潘伊. 水质监测过程中水样处理及质量控制措施研究[J]. 环境与可持续发展, 2018(1): 64-66.

[19] 刘雨. 城市环境噪声污染与监测技术探讨[J]. 中国高新区, 2018(5): 44.

[20] 李燕超. 噪声地图在环境噪声监测中的应用[J]. 环境监测管理与技术, 2018(2): 39-42.

[21] 杨维耿, 翟国庆. 环境电磁监测与评价[M]. 杭州：浙江大学出版社, 2011.

[22] Engelbrecht R, Schwaiger M. State of the art of standard methods used for environmental radioactivity monitoring [J]. Applied Radiation & Isotopes Including Data Instrumentation & Methods for Use in Agriculture Industry & Medicine, 2008, 66(11): 1604-1610.

[23] Flury T, Völkle H. Monitoring of air radioactivity at the Jungfraujoch research station: Test of a new high volume aerosol sampler [J]. Science of the Total Environment, 2008, 391(2): 284-287.

[24] 彭华寿. 核探测器的进展[J]. 核电子学与探测技术, 1990(5): 277-279.

第11章 核燃料后处理

核电站发电过程中，当核燃料裂变不能维持一定功率时，被换下来的未燃尽的核燃料称为乏燃料，又称为辐照核燃料。乏燃料具有很高的放射性水平，因而属高放废物。我国核电站卸出的乏燃料数量在不断增长，大部分核电站的在堆贮存水池容量已经超负荷(在送至后处理厂前，乏燃料通常先暂存在核电站内自建的硼水池内，即在堆贮存水池内，我国目前是按其可以存储乏燃料10年设计)。离堆乏燃料湿法贮存设施也已贮存饱和。

乏燃料贮存池如图 11-1 所示。

图 11-1　乏燃料贮存池

而对于乏燃料，国际上通行的有两种处理方法：一种是不进行乏燃料后处理，燃料棒在核电站反应堆内燃烧完后将其长期暂存、永久贮存、直接处置，被称为开式核燃料循环；另一种是对乏燃料进行后处理，回收其中的铀和钚，再加工成燃料组件进行重复利用，称为闭式核燃料循环。

11.1　乏燃料的首端处理

将不同类型的乏燃料元件转变为具有特定物理化学状态供后续工序的溶液属于首端处理。其对后处理厂的化学药剂消耗和三废产量及运行费用影响大，同时也关系到后续工艺的顺利实施。

11.1.1　去壳[1,2]

化学去壳：去壳方法的选择与包壳和燃料的组成有关，同时与包壳和燃料之间的黏结剂也有关。化学去壳法是利用化学药剂溶解包壳而不溶解燃料。美国第一座生产堆的燃料元件——金属铀棒的铝包壳用混合碱液溶解。镁或镁合金包壳通常是采用 6 mol/L H_2SO_4 在沸腾条件下溶解去除。不锈钢包壳的二氧化铀或二氧化钍燃料元件，采用 4~6 mol/L 的热硫酸溶解其外壳。乏燃料元件的锆和锆合金包壳，可采用加了硝酸铵的氟化铵沸腾溶液溶解，生成氟锆酸铵，其中硝酸铵用以减少氢气产出。

锆或锆合金包壳在氟化铵和硝酸铵混合液中的溶解存在 3 个重点问题。

(1)由于对包壳化学侵蚀作用的不均匀性，当包壳溶解到 90%左右时，UO_2 芯块开始受到侵蚀，因此去壳过程中有 0.1%~0.2%的铀和 0.03%~0.06%的钚损失于溶壳废液。并且剩下约 10%包壳处理比较困难，需要较长的溶解时间。

(2)每批料带入硝酸溶芯阶段的氟量达到 1000 mol，造成这种挟带的原因可能是形成了 $NH_4^+/Zr/OH/F^-$ 化合物，需要加入硝酸铝用以络合氟。在溶解包壳和溶芯之间增加一次碱洗操作，可以解决氟挟带问题。

(3)在去壳过程中产生氨，可能导致废气过滤器被堵塞。用浓硝酸吸收氨，虽然克服了部分堵塞问题，但是又增加了废液量。

11.1.2　电解去壳

美国萨凡纳河厂和爱达荷化学处理厂采用电解法溶解不锈钢包壳、锆合金包壳、铝包壳等多种包壳材料。电解用的阳极和阴极均由钽制成，阳极上镀有 0.25 mm 厚的铂层用于防腐蚀。待去壳的乏燃料元件放置在氧化铝框架中，框架由放置在阴极和阳极之间的铝篮支撑，并与电极绝缘。电解溶解法的优点是适用性广，除硝酸盐之外，没有其他阴离子，并且几乎不放氢；大部分锆被转化为二氧化锆，可以通过过滤去除。其缺点是溶液中含有壳材料的硝酸盐进入高浓度废液中。

11.1.3　机械去壳

机械脱壳技术，采用切削—浸出法。机械切割包壳的加工和储存成本约为化学剥壳法废液加工和储存成本的 5%，适用于各种尺寸和形状的燃料组件，图 11-2 所示为剪切机结构示意图。首先把组件两个端头切掉，这步目前有两种做法：①美国和俄罗斯的后处理厂在水下用锯刀切割端头；②法国和日本等国家的后处理厂，在惰性气氛下用剪切机先切割端头，然后切割燃料；端头和燃料的切割工作由同一台剪切机完成。

35 mm 长的燃料剪切小段由导向板导入燃料溜槽落入分配器，再由分配器将燃料小段送入溶解器。溶解器装满切段后加入浓硝酸溶芯。可以采用连续回转式溶解器进行溶芯，由溶解器排出的废包壳进入连续清洗器，在包壳清洗器中用水清洗。监测合格后的废壳排入废物桶。

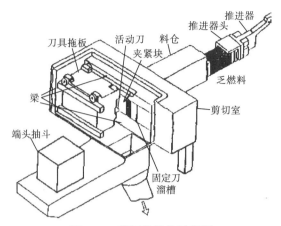

图 11-2　剪切机结构示意图

废包壳出口溜槽的末端浸入废包壳清洗器中，从而形成液封，起到防止溶解尾气外泄的作用。在该清洗器内壁上有螺旋形滑道，该清洗器在驱动装置的牵引下，容器绕垂直轴线做往复旋转运动。废包壳在惯性力作用下沿着螺旋形滑道上升至排出口，被排入废物桶。在压水堆中 63%的氚滞留在锆包壳内，37%在燃料中；而在沸水堆乏燃料中，包壳和燃料几乎各占 50%。1994 年前后法国、日本、德国和瑞士已批准了废包壳、端头水泥固化体的技术规范。

11.1.4　溶解燃料芯

通过溶解使燃料芯中的铀和钚完全溶解于硝酸水溶液，使铀、钚和裂变产物转变为有利于分离的化学形态。铀芯溶解于硝酸的反应，实质是氧化还原反应，被氧化到六价，生成 $UO_2(NO_3)_2 \cdot 6H_2O$，而硝酸被分解还原为二价的 NO 和四价的 NO_2。在间歇式溶解过程中，硝酸溶解金属铀芯可分为 3 个阶段。

(1) 第一阶段，通常初始酸度为 50%（质量分数）10.4 mol 左右，刚加入硝酸时溶解器内自由空间充满空气，溶液尚未沸腾。

(2) 第二阶段，硝酸的浓度为 25%～45%，在冷凝器中产生硝酸和亚硝酸，回收的硝酸返回溶解器，使得实际酸耗显著降低。

(3) 第三阶段，产生的气体主要是一氧化氮。这时的酸耗有两种情况：①如果溶解过程中不通入空气或氧气，一氧化氮不被氧化为二氧化氮，氮氧化物不能被回收复用，这时溶解 1 mol 铀需要 4 mol HNO_3；②在溶芯过程中不断地通入空气或氧气，使一氧化氮被氧化为二氧化氮，被回收的硝酸返回溶解器，约有 2 mol HNO_3 返回溶解器，所以溶解 1 mol 铀净耗硝酸 2 mol。其实这是一种理想状态，实际情况是消耗的硝酸为 3 mol 左右。

用硝酸溶解铀芯时，要求做到酸耗较低、反应平稳、溶解速度适中、操作安全。溶解速度要适中，即要求溶解速度不能太快。如果溶解速度很快，就可能使得溶解排气峰值过高，如果处理尾气的能力不足、排气不畅，或者由于处理及操作不当，就有可能使溶解器呈正压状态。因此，可能导致设备室或热室，以及溶解系统被污染。当然，溶解速度也不能过低，这会影响工厂的生产效率和能力。

硝酸溶液溶解铀芯属于固—液相间的化学反应。铀的溶解速度与硝酸浓度、铀芯的表

面积、铀的初始质量之间可用以下公式表示

$$\frac{\mathrm{d}W}{\mathrm{d}t} = \left(\frac{A}{A_0}\right)\left(\frac{W_0}{100}\right)\left[1.3 + 3.6\lg C_{\mathrm{HNO_3}}\right]$$

式中，W_0 为铀的初始质量(kg)；W 为某时刻尚未溶解的铀质量(kg)；A_0 为铀棒的起始表面积($\mathrm{m^2}$)；A 为某时刻尚未溶解的铀棒表面积($\mathrm{m^2}$)；$C_{\mathrm{HNO_3}}$ 为硝酸浓度(mol/L)。

由此可见，铀棒的表面积影响溶芯速度。解决这个问题的最好办法是连续溶解。也可在剩下大约 25%燃料时就停止溶解，将溶解液排出。这样可以得到较浓的溶解产品液，然后再加入新鲜的溶解药剂溶解剩下的燃料。还采用留底的办法以增大铀芯的总表面积，使溶芯时保持较高的平均溶解速度，通常采用的留底量为 50%。

酸耗是影响溶芯经济性的主要因素之一。除强化氮氧化物的回收，提高复用硝酸的数量是降低酸耗的关键性的措施之外，在生产操作中还有一些因素影响实际酸耗量。①溶芯时的初始酸度影响酸耗值。在生产过程中常采用分段加酸的办法，不但使整个溶芯过程在较高的酸度条件下进行，而且有利于降低酸耗值。②除了用氧气作为反应物的无烟溶解，在有些工厂中还使用空气代替氧气。在溶芯过程中通入空气的数量、喷入雾化蒸汽的数量、溶解器和冷凝器中的温度、压力等参数都影响酸耗值。③二氧化铀芯块的溶解速率与燃料芯块暴露出来的表面积、溶液中硝酸根的总浓度和溶解温度等成正比。

大部分裂变物都能溶解于硝酸溶液中。然而，燃耗大于 30000 MW·d/tU 的乏燃料中钼、锆、钌、铑、钯、铌等元素的含量可能高于该元素的溶解度，这样它们就会以不溶性的残渣形式存在。^{85}Kr、^{129}I、^{131}I、^{133}Xe、^{3}H 及 ^{106}Ru 等气体裂变产物，在溶解时进入溶解尾气和溶解液中，其中碘和钌尤为特殊。碘除了挥发进入尾气，在溶液中碘可被 TBP(磷酸三丁酯)萃取，同时碘还能形成不被萃取的碘化物或碘酸盐。钌可呈现出 0 价(不溶性金属)和八价之间的任何价态，四氧化钌是挥发性的，四价的钌能形成被萃取性能各不相同的亚硝酰钌化合物。

溶解尾气释放到周围环境会威胁环境和人类安全，可能使人受到内外照射的伤害。因此，后处理厂的溶解尾气的排放必须严格执行辐射安全标准和规范设定的每个核素的排放限值。对废气进行严格处理，以免威胁环境安全。

溶解尾气中的放射性物质通常以小液滴、气溶胶和挥发气体等形式存在。处理尾气方法依据存在形式选择合理的处理技术。通常去除尾气中小液滴和气溶胶采用的方法是使用各种洗涤器、气液分离器和性能各异的高效过滤器。溶解尾气最后还得经过两级碘过滤器以清除碘，并且再次经过高效微粒空气过滤器过滤后由高大烟囱排出。当前，各国处理溶解尾气的技术途径是大同小异的。

11.2　铀钚共去污分离循环[1-3]

11.2.1　溶液预处理

乏燃料溶解液中除了存在着少量源于切割包壳和结构件的碎屑，还存在不溶的固体残渣和胶体微粒。这些会不利于溶剂萃取法回收铀和钚，其影响大小决定于杂质的含量和性质，主要影响有：①在液—液萃取设备中形成乳化物和界面污物，从而妨碍生产操作，降低设备中液体的通过能力，严重时甚至堵塞设备的管路或阀门；②这些杂质通过形成乳化物而在设备中积累，又吸附裂变产物，进而形成很强的辐射场，加速了溶剂的辐射分解；③降低溶剂萃取的净化效率，进而影响到产品质量。对溶解液进行多方面的预处理以制备清净的料液，对于改善后续操作、提高溶剂萃取效率、优化产品质量十分重要。

溶解液是否进行预处理、用什么方法预处理是需要根据所处理的燃料而决定的。过滤或离心分离是最强有力的预处理方法。目前许多国家在将溶解液过滤或离心分离前，运用的预处理措施有：①向溶解液中通入氧、氧化氮、臭氧等；②向溶解液中加入明胶、二氧化锰、有机絮凝剂、亚硝酸、络合剂等。这些预处理措施对于净化萃取料液、改善去污效果有一定效果。

11.2.2 制备萃取料液

制备合格的萃取料液是为 Purex 流程安全稳定运行及提高产品质量创造良好条件。调整酸度是制备合格萃取料液的主要步骤之一。为了防止铀损失，用硝酸溶解乏燃料芯，通常要求溶解液中的剩余酸度大于 0.3 mol/L。而普雷克斯流程有高酸流程和低酸流程区分，因而需要根据后续溶剂萃取对料液的要求，适当地调节溶解液中的硝酸浓度再进行溶剂萃取。通常高酸流程要求萃取进料液 1AF 中酸度为 2.0 mol/L 以上，而低酸流程 1AF 料液酸度为 0.5 mol/L 左右。在 1AF 进料液中不但要求有额定的酸度，通常还要求额定的铀浓度。对于天然铀或稍加浓铀的萃取料液通常要求硝酸铀酰的浓度为 1.5～1.8 mol/L。另外，通过控制萃取剂 1AX 与进料液 1AF 的流量比，使 TBP 达到较高的铀饱和度，以便提高铀钚产品的纯度。对于加浓铀燃料溶解液，由于受到临界的限制，通常料液中铀浓度较低。其实，调整溶解液中的铀浓度也是用不同浓度的硝酸溶液来调剂。因而，要兼顾酸度和铀浓度，切忌顾此失彼；防止只顾单值调节，越调节越使其他浓度偏离额定值。

制备合格的萃取料液的重要步骤之一是调整钚的价态，为了提高铀钚的回收率，希望铀钚分别处于易被 TBP 萃取的 U(Ⅵ) 和 Pu(Ⅳ) 价态。调整钚的价态早期最普遍使用的氧化剂是亚硝酸钠。因为亚硝酸钠自动催化氧化三价钚，所以反应速度很快，而且亚硝酸根还可将溶液中的少量 Pu(Ⅵ) 还原为 Pu(Ⅳ)，同时亚硝酸钠也起到 Pu(Ⅳ) 的稳定剂的作用。然而，向系统中引入了盐类杂质是亚硝酸钠调价的明显缺点。在酸性介质中过量的亚硝酸钠大部分以亚硝酸的形式被 TBP 萃入有机相中；而且在进行钚的还原反萃取时，亚硝酸能破坏还原剂，严重时，甚至能破坏整个还原反萃操作。

为了避免亚硝酸钠的缺点，一些后处理厂采用 NO_2 或 NO_2+NO 气体(称为亚硝气体)作为氧化剂。其作用与亚硝酸等效，但是使用亚硝气体可不引入任何盐类杂质，而且调价后可用吹入空气的方法将剩余的亚硝气体吹除，避免对钚还原反萃的破坏作用。为了提高还原反应速率，还可以使用肼作为还原剂。肼不会还原为 Pu(Ⅳ)，同时还可以破坏溶解液中的亚硝酸，支持硝酸羟胺的还原作用。

乏燃料溶解液经过预处理(也有后处理厂不做预处理)，经过调整酸度和价态后再进行澄清。其目的是分离除去料液中的固体杂质和部分放射性裂变产物，以便获得较为清洁的溶剂萃取料液。目前,料液澄清主要采用两种方法:离心分离法及介质过滤法。对于介质过滤法,各国采用的过滤介质是多种多样的,有烧结不锈钢、烧结钛、不锈钢丝网、玻璃纤维、聚丙烯腈、混装沙石、烧结玻璃、烧结金属陶瓷等。为了提高过滤效能,研究应用孔隙度更小的过滤介质,如 5 μm、3 μm,甚至 1 μm 孔径的过滤。要求过滤器不仅要提高过滤的效率,而且要能实现过滤器的有效反吹和排渣。随着对料液澄清的要求的提高,不少国家的后处理厂已经研制并应用了澄清效率更高的设备。

11.3　普雷克斯流程

11.3.1　普雷克斯流程简介[1]

普雷克斯流程(Purex process)是根据 J.C. Warf 的试验结果在 1949 年提出的。1954 年萨凡纳河钚生产厂率先应用 Purex 流程,其流程示意图如图 11-3 所示。1956 年汉福特厂用该流程取代了 Redox 流程。Purex 流程逐渐应用于世界各国的乏燃料后处理。经过 60多年的应用和发展,流程与工艺日臻完善,现在已经可以设计出能够处理各种乏燃料,生产出满足各种纯度、浓度要求的产品。Purex 流程尚无强劲的竞争者。

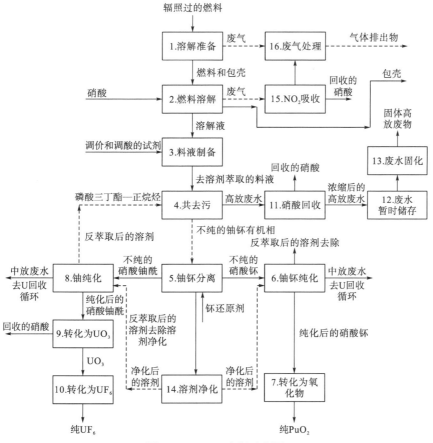

图 11-3　Purex 流程示意图

　　就乏燃料后处理而言，Purex 流程主要包括铀钚共萃取共去污（共去污分离流程如图 11-4 所示）、铀—钚分离、铀钚纯化，合格的铀、钚产品溶液可转化为铀、钚的固体产品。在 Purex 流程的工艺过程中，铀、钚的共去污—分离循环是关键工序。法国 UP3 厂和 UP2-800 厂在铀、钚分离后，铀线只用了一个纯化循环，UP3 的第三铀循环已经停止。就是用两个溶剂萃取循环即可实现原设计 3 个循环的工艺性能，获得合格的尾端产品（Purex 二循环流程示意图如图 11-5 所示）。

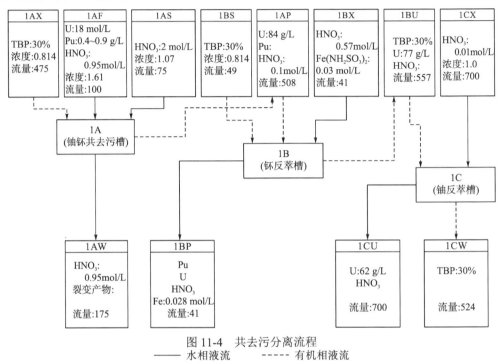

图 11-4　共去污分离流程
—— 水相液流　　----- 有机相液流
各液流流量均为相对流量

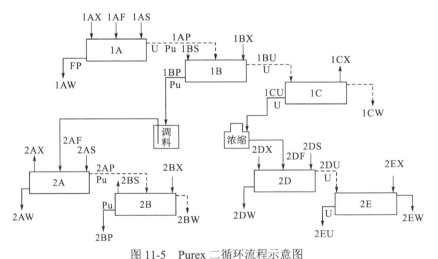

图 11-5　Purex 二循环流程示意图
—— 水相液流　　----- 有机相液流
U：铀的走向　　Pu：钚的走向　　FP：裂变产物走向

英国塞拉菲尔德 THORP 厂通过精心的流程设计、研发和验证，铀和钚的净化阶段也只使用一个溶剂萃取循环。钚纯化循环采用脉冲柱和 30%TBP-煤油，从钚液流中去除主要的杂质 Tc 和残留的 U、Ru、Cs 和 Co，一个铀纯化循环采用混合澄清槽和 30%TBP-煤油，以便去除铀产品中的 Np、Pu、Ru、Cs 和 Ce。

在处理天然铀乏燃料的工厂，如美国的汉福特厂、法国的马库尔厂，1AF 中的钠浓度达到 420 g/L。而其他处理低加浓铀的工厂，1AF 中的铀浓度通常为 200~300 g/L。对铀浓度的这种限制，主要是从临界安全的角度考虑的。根据燃料在辐照前的 ^{235}U 加浓度限制料液中的最高铀浓度。

11.3.2　重要影响因素[1,2]

由于溶剂被水解、化解和辐解，在混合澄清槽中形成的界面污物较多，且排除污物很困难，从而影响了共去污循环中混合澄清槽的应用。因此，动力堆乏燃料的大型后处理厂多采用脉冲柱作为共去污的萃取设备。

Purex 流程中影响铀和钚的萃取和去污的主要因素有：①铀、钚、锆、铌、钌等核素在共去污循环中的萃取行为；②料液放射性活度对净化的影响；③TBP 中铀饱和度对净化的影响；④溶液质量对净化的影响；⑤洗涤对净化的影响；⑥氟离子对共去污循环净化的影响。

现在实现铀和钚分离工业规模的是还原分离法，还原分离法可分为化学药剂还原法和电解（也称为电化学）还原法。通常对还原法的要求有：①还原钚的选择性要高；②还原反应速率要快、反应要彻底；③成本低；④不给最终废液带入盐分或带入的盐分量要少；⑤不腐蚀设备或对设备的腐蚀性较小。当前主要的还原剂为亚铁离子、肼（N_2H_4）稳定的 U(IV)、羟胺。实践证明，四价铀可作为不向系统引入杂质的还原剂。控制合适的工艺条件，四价铀可以满足工业规模的生产要求，因此它得到了越来越广泛的应用。由于硝酸羟胺在还原过程中的反应产物是气体，不存在固体杂质的问题，作为"无盐还原剂"而引起了广泛的关注，逐步应用于工业生产。使用硝酸羟胺调控酸度、温度，因为它们的影响较大。由于这几种氧化还原剂制备比较复杂、反应过程消耗量大，因此还不理想。处理钚含量高的高燃耗动力堆乏燃料，化学还原剂的缺点越来越显著。电解氧化还原法通过控制电位使得阳离子在阴极上得到电子被还原，反萃取液酸度、电流密度、温度、U/Pu 比等会影响氧化还原效率。

11.3.3　钚的净化循环和尾端处理[1-3]

1. TBP 萃取净化钚

钚的净化循环和尾端处理重点在于，通过溶剂萃取或离子交换纯化钚（包括回流萃取），然后沉淀钚，沉淀物通过燃烧（或脱硝）制备二氧化钚。美国汉福特厂、中西部厂、西谷厂，德国卡尔斯鲁厄厂，日本东海厂（工艺流程示意图如图 11-6 所示）、印度特朗贝厂和俄罗斯的后处理厂均采用阴离子交换法精制钚。而美国的萨凡纳河厂则使用阳离子交换树脂纯化钚。阳离子和阴离子交换树脂在法国马库尔厂都曾用于钚纯化。后处理厂的实践经验证明，阴、阳离子交换树脂在射线和高浓药剂作用下会受到损坏，使离子交换容量下降，且有气体逸出，严重时会破坏柱子的正常运行状态，对于保证离子交换精制钚体系的核安全和实现连续操作有一定困难，同时重复操作太多，很难提高生产效率，因而离子交换逐渐被 TBP 萃取循环取代。

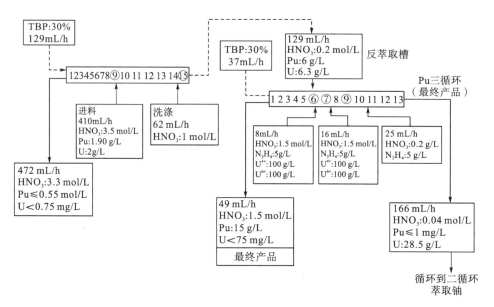

图 11-6   日本东海厂的钚三循环工艺流程示意图

从共去污分离循环来的 1BP 溶液 (图 11-4 和图 11-6)，在进入钚纯化循环之前，首先要进行调价和调整酸度处理，然后制备纯化循环的萃取料液。首先，必须将 1BP 中的残留还原剂和支持还原剂破坏掉，选用合适的氧化剂将 Pu(III) 氧化为 Pu(IV)。在选择氧化剂时，其标准氧化还原电位值应介于 Pu(III)-Pu(IV) 电对和 Pu(III)-Pu(VI) 电对之间。早期的后处理厂一般采用亚硝酸钠调整钚的价态，它可以在几分钟内将钚从三价氧化为四价。其优点是反应速度快、安全、操作简单、药剂价格便宜；缺点是过量的亚硝酸容易被 TBP 萃取，对有机溶剂的降解且对萃取之后的 Pu(IV) 的反萃有不利影响。另外，又向系统中引入了钠离子，使含盐废液增加，造成放射性废液储存和处理费用增加。为克服用亚硝酸钠调价时的缺点，现在多采用亚硝气氧化法。但是它也有化学药剂消耗量大、废气处理负荷与成本高、增加了气体发生器、氧化和脱气系统设备等缺点。因而，电化学氧化还原法、肼、羟胺等被引入。

美国的西谷厂是世界上第一座商业后处理厂，生产能力为 300 t/a (每天处理 1t 轻水堆燃料)。钚从铀—钚分离循环反萃后，经过一个 TBP 萃取循环净化后，进入阴离子交换树脂床精制。钚二循环的进料液为 1.98 g/L Pu、4.0 mol/L HNO$_3$，洗涤液为 1.0 mol/L HNO$_3$。用 HNO$_3$-HAN 在 2B 柱还原反萃 Pu(IV)。2A、2B 均为脉冲筛板柱，两柱尺寸相同，柱径约为 0.26 m，柱高 10.5 m。钚经过 3 个萃取循环的纯化后，其总净化系数为：Zr-Nb 2.4×10^7，Ru 10^6，总 γ 1.5×10^7，总杂质量为 0.03%~0.29% (钚基)。

　　法国马库尔后处理厂最初采用氢氧化钠沉淀铀/钚分离之后的钚，过滤后用硝酸溶解氢氧化钚作为钚二循环(流程概况如图 11-7 所示)的料液。用 20%TBP 萃取和氨基磺酸亚铁还原反萃后，再经过阴离子交换精制，最后得到硝酸钚产品。1967 年法国马库尔后处理厂将钚二循环改为回流处理，不但取消了氢氧化钠沉淀过程，而且取消了其后的离子交换过程。不但大大简化了流程，而且实现了生产操作的自动化。

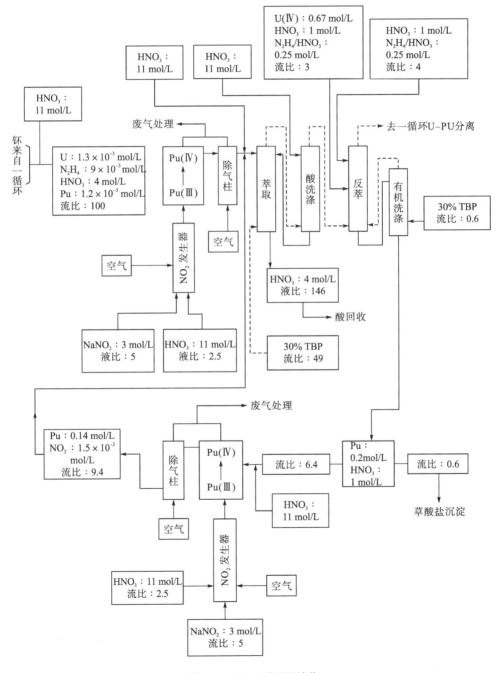

图 11-7　钚二循环及纯化

2. 钚的沉淀和二氧化钚生产

将硝酸钚溶液转化为沉淀物当前较好的方法有以下几种。

(1)过氧化氢沉淀法：在三价或四价钚的硝酸水溶液中加入足够量的过氧化氢，得到绿色结晶的过氧化钚沉淀物。当钚浓度为 10～100 g/L，硝酸浓度为 1.8～8 mol/L 时都能得到满意的结果。沉淀体系的硝酸浓度以 4～5 mol/L 为佳。当硝酸浓度高时，沉淀物在溶液中的溶解度增大，同时加快了过氧化氢的分解，这时得到的沉淀物容易过滤。如果沉淀系统中的硝酸浓度较低，那么将产生不易过滤的胶体沉淀，同时对杂质的净化效果变差。加完沉淀剂后，那么将沉淀系统的温度降低到 6℃，陈化 30 分钟。然后用不锈钢丝网过滤机或真空过滤机过滤。滤饼用质量分数 2% 的 H_2O_2 溶液洗涤，然后进行干燥。干燥要先用干燥的室温空气干燥，再用干燥的热空气(约为 55℃)进行干燥。干燥后的滤饼含水量应控制在 0.2～0.35 g/gPu。

(2)三价钚的草酸沉淀法：刚从钚纯化循环流出的溶液中的钚处于三价态，加入草酸直接沉淀，就可以省去再调价的操作过程。同时，三价钚的草酸盐沉淀，母液中残剩的钚浓度很低，因此钚的损失较少。向含钚 5～100 g/L、硝酸浓度低于 1.5 M 的料液中加入 1 mol/L 草酸进行沉淀，这时母液中钚含量小于 20 mg/L，沉淀物为 $Pu_2(C_2O_4)_3 \cdot 10H_2O$。

(3)四价钚的草酸沉淀法：将草酸加到 Pu(IV) 的酸性溶液中，可沉淀出黄绿色的草酸钚(IV)六水合物。温度是沉淀的关键因素，温度宜控制在 50℃～60℃。温度太低时沉淀颗粒太细，不利于澄清和过滤。如果温度超过 60℃，往往生成不稳定的摇溶沉淀。在沉淀过程中要给予适当强度的搅拌。陈化对于长大结晶体、降低沉淀物中杂质的含量、降低母液中钚的含量都是有利的。

沉淀物经过陈化后进行过滤或真空抽滤。在空气和惰性气氛中燃烧硝酸钚、氢氧化钚、过氧化钚、草酸钚(III)和草酸钚(IV)，都可以制得二氧化钚。

11.3.4 铀的净化循环和尾端处理[1-3]

经过共去污分离循环的硝酸铀酰溶液，进一步纯化(若满足后续工序对其质量和形式要求可免纯化)，除去裂变产物等杂质，有的还要经过尾端处理，才能制得合乎要求的产品。

1. 铀的纯化

采用一个或两个 TBP 萃取循环纯化铀是当前普遍采用的工艺。由于硅胶吸附柱不但可以吸附锆、铌等裂变产物，而且可以滞留不溶性的杂质，具有过滤器的作用，加上硅胶吸附流程简单、操作方便，因此在铀纯化上得到了较为广泛的应用。

美国中西部厂采用"水氟化"法纯化铀，乏燃料溶解液先经过一个 TBP 萃取循环的共去污、反萃液依次通过吸附锝和钌的强碱性阴离子交换树脂，含有铀的离子交换流出液经过蒸浓及随后的脱硝得到 UO_3，再送入氟化装置用氟气进行氟化，生成的 UF_6 在 400℃下通过 NaF 和 MgF_2 固定床纯化后装瓶出厂。高温下操作的氟化装置容易出现局部过热、烧结喷嘴堵塞结块、腐蚀等问题。另外一种纯化铀的方法是德国的 TBP-萃淋树脂法。萃淋树脂是一种颗粒状的多孔吸附剂，容易被有机溶液浸润，在吸附剂孔隙中的 TBP 薄膜上实现质量转移。其优点是流体的阻力低，在移动相和固定相之间物质交换快，容易洗出被吸附的物质。变更洗涤次序就有可能利用色层排代法的优点，但是萃取剂容易被洗去是 TBP-萃淋树脂法的致命缺点，因此就使得它不能用于工业规模的生产。

硝酸铀酰结晶技术是德国和日本研究的新方法(流程示意图如图 11-8 所示)，将液氮直接加入到溶液中使其达到冷却要求。从结晶器最后一级流出的结晶浆液流入圆柱形沉降器，再由垂直螺旋送料机送入贮槽暂存。贮槽中的浆液由泵送入离心机过滤，滤饼用冷却的硝酸溶液洗涤，最后经过脱水得到结晶产品。由于对母液的再循环可以大大降低贵重金属的损失，因此将结晶母液和洗涤液浓缩后返回到共去污循环进一步回收铀和钚，其杂质将排入萃残液中。

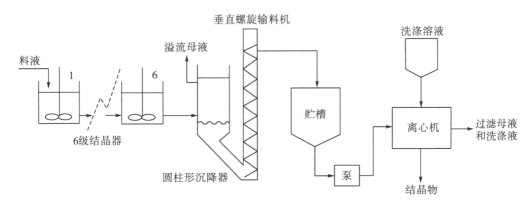

图 11-8　结晶纯化试验装置流程示意图

2. TBP 萃取纯化铀

法国 UP3 和 UP2-800 两厂都在共去污分离循环后，设计和安装了两个 TBP 萃取循环工艺用以纯化铀。生产过程中经过工艺改进后，只用一个纯化循环 UP3 厂铀线的产品就达到了指标要求。

在铀纯化循环中，为提高铀中去除钚、镎的分离系数，后处理厂纷纷采取合理措施进行改进。美国萨凡纳河厂在铀纯化循环的进料液中加入氨基磺酸亚铁，将钚还原为三价态，使六价镎还原到五价，有利于萃取时去除钚和镎。英国的 THORP 厂对 1CU 在稀酸条件下进行加热调料，使六价镎转变为不易被 TBP 萃取的五价镎。另外，在洗涤上采取合理措施也可达到类似效果。美国汉福特厂采用 0.1 mol/L 硝酸羟胺作为洗涤液之一，英国温茨凯尔二厂用 3 mol/L HNO$_3$+0.5 mol/L Fe(NH$_2$SO$_3$)$_2$ 作为洗涤剂，德国采用含 U(Ⅳ) 的 3.5 mol/L HNO$_3$ 作为洗涤液之一(2D1S)，英国 THORP 厂在 UP1 和 UP2 两个萃取槽中部使用硝酸羟胺作为还原洗涤剂(工艺流程示意图如图 11-9 所示)。在 UP1 混合澄清槽中使铀与镎分离，但却不能从铀中去除钚。为了进一步从铀中去除钚，特设了 UP2 混合澄清槽，利用硝酸羟胺将钚还原到 Pu(Ⅲ)，使钚进入水相中而与铀分离。许多后处理厂都采用了双洗涤液流程以纯化铀。美国的汉福特厂首先用 0.1 mol/L NH$_2$OH·HNO$_3$ 作为第一组洗涤液，然后用 H$_2$O 洗涤萃取了铀的有机相。

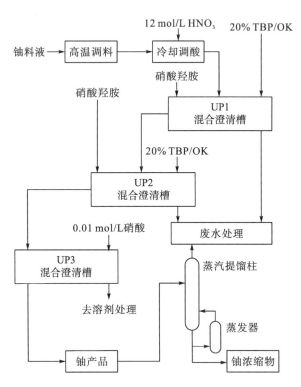

图 11-9　THORP 厂的铀纯化循环工艺流程示意图

3. 硅胶吸附法纯化铀

硅胶在酸性溶液中能选择性地吸附锆和铌，在一定的料液流速下，增加吸附柱的床层厚度，相当于增长了接触时间，使净化系数增大；反之，在一定的床层厚度下，提高料液流速，相当于减少了接触时间，使净化系数下降。在生产上通常将料液流速控制在 $0.5\sim1.5\ \mathrm{mL/(mm\cdot cm^2)}$ 为宜。连续生产时，通常装几个轮流运行的硅胶柱。

为了保证硅胶吸附具有较高的净化效果，除了选择最佳的工艺条件，还得选用高效设备和合理的操作方法。在确定料液流速的某一数值后，根据生产能力要求确定硅胶吸附柱的横截面积。根据料液流速要求，通过计算确定吸附柱高度。在确定柱高和柱径后，还要选定合适的高径比，以便使料液在整个吸附床截面上分布均匀。高径比大，即柱较细长、料液分布容易均匀，但是床层阻力较大。但是高径比太小，料液在整个截面上很难分布均匀，将会影响净化效果，若高径比小于 1.2 时，则曾发现有沟流现象。因此生产上通常取高径比为 4，最小不能低于 1.2。

4. 硝酸铀酰的脱硝和还原

必须将硝酸铀酰转化为氧化铀才能实现循环复用或长期储存。在核燃料发展历史上出现了湿法和干法两类转化方法。湿法就是将硝酸铀酰溶液用沉淀剂沉淀为铀酰过氧化物、草酸铀酰、三碳酸铀酰铵或重铀酸铵。然后再通过煅烧得到氧化铀，或者再经过氟化而制得氟化物，进一步可以制得金属铀或氧化铀。干法即直接热脱硝六水硝酸铀酰制得 UO_3 或 U_3O_8，再经还原可制得 UO_2。由于湿法流程药剂消耗量大，需要大量的设备和管线，工序较多、操作烦琐，并且难以实现自动化和远距离控制，因此直接脱硝法较好。

11.4 溶剂萃取设备

设备是工艺生产的基础。在 Purex 铀、钚和镎的提取和分离过程中，主要应用的萃取设备是混合澄清槽、脉冲筛板柱和离心萃取器。

11.4.1 混合澄清器[1-3]

混合澄清器一般分为立式和卧式两大类。混合澄清器自 1904 年问世以来不断发展，应用日益广泛，已经获得应用的混合澄清器有 20 多种结构形式。在放化工业也得到了广泛的应用和发展。泵混合式的混合澄清槽，可容易地在较宽的流量范围内加以放大，因为其每一级都可在高效运行。在小规模混合澄清槽级联数据的基础上，就可以有把握地设计一个生产规模的装置。

箱式混合澄清槽结构示意图(3 级)如图 11-10 所示。

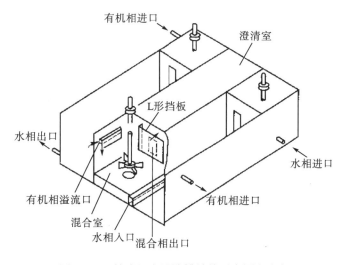

图 11-10　箱式混合澄清槽结构示意图(3 级)

混合澄清槽的主要优点是设备的高度低、结构简单、操作可靠、适应性强，如每级的停留时间为两分钟，则级效率可达 90%以上，能成功地处理 3.7×10^{13} Bq/L 的料液。其缺点主要是物料在槽内的滞留量大，停留时间长，使得溶剂由于辐照等原因降解严重，特别是在处理高燃耗燃料时，界面污物在槽内积累难以排出，影响正常的操作，严重时会造成被迫停车。

11.4.2 脉冲筛板柱[1,3]

脉冲筛板柱的主体部分是高径比很大的圆柱筒体，中间水平装有许多块带孔的不锈钢或其他材料制成的薄筛板，通常称为"板段"，如图 11-11 所示。对于小柱通常用一根中心轴将筛板有规则地串接起来，而较大的柱子则需用几根轴串接并固定筛板。筛板和筒体的间隙必须保证滑动配合而不致筛板与柱壁间产生明显的渗漏。筛板的作用是在脉冲的抽压作用下，分散相液流被筛板粉碎成小液滴并加剧两相的湍动。此外，筛板还有降低纵向混合，提高传质效率的作用。对于大型工业用脉冲柱，通常筛板孔径为 3～6 mm，开孔率为 20%～25%，板间距约为 50 mm。美国爱达荷化学处理厂使用脉冲筛板较早。

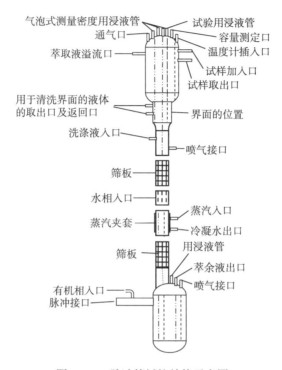

图 11-11　脉冲筛板柱结构示意图

较混合澄清槽，脉冲筛板柱有下列优点。

(1)两相液流在柱内停留时间短，柱内存液量少，因此有机溶剂降解效应将显著降低，为处理高燃耗乏燃料或延长溶剂的使用时间提供了有利条件。

(2)污物和固体微粒较易于排出。当脉冲柱以有机相为连续相运行时，相界面位于下分离段，这样在运行时形成的界面污物和料液中的固体微粒可随水相而下，从重相口排出柱外，从而使得它们不在柱内积累，降低了设备内的辐照剂量水平，净化系数会显著提高。正因为脉冲柱在运行时有这种"自清洗"作用，所以细小的不溶物和降解产物不会堵塞筛板。

(3)脉冲柱通常为细而长的筒状结构，容易控制临界、保证安全。

(4)改变操作条件时，脉冲柱达到稳定平衡的时间较短，需 0.5～1 小时。

11.4.3　离心萃取器[1,3]

离心萃取器利用离心力促使两相运动和分离。由于离心力比重力大得多，因此两相分离迅速、彻底，两相物料的停留时间很短、存留量很小，所以离心萃取器能同时满足减轻溶剂辐照损伤并保证临界安全的要求，而且具有相当大的处理能力。按照两相接触方式可分为连续接触式和逐级接触式；按照轴的安装方式可分为立式和卧式；按转鼓的转速可分为高速(几万转/mm)和低速(几千转/mm)；按装置中所含有的几何级数可分为单台单级和单台多级。

离心萃取器可以大幅度地减小溶剂降解程度，当料液的放射性活度为 $2.5×10^{12}$ Bq/L 时，离心萃取器连续运行 3 个星期，溶剂也未发现变化。溶剂降解减小的结果是降低 Zr、Ru 保留，洗涤后溶剂中的保留减小至原来的 $1/20～1/8$。在快速萃取器中，萃余液中钚的流失对溶剂饱和度的变化很敏感，因此建议采用 $10～12$ 级萃取。

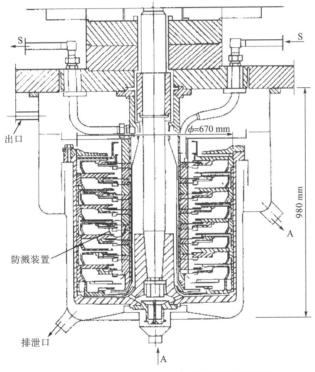

图 11-12　8 级 SGN-Robatel 核型离心萃取器

A—重相；S—轻相

11.5　研究中的乏燃料后处理技术

11.5.1　干法处理[1,4-7]

干法后处理(dry reprocessing)的过程中不使用水作为溶剂，其高温下废物少的优点，适宜处理高燃耗、短冷却期乏燃料，有希望满足先进核燃料循环中对乏燃料或者嬗变靶件的分离需要。开展的研究方向主要有以下几种。

（1）氟化挥发法：利用 U、Pu 的氟化物与裂变产物的挥发性不同来实现分离。虽然分离过程的概念简单，但是实际操作中设备材料腐蚀严重、Pu 的挥发性与非挥发性形态间的转变困难。该方法的研究随着 1973 年美国熔盐反应堆工程的下马而陷于停滞，基于氟化挥发法的后处理流程已经不再是美国能源部（United States department of energy，DOE）的研究主流。

氟化挥发法处理氧化物的流程示意图如图 11-13 所示。

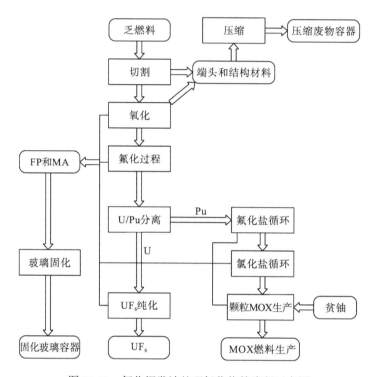

图 11-13 氟化挥发法处理氧化物的流程示意图

（2）熔盐金属萃取法：利用 U 和裂变产物在熔融氯化盐和液态金属 Bi 体系中的分配比差异来实现分离。但是熔盐金属萃取后处理流程作为液态金属快堆工程的一部分，也在 20 世纪 70 年代停止。

（3）用高温冶金和电化学技术：这种干法后处理流程的关键步骤是一体化快堆（integral fast reactor，IFR）金属乏燃料的熔盐电精制过程。电精制过程在 500℃和氩气保护下进行。在电解池的底部注入液态 Cd，上部以 LiCl+KCl 混合物作为电解熔盐介质。将切割后的乏燃料装在阳极吊篮中，以不锈钢作为固体阴极，以液态 Cd 作为液体阴极，浸没到熔盐中进行电解。在电精制过程中，阳极的金属乏燃料熔解，乏燃料中的 U、TRU、稀土元素、其他裂变产物等得以分离。最终在固体阴极上得到 U，液体阴极池中得到 U、TRU 和少量稀土的混合物，乏燃料中的其他裂变产物（主要是碱金属和碱土金属）与 U、Pu 分开，在电解池中的熔盐和液态 Cd 中进行分配。

电精制过程原理示意图如图 11-14 所示。

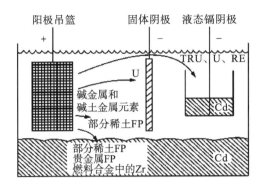

图 11-14　电精制过程原理示意图

11.5.2　嬗变[8,9]

为了实现核废物的有效处置，国际上早在 20 世纪 60 年代就提出了分离—嬗变的先进核燃料循环概念，为高放核废物的最终销毁提供了一个较好的途径，即首先将次锕系核素(minor actinides，MA)和长寿命裂变产物(long lived fission product，LLFP)从高放核废物中分离出来，然后集中起来放到反应堆中进行嬗变，使其变为稳定或短寿命的核素。采用该技术可以降低放射性废物的长期危害，实现放射性废物的减害处理；而且可以利用反应堆嬗变所释放的能量，提高反应堆的功率，增加铀、钍等核素的利用率，减小乏燃料体积。

加速器驱动次临界系统(accelerator-driven subcritical system，ADS)是当前国际公认最有前景的长寿命核废料安全处理装置，我国拟在广东惠州建设该装置。ADS 利用加速器提供高能强流质子束，轰击重原子核产生高通量广谱散裂中子，外中子源驱动和维持次临界反应堆连续稳定运行，在此过程中将反应堆中装载的长寿命高放射性核素嬗变成短寿命核素或稳定核素。ADS 通过调节加速器的运行参数来控制中子源的强度和能谱，进而调控次临界反应堆中可裂变/可嬗变核素的嬗变速率，能实现良好的中子经济性和嬗变支持比。同时，ADS 采用了深度次临界的堆芯，从原理上杜绝了核临界事故发生的可能性，具有固有安全性。因此，ADS 成为国际公认的核废料嬗变处理技术途径的最佳选择。

（本章编写：陆春海、陈敏；审订：陆春海）

习　　题

1. 阐述核燃料后处理的意义及目前后处理的主流技术。
2. 什么是 TBP？其在后处理的作用是什么？
3. 去壳工艺有哪些？原理分别是什么？其优缺点是什么？

4. 阐述嬗变的物理机制与意义。

5. 阐述乏燃料干法处理的机制与意义。

6. 简单描述 Purex 流程，并阐述其优缺点。

参 考 文 献

[1] 任凤仪, 周镇兴. 国外核燃料后处理[M]. 北京: 中国原子能出版社, 2006.

[2] 周贤玉. 核燃料后处理工程[M]. 哈尔滨: 哈尔滨工程大学出版社, 2009.

[3] 吴秋林. 核燃料后处理工程溶剂萃取设备[M]. 北京: 中国原子能出版社, 2012.

[4] 程仲平, 何辉, 林如山, 等. 高温熔盐中氧化物乏燃料的电化学还原研究进展[J]. 核化学与放射化学, 2018, 40(6):349-358.

[5] 付海英, 耿俊霞, 杨洋, 等. 乏燃料干法后处理中的熔盐减压蒸馏技术[J]. 核技术, 2018, 41(4): 5-12.

[6] 李文新, 李晴暖. 熔盐反应堆——放射化学创新发展的新源泉[J]. 核化学与放射化学, 2016, 38(6):327-336.

[7] 唐浩, 任一鸣, 邵浪, 等. 熔盐电解法乏燃料干法后处理技术研究进展[J]. 核化学与放射化学, 2017, 39(6):385-396.

[8] 曾秋孙, 邹小亮, 廉超, 等. GDT 聚变中子源驱动的嬗变系统的初步物理设计与包层中子学分析[J]. 核科学与工程, 2018, 38(2):49-56.

[9] 詹文龙, 徐瑚珊. 未来先进核裂变能——ADS 嬗变系统[J]. 中国科学院院刊, 2012, 27(3):375-381.